KB246852

성공하는 아이,
친구같은
부모가
만든다

THE SUCCESSFUL CHILD

Copyright ⓒ 2002 by William Sears

All rights reserved.

Korean Translation edition ⓒ 2002 by Friends Media Co.

Korean translation rights arranged with Denise Marcil Literary Agency

through Eric Yang Agency, Seoul.

이 책의 한국어판 저작권은 에릭양 에이전시를 통한 Denise Marcil Literary Agency사와의 독점 계약으로

한국어 판권을 '친구미디어'가 소유합니다.

저작권법에 의하여 한국 내에서 보호를 받는 저작물이므로 무단 전재와 무단 복제를 금합니다.

여덟 아이를 훌륭하게 키운 시어스 부부의 육아법

성공하는 아이, 친구같은 부모가 만든다

윌리엄 시어스, 마사 시어스, 엘리자베스 팬틀리 지음　노혜숙 옮김

친구미디어

요즘 아이들은 마음만 먹으면 배우고 성장할 수 있는 기회가 얼마든지 있다. 운동을 하고, 음악 레슨을 받고, 학교 숙제를 하고, 텔레비전과 인터넷에서 세상을 배운다. 하지만 그들은 과연 훌륭하게 자라고 있을까? 사실 알고 보면, 많은 아이들이 신체적으로나 정서적으로 그다지 건강하지 못하다. 소아 비만(흡연에 필적하는 공중 보건 문제)이 유행병처럼 번지고 있다는 것은 많은 아이들이 과식을 하면서도 영양부족 상태라는 이야기다. 한때 기승을 부리던 어린이 질병들은 예방접종으로 근절이 되었지만 천식과 당뇨병은 증가 추세에 있다. 십대 아이들은 어려움에 부딪히면 술과 마약에 의지하기도 하고, 재미 삼아서 혹은 사랑과 인기를 확인하기 위해 일찍부터 성에 눈뜬다. 그들은 부모가 관심과 정성을 쏟는데도 정신적이고 정서적인 분별력이 부족해서 갈 길을 못 찾고 방황한다.

한편 나는 지금까지 사려 깊고 현명하고 훌륭한 아이들을 만나왔다. 그들은 분명 주위 사람들에게 축복이 되고 성인이 된 다음에도 자신의 자녀들을 훌륭하게 키울 것이다. 그들은 '연결된 아이들'이며, 인간관계·가치관·독립심 등 인생의 성공에 가장 중요한 자질들을 배워서 행복하고 만족할 줄 아는 성인으로 자랄 것이다. 우리는 이렇게 연결된 아이들을 키우기 위한 도구를 부모들과 다른 보호자들에게 나누어주기 위해 이 책을 쓰기 시작했다.

이 책을 쓰기 5년 전에 나는 대장암으로 대수술을 받았다. 커다란 인생의 위기가 닥치자 나에게 가장 중요한 것이 무엇인지 돌아보게 되었고, 그 목록의 맨 위에 오른 것은 여덟 명의 우리 아이들이었다. 나는 아이들을 훌륭하게 키운다는 것이 무엇을 의미하며, 부모들이 어떻게 하면 자녀가 성공적인 인생을 준비하도록 도와줄 수 있을지 많이 생각했다. 수술 전날 밤에 나는 평생을 살면서 가장 평화로운 시간을 보냈다. 그러한 정신적인 평화는 우리 가족이 정서적으로나 정신적으로 건강하다는 믿음에서 비롯한 것이었다. 나는 우리 아이들이 성장하면서 습득한 사고방식, 교육, 믿음에 대해 생각했다. 마사와 나는 아이들을 훌륭하게 키웠고 그들은 훌륭한 사람으로 성장하기 위해 필요한 도구들을 갖고 있다는 확신이 들었다.

그러한 성찰이 이 책을 쓰게 된 계기가 되었다. 마사와 엘리자베스, 나는 개인적이고 임상적인 경험, 학문적 연구, 수백 명의 부모에게 들은 정보를 종합해서 이 책을 완성했다.

아이들은 누구나 특별하고 훌륭한 방식으로 빛을 발하는 별이 될 수 있다. 어떤 아이들은 예술이나 학문, 운동으로, 어떤 아이들은 다른 사람들에게 봉사하면서 세상을 밝혀줄 것이다. 부디 이 책에서 제안하는 방법이 여러분의 작은 별을 환하고 행복하게 빛내줄 수 있기를 바란다. 다른 사람을 배려하는 마음과 동정심, 관대하고 느긋한 마음을 갖춘 사람으로 키우는 데 도움이 되기를 바란다. 하늘의 별들처럼 아이들은 더할 나위 없이 숭고하다. 그들을 지켜보면서 보살펴주고, 있는 그대로 존중해주면 종종 우리에게 정말 중요한 것이 무엇인지를 좀더 분명히 보여줄 것이다.

차례

성공하는 아이,
친구같은
부모가
만든다

2부 성공의 싹 틔워주기

1부

성공의 씨앗 심어 주기

이 책은 우리 아이들에게 인생에서 성공하기 위해 필요한 도구들을 마련해주는 것에 대한 이야기다. 이러한 도구들은 훌륭하게 자라는 아이들 대부분이 갖고 있는 능력이다. 우리는 아이들의 몸과 마음이 자라는 시기에 일찌감치 이러한 자질들을 계발해주고 초등학교와 중·고등학교, 그 이후까지 계속 키워주어야 한다.

이 책의 1부에서는 부모와 아이가 어떻게 서로 연결되며, 연결과 신뢰의 관계가 성공적인 인생을 위해 얼마나 중요한 도구인지 이야기하겠다. 2부에서는 이러한 연결을 이용해서 추가로 아이들에게 정서적이고 지적인 발달에 도움을 주는 방법을 설명할 것이다.

부모는 아이가 세상에 나오기 전부터 훌륭한 사람으로 키우기 위해 관심을 기울인다. 아이가 태어나서 처음 몇 년 동안 이루어지는 부모의 양육 방식은 아이의 믿음과 정서 발달에 결정적인 영향을 준다. 아이의 정서적인 안정은 더 나아가서 표현력·이해력·건강·자긍심 등 좀더 구체적인 능력 발달과 관계가 있다. 이 책에서 우리는 영아에서 유아, 초등학생, 십대 청소년에 이르는 발달 과정과 어떻게 하면 아이들을 훌륭하게 키우는 부모가 될 수 있는지 배울 것이다. 아이들에게 일찍부터 이러한 자질들을 심어준다면 그들은 부모의 기대를 저버리지 않는 사람으로 성장할 것이다.

1장
성공이란?

우리 집 여덟 아이들 중에 맏이는 34년 전 내가 소아과 수련의로 일하기 시작했을 무렵에 태어났다. 처음 부모가 된 나와 마사는 아이의 장래에 도움이 되는 것이라면 뭐든지 다 해주고 싶었지만 어떻게 해야 잘하는 것인지 잘 몰랐다. 게다가 풋내기 소아과 의사인 나에게 부모들은 종종 어떻게 해야 아이를 잘 키울 수 있는지 묻곤 했다.

이렇게 개인적이고도 직업적인 질문에 답하기 위해서 나는 부모들과 아이들을 자세히 살펴보면서 관찰한 것들을 글로 쓰기 시작했다. 부모들을 만나서 자녀들과의 관계에 대해 이야기했고, 그들이 부모로서 겪는 어려움과 효과적인 양육 방법에 대해 들어보았다. 그 동안 우리 집에는 더 많은 아이들이 태어났고 각각의 아이를 키우면서 우리 부부는 점점 더 많이 알게 되었다. 많은 아이들을 키우고 많은 소아과 환자들을 만나면서 나는 부모들이 자녀를 훌륭하게 키우는 방법에 대해 신뢰할 만한 답을 구했다고 믿는다.

우리는 어떻게 해서 지금에 이르렀을까? 이것이 내가 처음 부모가 되고 소아과 의사로서의 일을 시작했을 때 궁금하게 생각했던 문제다. 이 질문은 대답하기가 쉽지 않다. 아이들의 성장에는 많은 요인이 영향을 미친다. 유전·양육·영양·건강·학교·친구와 어느 정도의 행운도 작용한다. 부모는 이러한 요인들 가운데 일부밖에 영향을 주지 못한다. 하지만 34년 전에 나는 사람들에게 호감을 주는 아이들의 어린 시절에는 어떤 공통적인 줄거리가 반드시 있을 거라고 생각했다. 그들이 훌륭하게 자랄 수 있는 근거가 있지 않을까? 어떻게 어린 시절의 경험이 아이의 내면에 좋든 나쁘든 흔적을 남겨 영원히 그 아이의 생각과 행동에 영향을 미치는 것일까?

이러한 질문에 대답하기 위해 나는 아이들을 훌륭하게 키우는 부모들의 자녀 양육 방법을 알아보기로 했다. 충분하다 싶을 만큼 정보를 수집했고, 몇 가지 공통점이 드러났다. 30여 년 동안 나는 우리 병원을 아기들과 어린이들의 발달, 특히 그들의 성격과 사회성 발달에 관해 조사하는 연구실로 사용해왔다. 이 글을 쓰고 있는 지금, 여덟 살짜리 막내에서부터 서른네 살짜리 맏이에 이르기까지 여덟 명의 우리 아이들을 키워오면서, 그리고 약 15만 번에 걸친 관찰(소아과 환자들의 방문 횟수)을 통해 나는 부모가 어떻게 해야 성공하는 아이를 키울 수 있는지 확실하게 파악했다고 자부한다.

이 책을 준비하면서 나와 집사람인 마사, 우리의 동료 엘리자베스는 수백 명의 부모·교사·심리학자·교육 전문가를 만나서 아이들의 성장과 부모의 육아법 사이의 상호관계에 대해 들어보았다. 또한 부모의 육아법과 아이의 성격이 어떤 관계가 있는지를 다룬 학문적인 연구에 귀를 기울였다. 연구 자료를 읽으면서 우리 자신의 관찰을 좀더 자세히 분석했고 예상했던 대로 부모와 자식 사이의 연결의 중요성을 확인할 수 있었다. 그러한 연구 자료에서 얻은 정보는 '학설에 의하면'이라는 제목을 붙인 상자글에서 볼 수 있다. 우리는 아이들과도 상담을 해서 부모에게서 어떤 영향을 받았다고 생각하는지 들어보았다. 그들의 의견은 '아이들이 말하기를'이라는 제목을 붙였다.

우리가 관찰한 바에 따르면 아이들이 커서 어떤 사람이 되는지에 대한 모든 공적이나 비난을 부모에게 돌릴 수만은 없다. 물론 우리가 이야기해본 부모들은 완벽한 아이들을 길러낸 완벽한 부모가 아니었고, 이 책을 쓴 우리 역시 완벽한 아이들의 완벽한 부모가 아니다. 우리는 다만 각자가 지닌 지식과 능력으로 최선을 다할 수 있을 뿐이다. 내가 첫아이를 키울 때는 지금 알고 있는 지식과 경험을 갖고 있지 않았다. 당시에 우리 부부의 주요 관심사는 그저 하루하루를 무사히 넘기는 것이었다. 여섯 번째 아이를 키우면서 마사와 나는 비로소 육아에 자신감을 가질 수 있었다. 하지만 우리는 최선을 다했고 과거는 바꿀 수 없으므로 아쉬운 점이 있더라도 후회하지 않기로 했다. 하지만 다른 부모들은 우리보다 좀더 빨리 배우도록 도와주고 싶다. 그렇게 되면 첫아이에게도 얼마든지 훌륭한 부모 노릇을 할 수 있다.

우리 집의 첫째와 둘째는 지금 그들 자신이 아빠가 되었다. 그들은 그 동안 우리가 자신의 동생들을 키우는 것을 보고 오랜 세월 우리와의 관계에서 얻은 경험을 바탕으로 자기 아이들을 잘 보살피고 있다. 또한 일찍이 내가 소아과 병원에서 돌본 아기들이 자라거나 엄마 아빠가 되어 내게는 손자뻘 되는 아이들을 데려오기 시작했다. 그들을 만나면 나는 항상 그들이 아이를 키우면서 부모에게서 본받고 싶은 점은 무엇이냐고 물어본다.

성공의 진정한 의미

부모는 누구나 자녀가 성공하기를 바란다. 하지만 우리는 '성공'이라는 의미를 여러 가지로 이해한다. 나의 큰아들과 둘째 아들이 시어스 가족 소아병원에서 일하기 시작했을 때 나는 그들의 선배 의사이자 아버지로서 약간의 조언을 했다. "인생의 성공은, 얼마나 많은 돈을 벌고 얼마나 공부를 많이 했는지가 아니라 우리가 한 일로 인해 얼마나 많은 사람의 삶이 향상되었느냐에 달려 있다."

사전에서는 성공을 "부와 명예, 번창함을 얻는 것"이라고 정의한다. 이 책에서

아이들이 성공하는 데 필요한 열 가지 자질

- ♥ 다른 사람들과 의미 있는 관계를 형성한다.
- ♥ 감정이입을 잘하고 인정이 많다.
- ♥ 친절하고 예의가 바르다.
- ♥ 똑똑하다.
- ♥ 건강하다.
- ♥ 현명한 선택을 하며 도덕적으로 생각하고 행동한다.
- ♥ 자신감이 있다.
- ♥ 성에 대한 건전한 의식을 갖고 있다.
- ♥ 의사소통을 잘한다.
- ♥ 긍정적인 마음가짐을 갖고 있다.

우리는 위의 자질들이 아이의 행동뿐 아니라 생각하는 방식인 내적 자아의 일부가 되기를 바란다. 아이들은 여러 가지 길을 통해 이러한 목표에 도달한다. 어떤 아이들은 순탄하고 곧게 뻗은 길을 걷고, 어떤 아이들은 험하고 구불구불한 길을 걷는다. 사실, 힘든 길을 가는 아이들이 종종 이런 성공 도구들을 이용하는 법을 더 잘 배운다.

말하는 성공의 개념은 그러한 전통적인 의미를 넘어선다. 우리는 아이들에게 다음과 같은 자질들을 갖추게 해주어야 한다.

♥성공은 부자가 되고 유명해지는 것인가?

부자가 되면 신문에 나고 유명해지므로 아이들은 인생의 성공을 돈을 많이 버는 것이라고 생각하기 쉽다. 물론 재능을 발휘하고 열심히 일해서 부자가 되고 행복하게 살면서 한편으로 다른 사람들에게 베풀고 세상을 좀더 살기 좋은 곳으로 만드는 사람들이 많이 있다. 하지만 부유하고 유명한 사람들 중에도 더없이 불행하게 사는 사람들이 있다. 주간지는 유명 인사들의 '실패한' 인생 이야기로 가득 차 있다. 파경에 이른 인간관계, 마약과 알코올 중독, 자살 등등. 심리학자인 내 친구는 언젠가 이렇게 말했다. "우리가 얼마나 부자인지는 친구를 세어보면 알 수 있지."

우리 부부는 아이들이 무엇을 얼마나 잘하는지에 따라 사람의 가치가 정해진다는 생각을 갖지 않게 하려고 노력했다. 똑같이 최선을 다했다면 A를 받은 아이가 C를 받은 아이보다 '더 훌륭하지'는 않다. A를 받은 학생은 고등학교 졸업식에서 '장래가 촉망되는' 아이로 상을 받을지 모르지만 C를 받은 학생이 정서적으로 더 건강할 수 있다. 스포츠, 예술, 사회적인 능력 등 다른 분야에 재능을 갖고 있을지도 모른다. 요점은 아이가 무엇을 얼마나 잘하느냐에 의해 양육의 성공 여부를 평가할 수 없다는 것이다. 여기서 말하는 '성공'은 아이들의 개인적 자질에 관한 것이다.

그렇다면 훌륭한 사람이 된다는 것은 어떤 의미인가? 행복하고 성공적인 인생을 위해서는 무슨 일을 얼마나 잘했는지가 아니라 우리가 만나는 다른 사람들은 물론 우리 자신과의 관계가 중요하다고 믿는다. 이 책의 목표는 우리 아이들을 이러한 대인관계에서 부자가 되도록 도와주는 것이다.

♥ 세상에 기여하는 사람으로 키우기

아이들은 자신의 내면적 가치를 인식해야 할 뿐 아니라 자긍심을 느낄 수 있는 외부적 경험을 필요로 한다. 이 책의 목표는 아이들이 스스로를 소중히 여길 뿐 아니라 친절하고 인정 많고 연결 능력을 갖춘, 세상에 기여하는 사람으로 자라도록 도와주는 것이다.

하루는 어떤 사람이 마사에게 아이를 여덟이나 낳아서 '세계의 인구폭발'에 기여했다고 짓궂은 농담을 하자 마사는 이렇게 대꾸했다. "세상은 우리 아이들을 필요로 한답니다."

♥ '훌륭한' 아이들에게 배우는 교훈

육아 서적을 읽은 적이 있다면 '나쁜 아이'라는 말은 절대 사용하면 안 된다는 것을 알고 있을 것이다. 심리학자들은 부모들에게 아이의 잘잘못에 초점을 맞추어서 그러한 가치 판단을 아이의 개인적인 자아와 결부시키지 말라고 가르친다. 하지만 사실은 훌륭한 아이들이 있고 그렇지 못한 아이들이 있다. 때로 '훌륭한' 가정에서 자란 '훌륭한' 아이들이 무시무시한 일을 저질렀다는 신문기사가 우리를 놀라게 한다. 우리는 교사들과 학급 친구들과 가족들에게 총, 칼, 폭탄을 휘두르는 아이들과 십대들의 끔찍한 이야기를 들으면 그런 문제가 일어나는 원인을 찾아본다.

아이들이 하는 비디오 게임 때문일까? 영화나 웹사이트 때문일까? 그들이 입는 검은 옷 때문일까? 아니면 사춘기에 느끼는 소외감 때문일까? 정신의학자들, 정치가들, 종교 지도자들은 요즘 젊은이들의 사고방식과 폭력성에 대해 개탄한다. 그리고 모두들 그런 아이들의 부모를 탓하려고 한다. 하지만 가정에서 명백하게 학대를 받고 자라는 경우가 아니라면 어떤 아이들이 어떻게, 왜 잘못되는지 알아내기란 어렵다.

훌륭한 아이들은 나쁜 기삿거리가 되지 않는다. 사실 훌륭한 아이들은 신문에 오르내리지 않는다. 나는 다행히도 매일 아이들의 선량한 본성을 볼 수 있는 직업을 갖고 있다. 아이들은 남을 배려할 줄 알고 친절하고 인정이 많다. 그들은 자신이 누구인지 알고 있다. 자기 자신과 다른 사람들을 존중하고 책임감이 강하다. 그들과 함께 있으면 즐겁다. 그들은 결코 완벽하지 않다. 그들의 훌륭한 자질들은 아직 발전하는 과정에 있고 때로 분노와 두려움이 앞서기도 한다. 어떤 아이들은 자라서 부자가 되고 권력자가 되겠지만, 더 중요한 것은 행복하고 만족할 줄 알며 원만한 인간관계를 갖고 다음 세대를 위해 훌륭한 부모가 되는 것이다.

이 세상의 '훌륭한 아이들'의 부모들에게는 배울 점이 많다. 그들은 기꺼이 아이의 행동에 책임을 지고 아이가 행동하는 방식을 이해하려고 노력한다. 아이의 훌륭한 행동을 장려하고 잘못된 행동을 바로잡아준다. 그들 자신의 경험과 다른 부모의 경험으로부터 배운다. 따라서 그들은 경험이 부족한 부모들에게 나누어줄 훌륭한 지혜를 갖고 있다. 이 책에서 그들이 우리에게 가르쳐준 것들을 함께 배워보기로 하자.

부모가 할 수 있는 일

아이를 키우는 일에는 비법이 따로 없다. 어떤 방식으로 키우든 아이가 '훌륭하게' 자랄 수도 있고 그렇지 못할 수도 있다. 어떤 아이들은 어려운 가정환경 속에서 모든 역경을 딛고 올라선다. 때로 성실하고 책임감 있는 사람이 되도록 최선을 다해서 키운 아이가 빗나가기도 한다. 지금의 우리가 되게 한 것이 무엇인지를 간단하게 설명할 수는 없다. 아이들은 온갖 다양한 출처로부터 메시지를 받아들인다. 그들 자신의 기질과 타고난 능력은 물론이고 부모와의 관계에서도 영향을 받는다. 그리고 물론, 어느 정도의 행운도 작용한다.

따라서 선천성과 후천성에 관해 왈가왈부하는 것은 아무 도움이 되지 않는다. 아이들의 유전적인 요인은 바꿀 수 없으며, 부모의 영향력이 미치지 않는 일들도 있다. 하지만 부모는 아이와 어떤 식으로 관계를 맺을 것인지, 무엇을 기대할 것인지, 무엇을 가르칠 것인지 선택할 수 있다. 우리의 힘이 미치는 일에 초점을 맞춰서 아이들에게 자기 자신과 앞으로 다가올 도전을 극복할 수 있는 능력을 심어주어야 한다.

역경을 딛고 일어서는 아이들

마사와 나는, 특히 출발이 힘들어도 훌륭하게 크는 아이들에게 관심이 간다. 인간은 탄력적이어서 어린 시절에 겪은 경험이 영원히 인생을 좌우하지는 않는다. 우리 부부는 둘 다 이상적이라고 할 수 없는 어린 시절을 보냈다. 마사는 네 살 때 아버지가 익사했고, 심리적 충격에서 벗어나지 못한 어머니는 그다지 자상하지 않은 친정 부모에게 딸을 맡겼다. 나의 아버지는 내가 태어난 지 몇 주일 만에 집을 나갔고 어머니는 오랜 시간 일을 하면서 자식들을 키웠다. 나는 자상한 조부모 밑에서 컸지만, 그들도 오랜 시간 일을 했으므로 나는 요즘 말로 '열쇠를 목에 걸고 다니는 아이'가 되었다.

하지만 50년 후에 내가 어린 시절에 대해 가장 많이 기억하는 것은 어머니가 어려운 형편에서도 최선을 다했다는 것이다. 어머니는 건전한 역할 모델들로 내 주위를 둘러쌌다. 교사·소년단 단장·보육사 등 내 인생에서 중요한 사람들을 신중하게 선정해서 나를 건강한 애착 대상들과 연결시켰다. 가난하고 아버지가 없는 아이라는 오명이 있었음에도(고등학교 때까지 '이혼' 가정의 아이는 나말고 딱 한 명이 더 있었다) 나는 사랑을 받으면서 성장했다. 그리고 먹고살기 위해서는 일을 해야 한다는 노동 윤리와 책임감을 배웠다.

하지만 많은 아이들이 어려운 어린 시절을 극복하고 훌륭하게 성장한다고 해도 계속 정서적인 불안감을 안고 살면서 어른이 된 다음에도 좀처럼 그 굴레를 벗지 못한다. 만일 그들이 문제를 극복하려고 애쓰기보다 자신을 향상시키는 데 시간을 보낸다면 훨씬 더 수월한 삶을 살 수 있을 것이다.

하지만 시련은 기회가 될 수 있다. 이혼 가정에서 자란 나는 결혼생활에 충실하기로 결심했다. 여름 방학이면 제철 공장에서 일하며 반드시 대학을 졸업해야겠다는 의지를 키웠다. 반면에 힘든 어린 시절로 인해 나는 정서가 메마른 사람이 되었고 그것을 깨닫고 바로잡는 데 50년이 걸렸다. 하지만 어린 시절 어머니와 조부모의 보살핌이 내가 어른이 되었을 때 시련을 극복할 수 있는 힘이 되었다고 믿는다.

탄성 길러주기

어떻게 해서 어떤 아이들은 어린 시절의 힘든 장애를 극복하고 훌륭하게 자라는 것일까? 왜 어떤 아이들은 다른 아이들보다 더 탄력적인 것일까? 우리 부부는 어릴 적의 애착 양육(attachment parenting)이 미래의 대인관계를 위한 든든한 바탕이 된다고 생각한다. 어릴 때 사람들과의 연결과 신뢰를 배운 아이들은 성장하면서 그러한 연결을 유지하고 회복한다. 어릴 적 청사진에 기초한 믿음을 그 이후의 인간관계로 옮겨가는 것이다. 그 청사진은 그들 자신을 믿는 법을 가르쳐주고, 그러한 자신감은 중대한 시련을 견딜 수 있는 힘이 된다. 아이들이 어릴 때 배우는 연결은 평생 유지되며, 전반적으로 행복하고 탄력적인 사람이 되게 한다.

어려운 환경 속에서도 훌륭하게 크는 아이들을 보면 보통 적어도 한 명이라도 인생에서 연결을 느끼는 중요한 인물이 있다. 그 사람이 부모라면 더할 나위 없겠지만 학교 교사나 코치나 소년단 단장도 괜찮다. 다른 사람과 연결된다는 것은 매우 중요하다. 고등학교 상담교사들은 어디에도 속해 있지 않은 아이들을 가장 걱정스러워한다. 또한 소속감을 갈구하다가 잘못된 사람들과 연결되는 아이들도 있다. 영아기와 어린 시절에 확고한 애착을 경험한 아이들은 다른 사람들과 연결하는 방법을 알고 있을 뿐 아니라 좋은 영향과 나쁜 영향을 좀더 잘 분간한다.

우리는 역경을 딛고 올라선 아이들에게서 두 가지 공통점을 찾아냈다. 하나는

학설에 의하면

연구 결과, 연결된 아이들은 그렇지 못한 아이들보다 역경의 파도를 무난히 헤쳐나간다는 사실이 밝혀졌다. 한 연구는 어린 시절의 역경을 극복하고 성공하는 사람들에게는 꾸준히 정서적 지원을 제공하고 긍정적인 영향을 준 사람이 적어도 한 명은 있다고 말한다. 그 연구를 보면, 어려운 환경에서 성장했음에도 성공한 사람들은 어린 시절에 적어도 한 사람의 보호자와 가깝게 연결되어 있었다. 부모의 보살핌을 받지 못하면 다른 주변 사람들(조부모, 친척, 그 밖의 다른 주변 사람)이 그 역할을 대신해줄 수 있다. 특히 가족 중에 남자의 긍정적인 영향이 중요하게 작용하는 것 같다.

믿을 만한 보호자가 아이에게 "너는 할 수 있다" "너는 똑똑하고 인내심이 있다" "너는 그 대학에 들어갈 수 있다"와 같은 긍정적인 사고를 심어준 것이다. 반면에, "너는 그 팀에 들어갈 실력이 안 된다" "너는 너무 서툴러서 쿼터백이 될 수 없다" 와 같은 말을 들은 아이들은 종종 그러한 부정적인 기대대로 된다.

또 한 가지는 누군가 아이의 재능이나 고유한 능력인 '특기'를 발견해서 그것을 계발하도록 도와주었다는 것이다. 공부를 못하는 아이에게서는 운동 능력을 발견하고 스타 농구 선수기 되도록 도와줄 수 있다. 수학은 못하지만 미술을 잘하는 아이에게는 컴퓨터 그래픽을 배우게 해줄 수 있고, 그것이 그의 수학 공부에도 도움이 될 수 있다.

자녀의 성공에 필요한 모든 것을 줄 수 있다면 좋겠지만, 현실적으로 부모는 매 순간 최선을 다할 수 있을 뿐이다. 아이들은 완벽한 부모를 필요로 하는 것이 아니라 단지 훌륭한 부모면 족하다. 자녀와 연결하고 그 연결을 유지하자.

2장
연결된 아이로 키우기

여덟 살인 수잔은 엄마와 두 살짜리 남동생과 함께 건강진단을 받으러 검사실에 와서 기다리고 있었다. 나는 방에 들어가자마자 편안한 기분을 느꼈다. 그 아이들과 함께 있는 것이 즐거웠다. 수잔은 내가 앞에 다가가 앉자 방긋 웃으며 "안녕하세요" 하고 인사했다. 적당히 눈을 맞추면서 호기심 어린 표정을 짓는 그 아이는 저절로 관심이 가게 했다. 이제 막 걸음마를 시작한 듯한 남동생은 방안을 돌아다니며 이것저것 탐색하기에 바빴다. 동생이 서랍에 손가락이 끼는 바람에 울기 시작하자 수잔이 쏜살같이 달려가서 그를 달랬다. 엄마는 자랑스럽고 애정 어린 시선으로 그들을 바라보았다.

검사를 계속하면서 나는 이 어린 숙녀에게서 공손하면서도 독립적인 태도를 볼 수 있었다. 엄마가 이야기를 하면 쳐다보며 귀를 기울였고 자신의 건강에 대해 나름대로 슬기로운 의견을 말했다. 서로를 아주 편안하게 느끼는 그 가족의 분위기가 나까지 따스하게 감싸안았다. 그 아이들은 형제끼리, 엄마와, 세상과 연결되어 있었다. 나는 검사실을 나오면서 생각했다. '바로 이런 아이들이 연결된 아이들이야. 이런 아이들과 함께 있으면 기분이 좋아지지.' 연결된 아이로 키우는 것이 부모가 해야 할 일이다.

연결하기

지금의 우리 모습은 대체로 부모와의 관계에 뿌리를 두고 있다. 부모와의 관계를 바탕으로 아이들은 다른 사람들과의 관계를 만들어간다. 아이들이 자기 자신에 대해 생각하는 방식도 부모와의 관계에 달려 있다. 사랑하고 믿고 이해하는 마음으로 접근하는 부모는 아이에 대해 좀더 잘 알게 될 뿐 아니라 아이가 자신과 자신의 가치에 대해 배우게 해준다.

어떻게 하면 아이와 연결될까? 어떻게 하면 현명한 부모가 될 수 있을까? 이 장에서는 아이가 태어나서 청소년기에 이르기까지 각 단계마다 부모-자식의 관계가 어떻게 발전하고 아이에게 어떤 영향을 주는지 알아보겠다. 다음에 소개하는 기본적인 육아 원칙을 알면 그 이후에 제안하는 내용을 더욱 적절하게 활용할 수 있을 것이다.

태어나서 1년까지

어느 단계가 아이의 성장발달에 큰 영향을 줄까?

- 태어나서 1년까지
- 유아기
- 5~10년
- 청소년기
- 항상

아마 여러분은 '항상'이 답이라고 생각할지도 모른다. 물론 어느 단계에서나 가정환경은 중요한 요인이다. 하지만 그 중에서도 '태어나서 1년까지'가 가장 중요하다. 왜냐하면 이 시기에 보호자가 아이의 두뇌에 영구적인 인상을 남길 수 있기 때문이다.

분명, 부모가 아이의 성격과 정서 발달에 가장 큰 영향을 주는 시기는 처음 1년 동안이다. 아기들은 먹고 잠만 자는 것이 아니다. 그들은 배운다. 그것도 아주 많이! 또한 자의식과 세상에 대한 인식이 발전한다. 그러한 인식은 앞으로 그들이 하는 행동에 영향을 준다.

♥ 연결 패턴

4장에서 다루겠지만, 사람의 두뇌는 인생의 어느 시기보다 처음 태어나서 1년 동안 가장 많이 발달한다. 복잡한 '전선'처럼 생긴 뉴런이라는 뇌세포는 서로 연결되면서 통로를 만들어간다. 이러한 통로를 통해 메시지를 받아들이고 뇌의 다른 부분에 생각을 전달한다. 아기가 세상에 태어났을 때는 많은 뉴런이 아직 연결되지 않은 상태로 있다. 아기가 세상을 경험하는 동안 무수한 연결이 매일 만들어지면서 뇌가 체계화되고 정보를 저장한다. 양질의 경험을 하면 더욱 훌륭하고 복잡한 길들이 만들어진다. 이러한 길들과 회로들이 아기가 주변 세상을 바라보는 방식을 결정한다.

신생아의 뇌를 이해하는 또 다른 방식은 신호와 응답을 저장하는 커다란 파일 캐비닛을 연상해보는 것이다. 아기에게 무슨 일이 일어나면—예를 들어, '내가 울면 위로를 받는다' 또는 '배가 고프면 먹여준다'—신생아 파일이 이러한 장면들을 정리해서 보관한다. '울다/위로를 받다'라는 파일이 채워지기 시작하면 아기는 대충 자신의 보호자에 대한 인상을 확립한다. 이런 식으로 아이는 자신과 다른 사람들을 이해하기 시작한다. 이러한 연결 패턴들은 아기가 주어진 상황에서 무엇을 기대할 것인지에 대한 기준이 된다. 뇌에 보관된 연결 패턴에 따라 어떤 반응을 기대하거나 요구하게 되는 것이다. 예를 들어, '내가 울면 위로를 받을 것이다'라고 기대한다.

수용력 길러주기

양육 초기에 부모는 아이에게 건강한 특성을 받아들이는 수용력을 길러주기 위해 충분한 시간을 할애해야 한다. 파일 캐비닛 비유로 돌아가서, 컴퓨터에 문서가 어떤 방식으로 정리되어 있는지 생각해보자. 처음 2년 동안 우리는 아기가 감정이입과 감성을 위한 폴더들을 만들게 도와준다. 그 다음부터는 아기가 여러 가지 경험을 적절한 폴더에 저장하도록 도와주면서 보낸다. 폴더가 없거나 잘못된 폴더로 인생을 시작한 아이들은 그 이후의 경험들을 적절한 곳에 저장할 수가 없다.

이러한 패턴이 미래의 반응과 관계를 위한 기초가 된다. 미래의 대인관계에 영원히 영향을 주는 가장 중요한 연결 패턴 중 하나는, 믿음을 배우는 것이다. 간단히 말하자면, 영아기와 유아기에 심어진 올바른 연결 패턴은 아이가 훌륭하게 자라도록 도와준다.

♥ 첫인상, 영원한 각인

신생아의 뇌에 저장되는 초기의 연결 패턴들은 믿음·감정이입·애정·자아관과 같은 인간의 기본적인 특성으로 발전한다. 마르지 않은 시멘트에 손도장을 찍는 것처럼 신생아의 뇌가 저장하는 이러한 초기 인상들은 어린 시절과 성인이 되었을 때 정체성의 일부가 된다. 신생아는 그러한 초기 인상에서 세상에 대한 인식을 구성한다. 반응을 보여주는 부모에게서 아기들은 다음과 같은 것들을 배운다.

- 도움이 필요한 사람에게 반응한다.
- 상처 받은 사람을 위로한다.
- 다른 사람들에게 도움을 구한다.

두뇌 파일

자연스러운 모성 본능에 따라 아기를 돌보고 있을 때 우리는 우리도 모르는 사이에 아기의 두뇌에 영구적인 각인을 심어주고 있다.

부모의 행동	아기가 뇌에 저장하는 것	어떤 수용력이 길러질까
아기 울음에 세심하고 적절하게 반응한다.	내가 말을 하면 누군가 귀를 기울인다.	자신의 의사소통 능력에 대한 믿음
아이가 배가 고프면 먹인다.	보호자는 나의 요구를 충족시켜준다.	사람들을 배려하고 반응하는 능력
아기와 자주 눈을 맞춘다.	사람 얼굴은 재미있고 훌륭한 정보통이다.	다른 사람들의 감정을 읽는 능력
아기를 많이 안아준다.	안겨 있으면 두려움이 진정되고 기분이 좋다.	편안한 친밀감
아기가 불안할 때 달래준다.	다른 사람들은 내 감정을 이해하고 도와주려고 한다.	감정이입
아기를 안고 다닌다.	세상은 흥미로운 곳이다.	호기심, 새로운 경험을 향해 열려 있음.
아기를 곁에 재운다.	잠자는 것은 즐거운 일이고 두려운 상태가 아니다.	건강한 수면 습관, 휴식 능력
사랑과 행복감을 전달한다.	나는 대체로 행복하며, 다른 사람들을 행복하게 해준다.	행복과 만족감

• 자신과 세상에 대한 자기 자신의 인식을 믿는다.
• 행복을 느낀다.

이러한 첫인상들은 나중에 어떤 식으로 나타날까? 예를 들어, 한 무리의 아이들이 자전거를 훔칠 계획을 하고 있다고 하자. 몇 명은 근사한 자전거를 타고 신나게 놀겠다는 생각밖에 없다. 하지만 어릴 때 보살핌을 받고 남을 배려하는 법을 배운 아이는 자전거를 훔치는 것을 불편하게 느낀다. 그 자전거가 누군가에게 중요한 물건이라는 것을 알고 자신이 만일 자전거를 도둑 맞으면 어떤 기분이 들지 상상한다. 또한 자신을 믿고 사랑하는 부모를 실망시킬까 봐 걱정한다. 이 아이는 감정이입과 감수성이 발달했다. 그는 상대방의 입장에서 생각할 줄 안다. 그는 행동하기 전에 누군가에게 피해를 준다는 것을 먼저 생각하고 자전거를 훔치는 것에 반대한다.

또 다른 난처한 상황에 처한 십대 소녀를 상상해보자. 파티에서 아이들이 쌍쌍이 짝을 지어서 '성관계'를 하러 나가기로 한다. 그 소녀는 자신이 아직 그럴 준비가 되어 있지 않다고 생각하고 혼란과 두려움을 느낀다. 하지만 소녀는 자신의 감정을 존중해주고 보살펴준 부모에게서 자신의 느낌을 믿는 법을 배웠다. 결국 또래의 압력에 굴복하기보다 자신의 판단을 믿고 집으로 돌아간다.

감수성과 감정이입 능력이 부족하면 파괴적인 행동을 하기 쉽다. 따뜻한 보살핌을 받지 못한 아이들은 커서 다른 사람을 배려할 줄 모른다. 부모의 품에서 위안을 받으며 감정이입을 배운 아기는 커서 학교에 총을 난사하는 십대가 되지 않는다.

♥ 훈련은 손해 보는 투자다

영아기와 유아기의 아이들에게 적절히 반응하고 세심하게 보살피며 양육한다는 것은 무슨 뜻일까? 아이와의 연결 방법에 대해서는 나중에 다시 설명하겠지만 우선 '훈련'이라고 부르는 좀더 냉정한 육아법에 대해 짚고 넘어가겠다. 이 육아법의 목표는 아이를 부모의 생활방식에 편리하게 맞추는 것이다. 이런 부모들은 아이가 '응석받이'가 되거나 자신들이 아이에게 '휘둘리게' 될까 봐 걱정한다. 그래서 아이를 통제하려고 한다. 그들은 훈련이 아기에게 '현실'을 가르쳐주는 올바른 방법이라고 믿는다.

어떤 육아 서적과 잡지는 이러한 육아법을 장려한다. 그들은 아이가 밤새 몇 시간씩 울더라도 혼자 재우라고 말한다. 시간표에 맞추어서 수유를 하고 먹을 시간이 되기 전에는 배가 고파서 울어도 먹이지 말라고 한다. 또한 아기가 놀이울에서 혼자 노는 것에 익숙해지도록 훈련을 하라는데, 그러면 보통 아기가 울어도 못 들은 체해야 한다. 그들의 주장에 의하면 결국, '훈련을 받은' 아기는 '착한 아기'(좀더 정확히 말하면 '편리한 아기')가 될 것이고, 가족은 그 결과에 기뻐하게 된다는 것이다. 하지만 그렇게 아이에게 독립성을 강요하면 당장은 효과가 있을지 모르지만 장기적으로는 결국 손해를 보게 된다.

침대 안에서 혼자 울게 내버려두면 아기는 아무리 울어도 소용이 없다고 믿게 된다. 아무도 나타나지 않으면 아기는 자신을 표현하려는 시도가 무의미하다는 결론을 내린다. 한편, 부모가 아기의 특성에 대해 배우기보다 시계나 책에 더 의존하면 아기 울음을 이해하고 반응하는 능력을 상실한다. 또한 아기는 점점 더 부모에게 안겨 있는 시간이 줄어들면서 자극을 제공하는 인간적 접촉의 기회를 잃게 된다(9장에서 아이의 의사소통 능력을 길러주는 방법에 대해 설명할 것이다).

시간표에 따라 아기를 먹이고 재우면 겉으로는 규칙적인 습관이 드는 것처럼 보일지 모르지만 실제로는 그 반대다. 훈련을 받는 아기는 세상은 예측할 수 없는 곳이라고 인식하게 된다. 아기의 입장에서 보면, 어떤 때는 자신의 울음에 보호자가 반응을 하고 어떤 때는 반응을 하지 않기 때문이다. 어떤 때는 배가 고프면 음식을 주고 어떤 때는 배가 고파도 주지 않는다. 이런 식으로 아기는 보호자가 어떻게 반응할지 예측할 수 없기 때문에 연결 패턴을 찾지 못한다. 아기가 뇌에 저장한 패턴들은 세상은 믿을 수 없는 곳이며 자신의 요구에 무감각해지라고 말한다. 부모들도 똑같이 불안한 출발을 한다. 아기를 '울다가 지치게' 내버려두는 엄마는 아기를 보호하고 달래고 보살피고자 하는 자연스러운 모성을 거스르고 있는 것이다. 그런 엄마는 자신의 판단력과 아기에게 반응하는 능력을 믿지 못하게 된다. 아기와 거리를 두는 부모들은 아이가 커서 십대가 되었을 때 아이의 행동을 이해하지 못한다. 초기에 형성해야 하는 친밀감을 나중에 만회하려면 훨씬 더 힘들어진다.

애착의 신경화학 작용

수십 년 동안 애착 연구자들은 보호자와의 초기 상호작용이 계속 발달하는 아이의 두뇌에 각인이라고 일컫는 영구적인 인상을 남긴다고 생각해왔다. 애착의 신경화학 작용에 대한 새로운 이론에 의하면, 아이가 엄마의 얼굴을 보는 순간 엔도르핀이라는 뇌의 신경호르몬이 생산된다고 한다. 이 호르몬은 행복감과 즐거움을 주는 뇌의 화학물질이다. 아기는 엄마의 얼굴과 존재를 좋은 기분과 연결하기 시작한다.

보호자와의 상호작용은 또한 두뇌 발달에 유리한 구조 변화로 이어진다. 보호자와 아기 사이의 자극적인 만남은 두뇌의 각 부분을 연결하는 시냅스의 성장을 촉진한다. 이러한 연결 패턴은 스키마라는 전문 용어로 알려져 있다. 일단 이러한 패턴들이 각인되면, 아기는 종종 그 내면화된 이미지, 즉 스키마에 접근해서 엄마의 얼굴을 보거나 엄마가 옆에 있기만 해도 위안을 받는 것이다.

아이들에게 믿음과 감수성을 심어주는 것은 세상에 대한 기본적인 사고방식이 형성되는 초기에 하는 것이 가장 효과적이다. 이 책을 포함해서 많은 책들이 부모의 자상한 보살핌에 초점을 맞추는 것은 바로 이런 이유 때문이다.

연결 도구 : 애착 양육

이제 이론에 대해 알았으니 실제 응용 방법이 궁금할 것이다. 영아기 이후로 부모와 아이는 어떻게 연결이 될까? 교육의 세 가지 기본 요소는 읽고 쓰고 셈하기다. 하지만 사실 학교에 입학하기 전까지는 이런 것들에 대해 너무 걱정할 필요가 없다. 부모와 아이의 연결은 무엇보다 중요한 요소인 반응에 달려 있다. 부모의 반응은 아기가 태어나는 순간부터 시작할 수 있는 아주 중요한 교육이다.

반응은 애착 양육의 기본이라고 할 수 있다. 아기의 요구에 대한 반응은 서로에 대한 믿음을 형성해주는데, 믿음이야말로 부모와 자녀를 이어주는 강력한 연결끈이다. 반응이란 항상 아이의 요구를 들어주는 것을 의미하지는 않는다. 적절한 반응은 '예스'라고 말할 때와 '노'라고 말해야 할 때가 언제인지 알고 있는 것을 의미한다.

부모와 아기가 처음 출발하는 방식은 향후 아이의 대인관계를 위한 지침이 된다. 우리가 애착 양육의 도구라고 부르는 방법들은 아이와 부모 사이에 강한 유대감을 형성해준다. 애착 양육 도구들은 아이와 부모를 연결시킨다. 가능하면 많은 도구들을, 가능하면 자주 사용하자. 가족의 생활방식이나 아이의 개성과 부모 자신의 성격에 따라 이러한 애착 도구를 다르게 사용할 수 있다. 만일 의학적인 조건이나 다른 문제점으로 인해 이러한 도구를 사용하기 어렵다면, 목표는 아기와의 연결이라는 점을 기억하자. 애착 양육은 규칙을 지키는 것이 아니라 관계를 강화하는 것이다.

다음에 소개하는 일곱 가지 애착 양육의 도구들은 부모와 자녀를 성공적으로 연결해줄 것이다.

일곱 가지 애착 방법

♥ 출생 시의 결속

아기와 부모가 처음으로 함께 시작하는 방식은 초기의 애착 형성에 도움이 된다. 출생 후 몇 주일까지 어머니와 아기는 생물학적으로 그 어느 때보다 서로 가까이 있게 된다. 이러한 출생 후의 신체적인 밀착은 아기의 본능적인 애착 증진 행동과 어머니의 모성이 조화를 이루게 해준다. 예를 들어, 갓 태어난 신생아는 조용하면서도 주의 깊은 상태로 들어간다. 아기는 사람의 얼굴을 골똘히 응시한다. 세상에 대해 열려 있는 그 연약한 존재는 엄마와 아빠의 마음을 사로잡는다. 처음 몇 주일 동안 엄마는 옆에서 아기가 울거나 보채거나 움직일 때마다 신속하게 반응한다. 이런 식으로 아기와 엄마는(아빠도) 애초부터 의사소통하는 법을 배운다. 보살핌을 필요로 하는 아기와 언제라도 아기를 보살필 준비가 되어 있는 엄마의 긴밀한 결속은 가족으로 출발하는 첫걸음이다.

결속은 일종의 과정이다. 어떤 사람들은 아기와 부모의 결속이 형성되는 결정적인 시기가 있다고 믿는다. 그래서 의학적인 문제로 출산 이후에 아기와 떨어져 있어야 하는 어머니는 아기와 연결할 수 있는 중요한 기회를 놓치는 것처럼 느낄 수 있다. 하지만 너무 걱정할 필요는 없다. 출생 시의 결속이 어머니와 아이의 관계를 영원히 굳히는 순간접착제와 같은 것은 아니다. 부모와 아이의 결속은 평생을 통해 서로 함께 지내면서 일어나는 과정이다. 출생 직후의 '결속'은 단지 부모-자식의 관계에서 좀더 유리한 출발을 하도록 도와줄 뿐이다.

♥모유를 먹인다

모유는 아기에게 우수한 영양과 질병에 대한 면역력을 제공한다. 또한 인공적으로 만들 수 없는 특별한 두뇌 영양소가 함유되어 있다. 게다가 엄마는 모유를 먹이면서 아기를 이해하는 법을 배운다. 모유 수유의 가장 큰 장점은 아기가 배가 고플 때 보내는 신호를 읽고 신속하게 반응하는 것이다. 엄마는 언제 아이가 배가 고프거나 위안을 받기 위해 젖을 빨고 싶어하는지 알게 되며, 아기는 엄마가 금방 젖을 주리라고 믿게 된다. 또한 모유를 먹이는 엄마들은 아이와의 결속 외에 추가 보너스로 프로락틴과 옥시토신이라는 호르몬이 분비되면서 마음이 편안해지고, 따라서 더욱 아기를 잘 보살필 수 있게 된다.

♥안고 다닌다

아기는 여기저기 부지런히 돌아다니는 보호자의 품에 안겨 있을 때 가장 많이 배운다. 부모의 품에 안겨 있는 아기는 보채지 않고 조용하고 주의 깊게 주변 환경에 대해 배운다. 아기를 안거나 업고 다니면서 집안일을 하고 산책을 하고 사람들을 만나자. 아기들은 아주 가볍다. 가까이 있을수록 아기에 대해 더 잘 알게 된다. 접촉은 감성과 연결을 촉진한다.

♥ 아기와 함께 잔다

해가 지고 가족들이 잠자리에 들어도 부모가 할 일은 끝나지 않는다. 밤은 아이들에게 무서운 시간이고 든든한 부모 곁에서 떨어져 있으면 더욱 불안해진다. 아이를 데리고 자면 밤새 서로 가까이 있을 수 있다. 아기는 잠자는 것을 즐거운 일로 느끼고 잠드는 것을 두려워하지 않게 된다. 또한 엄마는 따뜻한 잠자리에서 일어날 필요 없이 아기에게 젖을 먹일 수 있다. 모든 가정에서 아이를 데리고 자는 방법을 택하지는 않지만 많은 엄마들이 아기와 함께 자는 것이 좀더 편하다고 말한다. 가족 모두가 밤에 잠을 편히 잘 수 있다면 어떤 방법이든 무방하지만, 낮에 직장 때문에 아기와 떨어져 있는 부모는 밤에 함께 자는 것으로 아기와의 연결을 보완할 수 있다.

♥ 아기 울음의 의미를 이해한다

아기의 울음은 신호다. 조그만 아기들이 우는 것은 떼를 쓰는 것이 아니라 의사 표현을 하는 것이다. 울음은 아기가 필요한 것을 표현하기 위한 유일한 생존법이며 그것은 부모의 양육 능력을 키워준다. 부모가 아기의 울음에 민감하게 반응하면 서로에 대한 믿음이 생긴다. 아기는 보호자가 자신의 언어를 이해하고 요구를 해결해주리라고 믿는다. 한편 부모는 아기의 울음에 반응하면서 점차 아기를 돌보는 능력에 자신감을 갖게 된다. 부모는 아기의 언어를 이해하게 되고, 아기 역시 엄마, 아빠에게 자기 표현을 점점 잘하게 된다. 따라서 부모-자식의 의사소통이 수월해진다.

♥ 아기 훈련자들을 경계한다

아기의 요구와 신호에 민감하게 반응하는 부모는 육아 조언에 대해 매우 신중하다. 그들은 아기 대신 시계나 시간표를 보라고 가르치는 엄격하고 극단적인 육아법을 피한다. 그러한 육아법은 부모와 아기 사이에 거리를 만들고 자신의 아이에 대해 전문가가 될 수 없게 한다. 애착 양육은 부모를 아이와 연결해주는 반면, 훈련은 아이를 통제하는 데 초점을 맞춘다.

♥균형과 경계를 수립한다

아기가 원하는 것은 뭐든지 주려고 하는 부모는 종종 자신과 배우자를 돌보지 않게 된다. 결국 생활의 균형이 깨진다. 따라서 아이가 태어나면 다른 가족들을 위해 균형을 유지하고 적절한 경계를 정할 필요가 있다. 이 문제에서는 아빠가 중요한 역할을 할 수 있다. 아빠가 육아와 가사일에 참여하면 엄마는 자신과 남편을 더욱 잘 보살필 시간이 생긴다. 균형을 유지하기 위해서는 아기에게 언제 '안 돼'라고 말해야 하는지 알아야 한다. 신생아 때는 아기가 원하는 것이 곧 아기가 필요로 하는 것이지만, 좀더 크면 아이가 원한다고 뭐든지 들어줄 수는 없다.

위의 원칙들을 모두 실천해야 하는 것은 아니다. 의학적인 문제나 가정 형편상 어떤 방법은 불가능할 수도 있다. 중요한 것은 아기의 특별한 요구에 마음과 생각을 여는 것이다. 그렇게 하면 부모와 아기에게 최선이 무엇인지 그때그때 판단할 수 있는 지혜가 생길 것이다. 우리가 할 수 있는 일은 힘닿는 데까지 최선을 다하는 것이고, 그것이 아이가 부모에게서 필요로 하는 것이다.

사실 많은 부모들이 위의 방법들을 본능적으로 실천하고 있다. 여기서 글로 옮겨놓았을 뿐이다. 위의 방법들을 실천한다면 부모와 아기가 올바른 출발을 할 수 있을 것이다. 하지만 양육은 매우 개인적인 일이고 아기들은 매우 복잡하므로 한 가지 양육법이 모두에게 적용될 수는 없다. 이 도구들을 활용해서 여러분 각자의 육아법, 즉 각자의 아이와 가족의 요구에 맞는 육아법을 개발해보자. 아기와의 연결을 강화하면서 효과적인 도구는 계속 사용하고 그렇지 못한 것은 수정해가자. 그러다 보면 부모와 아이가 모두 행복해질 수 있는 육아법을 발견하게 될 것이다.

유아기 : 더욱 깊이 연결되는 시기

생후 1~3년의 유아기로 들어가보자. 이제 아기는 '바퀴'와 '경적'을 달고 있다. 유아들은 기고 걷고 오르내리면서 탐험할 준비가 되어 있고, 부모는 그런 아기를 따라다니기 바쁘다. 하지만 처음 1년 동안 부모의 자상한 보살핌을 받은 아이들은 유아가 되었을 때 그들 자신이나 부모의 생활을 좀더 수월하게 만드는 두 가지 특성을 갖추게 된다. 그것은 바로 믿음과 감수성이다. 안정적으로 애착이 형성된 유아는 연결을 느끼는 능력을 갖고 있다.

♥ 유아의 믿음

믿음은 유아와의 생활을 수월하게 해준다. 1~3세에는 권위를 가진 부모의 역할이 중요하다. 만일 유아가 부모가 정해주는 경계를 믿는다면 책임감 있는 부모의 역할이 어렵지 않을 것이다. 부모와 연결된 아이는 부모가 정해주는 경계를 받아들이고 지시에 따른다. 연결된 아이는 부모가 자신의 요구를 충족시켜주고 도와주리라고 믿는다. 부모를 믿고 자진해서 복종을 한다.

유아기에 부모는 계속해서 아이로부터 믿음을 사야 한다. 또한 아이의 행동에 대해 합리적인 기대를 걸어야 한다. 유아들은 오랫동안 가만히 앉아 있지 못하며, 슈퍼마켓에 가면 선반에서 물건들을 잡아당기고 싶은 욕구를 누르지 못한다. 아이가 자신을 주체하지 못할 상황에 버려둔 채 있다가 잘못한다고 화를 내면 두 사람 사이의 연결이 끊어진다. 식품점에 가면 오렌지와 사과를 고르도록 타이르고 도와주면서 아이가 올바로 행동하게끔 상황을 만들어주자. 그러면서 두 사람 사이의 연결이 단단해진다. 멀리서 할아버지와 할머니가 찾아오면 억지로 밀어붙이지 말고 아이가 스스로 그들에게 흥미를 갖고 익숙해지게 하자. 연결된 부모는 아이의 눈으로 세상을 바라볼 줄 안다.

♥ 부모의 감수성

연결된 부모는 아이에게 적절한 경계를 정해주기가 좀더 수월하다. 그들은 아이에 대해 알고 있으므로 제어하기 힘든 유아기가 시작될 무렵에 미리미리 좋은 습관을 들여준다. 연결된 부모들은 아이의 눈으로 사물을 바라보고 아이의 행동을 미리 예견한다. 따라서 아이가 심각한 문제를 일으키기 전에 개입할 수 있다. 특히 주변을 탐험하고 배우려다가 말썽을 일으키기 쉬운 유아 시기에는 이러한 부모의 역할이 중요하다. 처음 1년 동안 아이에 대해 충분히 배운 부모는 개입해야 할 때와 아이 스스로 궁지에서 빠져나오도록 내버려둬야 할 때를 잘 알고 있다.

연결된 부모는 아이에게 경계를 정해주는 한편 그 경계를 수월하게 지킬 수 있는 구조를 제공한다. 예를 들어, 가파른 계단을 향해 가는 아이에게 '안 된다'고 말할 뿐 아니라 계단에 안전문을 설치해서 위험한 행동을 미연에 방지한다. 안전사고 예방은 아이에게 확고한 경계를 정해주고 그것을 지키도록 도와주는 일종의 교육 방법이다. 호기심이 많은 아이의 손에서 귀중품을 빼앗을 필요가 없다면 아이와의 연결을 유지하기가 좀더 수월해진다. 연결된 부모들은 집안 환경을 아이의 요구에 적절하게 꾸미고 대담한 두 살배기 아이의 모험에서 공포보다는 기쁨을 느낄 줄 안다.

♥ 신체언어 읽기

연결된 아이는 부모의 신체언어에 익숙하므로 잘못을 바로잡아주기가 수월하다.

우리 아이는 내 '표정'만 보고도 잘못된 행동을 멈춘다.

이 아이는 부모로부터 지도와 보살핌을 받는 법을 배운 것이다. 부모의 표정을 보고 그는 곧바로 자신이 잘못하고 있다는 것을 깨닫는다. 이런 아이들에게는 종종 슬며시 암시를 주는 것이 가장 좋은 방법이다. 연결된 아이는 부모가 화를 내면 겁을 먹고 당황한다. 슬그머니 잘못을 바로잡아주면서 아이가 잘할 수 있다고 믿는 부모의 마음을 알려주자.

연결되지 않은 아이는 행동을 바로잡아주기가 좀더 어렵다. 부모가 자신의 요구와 울음에 반응하지 않으면 더 심하게 울거나(만일 아이가 고집이 세다면) 또는 포기하고 움츠러든다. 그래서 점점 더 가르치기 힘든 아이가 된다. 자신의 요구에 대한 부모의 반응을 믿을 수 없기 때문에 성마르고 공격적이고 고집 센 성격이 되는 것이다. 그러면 부모들은 아이가 '말을 듣지 않는다'고 나무라고 위협하고 벌을 주고 어떻게든 강제로 말을 듣게 만든다. 아이는 점점 더 부정적인 감정에 휩싸이고 방어적이 되면서 부모의 기대로부터 더욱 멀어진다. 이런 아이와 함께 있으면 당연히 즐거울 수가 없다. 결국 부모는 아이와의 관계를 발전시키는 것이 아니라 온갖 방법을 동원해서 아이와 힘겨루기를 하게 된다.

연결된 유아는 다른 사람들을 즐겁게 해주고 싶어한다. 이런 아이와 함께 있으면 즐거우므로 부모는 아이의 요구와 바람을 자신의 생활에 반영한다. 그래서 아이와 함께 놀거나 집안일을 하면서 더 많은 시간을 함께 보내게 되고 부모와 자녀의 연결은 더욱 강화된다.

♥ 편안하게 친밀감을 느낀다

우리 부부는 숱한 밤들을 두 살 된 아이가 자는 모습을 옆에서 지켜보며 그가 일찌감치 평생 쓸 수 있는 재산을 저축하고 있다고 느꼈다. 그 재산은 바로 친밀감에 대한 수용력이다. 잦은 접촉과 아낌없는 애정을 받는 유아들은 안겨 있는 것을 아주 편안해한다. 그들은 불안하거나 몸이 불편할 때 사람과의 접촉을 구한다. 연결된 아이로 키우고자 하는 부모는 언제라도 거기에 응한다. 유아는 아직도 아기에 불과하며 때로 아빠에게 안겨 있거나 엄마 젖을 빨고 싶어한다.

♥ 유아의 공격성

유아들 사이에서는 종종 문제가 발생한다. 아무리 연결된 아이라고 할지라도 다른 아이가 참기 어려울 수 있다. 다툼이 일어나면 흥분해서 친구를 때리기도 한다. 하지만 연결된 가족은 아이의 공격성을 좀더 쉽게 바로잡아줄 수 있다.

첫째, 연결된 부모는 노는 아이들에게서 눈을 떼지 않고 있다가 재빨리 끼어들어서 두 아이의 요구를 존중해주는 방향으로 문제를 해결한다. 억지로 장난감을 나누어가지라고 강요하기보다는 쉬운 말로 두 아이가 모두 수용할 수 있는 타협점을 찾아보도록 도와준다.

둘째, 공격적인 행동에 대해서는 "친구를 때리면 안 된다. 서로 안아주자"라는 말로 처벌 대신 주의를 준다. 연결된 부모와 아이는 그러한 충돌을 학습 기회로 활용한다. 아이는 이때 엄마와 아빠는 때리는 것을 용납하지 않는다는 것과 사람들 사이의 문세를 해결하는 훨씬 더 나은 방법이 있다는 것, 두 가지를 배운다.

♥ 아기들의 자기표현

연결된 유아들은 보호자들과 많은 시간을 함께 보내면서 편안하게 자신을 표현하는 법을 배운다. 우리 병원을 찾는 꼬마들 중에서 연결된 아이들은 한눈에 알아볼 수 있다. 그들은 어떻게 행동해야 할지 몰라 엄마의 눈치를 살피면서도 나를 보면서 "난 당신에게 관심이 있어요"라고 말하듯 환한 표정을 짓는다.

군중 속에서도 연결된 아이들은 금방 눈에 띈다. 그들은 사람들을 바라본다. 사람들과 시선을 맞추고 텔레비전이나 컴퓨터보다 현실세계에 훨씬 더 흥미를 갖는다. 느긋하면서 명랑하다. 스스럼없이 신체 접촉을 한다. 화를 내지 않고 자신의 감정과 요구를 조리 있게 표현한다. 약간은 수줍어하고 엄마와 아빠에게서 떨어지지 않으려고 해도 필사적으로 매달리지는 않는다.

연결된 아이들이 자기 표현을 잘하는 이유는 부모가 참을성 있게 귀를 기울이고 분명하고 쉬운 말로 대답을 해주기 때문이다. 그런 부모는 아이가 다리를 잡아당기며 뭐라고 말을 하면 하던 일을 중단하고 아이에게 집중한다. 아이가 무슨 말을 하고 싶어하는지 이해하려고 노력하고 너무 어려운 말은 대신 표현해준다.

어떤 부모들은 아이가 아직 말을 잘 못해서 뭘 원하는지 모르겠다고 하소연한다. 우리는 그런 부모에게 아이의 눈을 보라고 말한다. 아이의 표정을 보면 무엇을 필요로 하는지 짐작할 수 있다. 유아는 자신이 말하고자 하는 것을 정확하게 알고 있으며, 아이의 눈은 종종 더 많은 말을 한다. 아이가 '감정을 표현할 때' 그 눈을 열심히 들여다보면 종종 떠듬거리는 말이 갑자기 이해가 된다. 동시에 아이는 부모에게서 상대방에게 귀를 기울이는 신체언어를 배운다.

♥ 정신적인 연결

유아들은 '항상성'이라고 불리는 신경생물학적인 원리에 의해 좀더 의젓해지기 시작한다. 태어나서 처음 1년 동안 아기들은 뭔가가 눈에 보이지 않으면 영원히 사라진 줄 안다. 그것이 어딘가에서 계속 존재한다고 생각할 수 있는 융통성이 없다. 그러다가 1년 정도 되면 물건과 사람이 상존한다는 것을 이해하기 시작한다. 엄마가 눈에 보이지 않아도 엄마의 이미지를 머릿속에 그릴 수 있다. 이러한 보호자의 이미지가 아이에게 안정감을 제공한다. 이때 까꿍놀이가 도움이 될 수 있다.

유아는 혼자 주변을 탐험할 때도 보호자를 염두에 두고 있다. 연결된 유아들은 보호자에 대해 좀더 확실한 이미지를 갖고 있다. 부모의 일관된 반응에 의지할 수 있는 아이들은 좀더 편안하게 탐험을 하고 독립을 두려워하지 않는다. 그들 머릿속에 있는 부모가 용기를 주고 안전하고 편안하게 느끼도록 하기 때문이다. 아이가 인형을 갖고 놀면서 부모를 흉내 내는 말을 들을 기회가 있으면 아이의 머리와 가슴속에 부모의 이미지가 어떻게 형성되어 있는지 알 수 있을 것이다.

생후 3~5년 : 안정적인 연결 단계

연결된 아이는 안정적인 단계에 접어든다. 이제 3년 동안 쌓아온 연결 패턴들이 아이의 자아관을 형성한다. 아이는 세상을 바라보는 나름의 기준을 갖고 있다. 기본적인 믿음과 감정이입 능력이 있으며, 편안하게 사람들과 접촉하면서 자신의 요구와 감정을 표현한다.

이 나이의 아이들은 부모의 지시와 가치관을 자기 것으로 만들기 시작하면서 부모가 행동하고 말하는 모든 것을 받아들인다. 따라서 아이를 가르치기가 점차 수월해진다. 아이가 두 살일 때는 개를 때리지 말라는 말을 자꾸 되풀이해야 했지만 세 살이 되면 강아지가 옆에서 피자를 달라고 조를 때 그 말을 기억한다. 연결된 아이들은 부모를 깊이 신뢰하기 때문에 부모의 가치관과 지시를 더욱 쉽게 받아들인다.

따라서 부모는 아이의 귀감이 되어야 한다. 부모의 본보기는 말보다 훨씬 더 많은 말을 한다. 만일 부모가 동생을 돌보면서 아이에게 계속해서 기다리라는 말만 한다면 아이는 동생이 자신보다 더 중요하다는 생각을 갖게 된다. 아이와 매일 함께 보내는 시간을 정해서 그 시간에는 다른 사람에게 동생을 맡기고 아이에게 부모가 자신을 사랑하며 함께 있고 싶어한다는 것을 느끼게 해주자.

♥ 감정 나누기

아이들은 부모가 기분이 좋은지 나쁜지를 직관적으로 알아차린다. 마사가 어느 날 힘들어하고 있을 때(그럴 때면 내가 "아이들이 너무 많아서 그래" 하고 농담을 하곤 했다) 세 살이었던 매튜가 다정하게 엄마 어깨에 손을 얹으면서 말했다. "엄마가 슬프면, 나도 슬퍼요."

이 시기에는 감정이입과 다른 사람의 감정을 읽는 능력이 발전한다. 따라서 연결된 아이는 혼란스러운 감정 때문에 더욱 쉽게 불안해진다. 가족의 질병과 이사, 부모의 이혼, 친구와의 헤어짐은 연결된 아이에게 더욱 상처를 주기 쉽다. 연결된 아이들은 평상시에는 명랑하고 편안하지만, 때로는 감정적인 소모가 클 수 있다.

매번 대가족이 겪는 문제로 괴로워하고 고민하는 마사에게 당시 세 돌 반이었던 매튜가 말했다. "엄마는 내가 있어서 좋아요?" 연결된 아이들은 남을 기쁘게 해주고 싶어하므로 자연히 부모가 기분이 좋지 않다고 느끼면 걱정을 한다. 그럴 때 그들의 감수성이 드러난다.

그렇다고 해서 부모가 언제나 감정을 숨기고 불행할 때도 즐거운 표정을 지어야 하는 것은 아니다(연결된 아이는 종종 꿰뚫어본다). 우리가 느끼는 감정을 인정하고 아이가 이해할 수 있는 말로 설명해주자. 이러한 연결은 또한 부모 스스로 자신의 감정을 좀더 잘 이해하는 데 도움이 된다. 만일 화가 나거나 슬픈 이유를 설명해야 한다면 그 말(예를 들면, "할머니가 매우 아프시단다")이 아이에게 어떻게 들릴지 생각해보자. 솔직하게 말하되 감상적으로 하지는 말자.

♥ 부모의 손길이 미치지 않는 일들

아이들은 대부분 태어나서 처음 두 해 동안 가장 중요한 보호자인 부모와의 관계를 통해 세계관을 형성한다. 3~5세 시기에는 좀더 다양한 사람들의 영향에 노출된다. 저녁 식탁에서 아이는 유아원 교사가 아니라 같은 반 친구들의 엉뚱한 행동에 관해서 주로 이야기할 것이다. 감수성이 발달한 연결된 아이들은 자신의 기준에 어긋나는 다른 아이들의 행동을 보고 쉽게 혼란을 느낀다. 부모는 아이가 혼란스러워할 때 진지하게 귀를 기울여주는 것으로 아이와의 연결을 강화할 수 있다. 어떤 면에서 연결된 아이는 세상을 이상적으로 바라본다. 부모로서 해야 할 일은 아이의 이상을 지지해주고 그 이상에 미치지 못하는 세상에서 사는 방법을 발견하도록 도와주는 것이다.

연결된 아이들은 공격적이지 않다. 그래도 다른 아이를 때리거나 떠미는 경우가 있지만 자주 그러지는 않는다. 그들은 자신의 요구와 바람을 존중 받는 것에 익숙해 있기 때문에 다른 사람들을 자기 마음대로 휘두르고 싶어하지 않는다. 장난감을 갖고 다툴 때 연결된 아이는 해결책을 제안하지만 연결되지 않은 아이는 상대방을 때리는 경향이 있다. 집에서 아이의 감정을 존중해주고 행동이 아닌 말로 해결하도록 도와주면 친구들—말썽꾸러기 친구들이라도—과 연결하는 능력이 길러진다.

생후 5~10년 : 연결을 찾아서

유치원생에서 초등학생 시기의 아이들은 생활 속에서 의미를 추구한다. 무엇이 중요한가? 누구를 믿어야 하는가? 누구를 본받아야 하는가? 또한 또래의 영향이 증가하고 다양한 사람들의 가치관을 접하는 시기이기도 하다. 온갖 종류의 아이들과 어울리는 것은 혼란스러운 축복이다. 이 시기에는 많은 것들을 배우면서 세상에 나갈 준비를 하지만 만일 가족과의 관계에 튼실하게 뿌리를 내리고 있지 않으면 빗나갈 수 있다. 연결된 아이는 다음과 같은 적절한 도구를 갖추고 이 단계에 들어선다.

- 믿음
- 배려
- 옳고 그름에 대한 판단력

이러한 덕목들은 연결된 아이들에게 내화되어 있다. 즉, 그들은 감수성과 믿음을 갖고 있다.

♥ 초기의 감정이입
연결된 아이는 상대방의 입장이 되어서 자신의 행동이 그에게 어떤 피해를 줄 것인지 생각할 줄 아는 중요한 도구를 갖추고 이 단계에 들어선다. 남을 배려하는 능력은 도덕심의 기본이다. 부모의 보살핌을 받으며 자란 아이는 상대방이 어떻게 느끼는지, 자신의 행동이 어떤 영향을 줄지 생각한다. 아이들의 짓궂은 행동을 보면 마음이 불편해진다. 직접 공격을 당하지 않는다고 해도 잔인한 행동이나 놀림을 받는 사람을 보면서 고통을 느낀다. 부모는 이런 상황에서 아이가 어떻게 행동해야 할지 판단하도록 도와줄 수 있다. 그럴 때 연결된 부모는 조언을 하기보다 아이가 하는 말을 더 잘 들어준다. 아이에게 이래라 저래라 지시를 하기보다 함께 행동 계획을 세운다.

♥ 건강한 양심
연결된 아이들은 이제 내면의 행동 규범을 갖고 있다. 그리고 그 규범을 지키지 않으면 양심의 가책을 느낀다. 올바르게 행동하면 좋은 기분을 느끼고 잘못된 행동을 하면 불편한 기분이 된다. 거짓말을 하면 고백을 할 때까지 괴로워한다. 연결된 아이들도 역시 가족의 규칙에 반기를 들고 다른 가치관을 시험해볼 수 있지만 영구적인 손상을 입기 전에 제자리로 돌아간다. 아이들은 자신의 감정을 세심하게 배려하는 부모에게서 옳고 그른 것을 말해주는 양심에 귀 기울이는 법을 배운다.

믿음과 감수성과 배려가 부족한 가정에서 성장한 아이들은 그렇지 못하다. 그들은 주변 사람들의 기대에 부응하는 내면의 규범, 내면의 지도 체계를 갖고 있지 않다. 그들의 가치관은 충동과 기분, 함께 어울리는 친구들에 따라 수시로 변한다. 그들은 도덕심이 약하다. 인간적 연결이 심각하게 부족한 아이들은 양심의 가책을 느끼거나 자신의 행동이 다른 사람들에게 주는 피해를 인식하지 못한다. 연결되지 않은 아이들은 가족의 가치관에서 벗어나면 제자리로 돌아가지 못한다. 왜냐하면 원래 확고하게 자리를 잡고 있지 않았기 때문이다.

'뿌리가 깊다'라는 말에는 신경생물학적인 의미가 있다. 영아기에 받아들인 연결 패턴들은 아이의 두뇌에 각인된다. 어린 시절 집안의 정서적인 분위기도 마찬가지다. 연결된 부모는 가족의 규칙과 도덕적인 가치관을 이해하도록 지도한다. 그러한 이해는 아이가 자신의 인생과 운명을 통제하는 힘이 된다. 연결된 부모는 자녀가 현명한 판단을 하리라고 믿고 어려운 도전을 극복할 수 있도록 슬그머니 옆에서 도와준다. 잘못을 처벌하는 방법으로 가족의 규칙을 강화하는 부모는 아이에게 무력감을 주고 그들 자신의 생각과 의견은 가치가 없다는 생각을 갖게 만든다. 이런 아이들은 성장해서도 도덕적인 판단을 내리기 어렵다.

♥ 공정함

'불공평하다'라는 말은 아이들이 가장 많이 하는 불평이다. 연결된 아이는 정의감이 강하고 규칙의 필요성을 이해하는 반면, 연결되지 않은 아이는 그런 것에 관심이 없다. 연결되지 않은 아이가 '불공평하다'라고 말하는 것은 '내가 먼저!'라는 의미다.

그런 식이라면 저마다 서로 더 많이 가지려는 세상이 될 것이다.

♥ 도덕심

연결된 아이는 부모의 본보기를 따르고 자신뿐 아니라 다른 사람들을 기쁘게 하는 도덕적인 가치관을 선택한다. 하지만 연결되지 않은 아이는 튼튼한 뿌리가 없기 때문에 그때그때 편리한 대로 행동하거나 또래 사이에서 인기를 끌 수 있는 가치관을 택한다. 이런 아이는 어떤 영향이든 무분별하게 받아들인다.

애착 양육이 성공하는 아이와 부모를 만든다

이 장에서 우리는 아이와의 강한 연결을 위해 필요한 요소들에 대해 살펴보았다. 우리는 이런 육아법을 '애착 양육'이라고 부른다. 애착 양육은 아이의 성장발달에 매우 긍정적인 영향을 미친다. 애착 양육은 아이와 연결하는 방식이며, 이러한 연결이 부모-자식의 관계를 훨씬 더 자연스럽고 즐겁게 만든다. 그 혜택은 아이의 건강, 자긍심, 가족이 함께 즐기는 방식, 원칙 등 모든 방면에서 드러날 것이다. 부모가 아이에 대해 많이 알수록, 그리고 아이가 부모를 신뢰할수록, 부모는 더욱 효율적으로 아이의 행동을 지도하고 바로잡을 수 있다. 애착 양육은 다음과 같은 방식으로 부모와 아이를 연결시킨다.

♥ 애착 양육을 하면 아이를 알게 된다

애착 양육을 하는 부모는 아이와 가깝게 있는 시간이 많으므로 아이를 이해하는 직관력이 발달한다. 아기의 신체언어를 이해하고, 시행착오에 의해 적절히 반응하는 법을 배우고, 아이가 최대한 발전하는 데 필요한 것을 줄 수 있다. 또한 필요하면 "안 된다"라고 말하고 다른 방향으로 유도할 수 있다. 그들은 아이가 무슨 생각을 하는지 알고 있다. 이러한 능력은 아이가 점차 독립적이 될수록 더욱 중요해진다. 아이가 무슨 생각을 하고 있는지 이해하는 것은 아마 애착 양육에서 가장 핵심적인 부분일 것이다. 아이가 훌륭하게 자라도록 도와주려면 무엇보다 아이의 특성을 이해해야 한다.

♥ 애착 양육을 하면 가정교육이 수월해진다

애착 양육을 하는 부모는 아이의 입장에서 아이가 어떤 식으로 행동하게 된 이유를 이해한다. 아이의 잘못된 행동을 고쳐줄 뿐 아니라 한발 앞서 좋은 습관을 들여준다. 그들은 아이와 적절한 관계를 유지하므로 '적절한' 가정교육을 하고 있는지 아닌지 걱정할 필요가 없다. 연결된 아이들이 예절 바르게 행동하는 이유는 부모가 그들에게 어떤 행동을 기대하는지 알려주고, 아이들 자신이 안전하고 사랑받으며 중요한 존재라고 느끼도록 해주기 때문이다.

♥ 애착 양육은 상호 신뢰에 기초한다

아기는 자신이 보내는 신호를 이해하고 반응하는 부모에게서 신뢰를 배운다. 또한 부모는 아기의 요구를 들어주면서 아기의 신호를 읽고 반응하는 능력에 자신감을 갖게 된다. 부모와 아이 사이의 이러한 믿음은 매우 중요하다. 부모의 보살핌을 받는 아이는 부모의 믿음을 내화해서 세상을 따뜻하고 믿을 만한 장소라고 여기게 된다. 자신의 요구가 충족되리라는 믿음은 평생의 행복을 위한 중요한 요소다.

아이를 멀리하고 반응하지 않는 육아법으로는 부모-자식 사이에 신뢰가 발전할 수 없다: 응석받이를 만들까 봐 걱정하고 경계하는 부모는 아이의 입장을 이해하지 못한다. 아이를 완전히 통제하고자 하는 부모는 믿음을 일방통행으로 생각한다. 즉, 아이에게 무조건 부모를 따르게 한다. 그러나 이런 식으로 키운 아이들은 그들 자신과 주위 사람들에 대한 믿음을 배우지 못한다. 많은 부모들이 정해진 규칙과 시간표에 의존하는 육아 방식이 더 효과적이고 가족 전체를 위해 편리하다고 생각하지만, 아기를 밤새 혼자 자게 하고 덜 '보채게' 해준다는 육아법은 '아기가 지칠 때까지 울게 내버려두라'는 식의 방법에 의존한다. 그것은 아이의 요구를 무시해서 결국은 무감각하게 만든다. 아이가 더 이상 요구를 하지 않거나 무조건 규칙에 복종하게 되면 아이와 부모 양쪽 모두에게 문제가 생긴다. 아기는 '착한 아기'나 적어도 '편리한 아기'가 될지 몰라도, 결국 자신을 표현하려는 시도를 포기하게 되고 만다. 좀더 큰 아이는 무조건 규칙에 복종할지 모르지만 그 뒤에 숨은 지혜를 자기 것으로 만들지 못한다. 부모와 아이는 결국 상대방이나 자기 자신을 믿지 못하게 된다.

나는 중국의 대나무에 대한 이야기를 들은 적이 있다. 대나무 씨를 땅에 뿌리면 몇 년 동안 아주 작은 죽순밖에 보이지 않는다. 그 동안 씨는 땅 밑에서 깊이 뿌리를 내린다. 그리고 5년 후에 대나무는 지붕 높이만큼 자란다. 어떻게 그렇게 잘 자랄 수 있을까? 깊고 안정된 뿌리에서 영양분을 흡수하기 때문이다.

우리는 성공을 향한 길이 어린 시절의 애착 양육에서 시작한다고 믿는다. 하지만 아이가 성장하는 방식에 대한 모든 공적과 비난을 부모 탓으로 돌릴 수는 없다. 부모는 자신이 가진 도구와 자원으로 최선을 다해 아이들을 키울 뿐이다. 나머지는 아이 자신에게 달려 있다. 부모의 육아 방식과 아이의 성공 여부는 100퍼센트 일치하지 않는다. 하지만 30년 이상 소아과 병원을 운영하면서 우리는 애착 양육이 아이들을 전반적으로 아주 훌륭하게 자라게 해주는 것을 볼 수 있었다.

성공을 위한 첫걸음 : 영아기에서 유아기로

아이들을 훌륭하게 키운다는 의미는 명문 대학 졸업장이나 억대 연봉이나 회사 사장이 되는 것과는 전혀 상관이 없다. 진정한 성공이란 정서적인 건강을 비롯해서 가치를 따질 수 없는 특성들, 즉 건강한 인간관계, 자긍심, 어떤 환경에서도 행복하고 만족할 줄 아는 능력 등을 말한다. 신생아와의 결속이나 부모와 함께 재우기와 같은 기본적인 육아법에 대해 이야기하면서 고매한 정신 활동을 목표로 한다는 것이 지나친 비약처럼 느껴질 수도 있다. 하지만 영아기의 애착 양육이 우리가 말하는 진정한 성공에 도움을 주는 특성들을 갖추게 해주는 것은 분명하다.

♥ 배려하는 아이

애착 양육으로 키워진 아이들은 감정이입을 잘하고 다른 사람들을 배려할 줄 안다. 태어나서부터 세심한 보살핌을 받아왔기 때문이다. 가족들이 배려하고 베풀고 귀를 기울이고 요구에 반응하면 아이는 그런 특성들을 자기 것으로 만든다. 위안을 받은 아이는 위안하는 법을 배운다. 친구가 다치면 도와주러 달려간다.

　연구에 의하면 다른 사람들을 배려하지 않는 아이는 성공하지 못한다. 그런 아이는 자신의 행동이 다른 사람들에게 미치는 영향에 대해 생각하지도 후회하지도 않는다. 감정이입은 찾아볼 수 없다. 종종 이런 아이들은 어릴 때 학대를 받거나 방치된 과거를 갖고 있다. 아무도 그들을 돌보지 않았으므로 다른 사람들을 돌보는 법을 배우지 못한 것이다.

　애착 양육으로 키운 아이들은 행동하기 전에 먼저 다른 사람의 감정을 고려한다. 그들은 자신의 행동이 다른 사람에게 어떤 영향을 줄지 생각한다. 잘못을 저지르면 불편하게 느끼고 마땅히 해야 할 일을 하면 좋은 기분을 느끼는 건전한 양심을 갖고 있다.

♥ 인정 많은 아이

애착 양육으로 키운 아이들은 마음속 깊이 정의감을 갖고 있다. 그들은 그러한 정의감에 위배되는 행동을 예리하게 인식하고 옳다고 느끼는 것을 회복하려고 애쓴다. 나는 놀이 그룹에서 그런 아이들을 본다. 그들은 커가면서 점차 베푸는 법을 배운다. 어린 나이에서는 보기 드물게 다른 아이들과 기꺼이 나눌 줄 안다. 그들은 부모의 본보기를 보고 친구들의 요구와 권리를 배려한다.

　애착 양육으로 자란 아이들은 가족과 친구들의 기분에 매우 민감하다. 부모가 스트레스를 느끼면 그들도 역시 스트레스를 받는다. 그리고 행동으로 나타내기도

학설에 의하면 : 연결된 아이들은 성공할 가능성이 높다

애착 양육의 결과에 대한 연구, 즉 부모와 아이의 초기 관계와 이후의 행동 사이의 연결에 대한 연구는 심리학에서 가장 흥미로운 주제 중 하나다. 심리학자들은 아이들을 오랜 기간에 걸쳐 비교한 결과에 따라 안정 애착과 불안정 애착의 두 그룹으로 분류하고 있다. 다음에서 초기 연결의 중요성에 대한 학설을 살펴보자.

♥ **연결된 아이들은 친구들과 잘 어울린다** 학자들은 아이들이 영아기에 경험한 애착의 정도와 그들이 다른 아이들과 어울리는 방식과의 관계를 조사해보았다. 그 결과 안정 애착이 형성된 아이들끼리는 서로 잘 어울리지만 애착이 부족한 아이들은 잘 어울리지 못하는 것을 알아냈다. 또한 불안정 애착이 형성된 아이들은 사회성이 부족하고 좀더 공격적인 성향이 있었다. 또한 안정 애착이 이루어진 아이들은 좀더 융통성이 있고 공격적인 아이에 맞서서 "자기 입장을 지킨다." 이 연구는 연결된 아이들이 다른 아이들과 잘 어울리는 이유가 영아기에 발달한 감수성이 친구 관계로 옮겨가기 때문이라는 것을 보여준다.

♥ **연결된 아이들은 훌륭한 연인이 된다** 진정한 사랑에는 종종 감정이입이 요구된다. 한 연구에서 학자들은 안정 애착이 형성된 아이들이 자라서 연인과의 사이가 좀더 원만하다는 것을 알아냈다. 학자들은 이러한 결과를 안정 애착과 관련된 감수성과 감정이입 덕분으로 돌린다. 상대방에게 애정을 느끼고 귀를 기울이고 그의 장점을 볼 줄 아는 능력은 연결된 연인관계를 위해 필요한 특성들이다. 또한 어릴 때 불안정 애착이 형성된 어른들도 안정 애착이 형성된 사람과 사랑하는 관계가 되면 불안정한 과거를 극복할 수 있다고 한다.

학자들은 성인들의 애정 생활이 최초의 보호자(주로 엄마)와 아기 사이에 형성된 확고한 정서적 결속에 바탕을 두고 있다고 느낀다. 많은 연구들이 냉정하고 소원한 양육 스타일과 어린이의 정서 불안 사이의 연관성을 증명했다. 100명의 성인 여성들을 대상으로 한 조사에서는 불안정 애착이 형성된 여성들은 안정 애착이 형성된 여성들보다 이혼하는 경우가 두 배에 이르고 충실한 관계를 유지하지 못하는 것으로 드러났다. 반면에 안정 애착이 형성된 여성들은 보다 독립적이면서 자신과 상대방을 신뢰할 줄 알았다. 평균 19세의 여성 154명을 대상으로 한 또 다른 조사에서는 안정 애착이 형성된 여성들이 자긍심과 믿음,

원만한 대인관계, 특히 애정관계에서 높은 점수를 받았다.

● **연결된 아이들은 학교생활에 적응을 잘한다** 연구에 의하면 안정 애착이 형성된 아이들은 종종 교사들과 더 가깝게 지낸다는 것을 보여준다. 이것은 애착 양육의 당연한 결과일 것이다. 왜냐하면 가족과 가깝게 지내는 능력이 친구들이나 교사들, 다른 주변 사람들과의 관계로 옮겨가기 때문이다. 대학교 1학년생 408명을 대상으로 한 조사에서는 부모와 긍정적인 애착관계를 형성한 학생들(즉, 연결된 아이들)은 대학생활에 더 수월하게 적응하는 것으로 나타났다. 그들의 부모는 아이에게 높은 기대를 걸고 아이의 신호와 요구에 반응한 사람들이었다.

● **연결된 아이들은 탄력적이다** 연구에 의하면 어린 시절의 양육 방식과 아이가 역경을 극복하는 능력 사이에 밀접한 관계가 있다. 특히 아이들이 훌륭하게 성장할 수 있는 주요 요인은 가정환경이 어려워도 적어도 한 사람의 애착 대상이 있다는 것이다. 어릴 때 적어도 한 사람의 보호자와 강한 유대감을 형성할 기회가 있는 아이는 출발이 어렵다고 해도 훌륭하게 자랄 수 있다. 탄력성은 초기 애착 양육에서 비롯된다. 학자들은 또한 가족 중에서 긍정적인 남성의 역할이 빗나갈 수 있는 아이를 올바른 방향으로 이끌어줄 수 있다는 사실을 발견했다. 연결된 아이에게는 어려움을 극복하는 힘이 있다. 또한 시련을 극복하고 훌륭하게 자란 아이들을 보면 특히 주변의 자원을 최대한 활용했다는 점도 주목할 만하다. 그들은 특히 교사를 비롯한 중요한 사람들과 연결하는 능력이 있었다.

● **연결된 아이들은 예의가 바르다** 학자들은 5세의 유치원생 400명을 조사하고 36년이 지난 후에 그들 대부분을 다시 만나서 인터뷰를 했다. 5세 때의 양육 방식과 41세가 되었을 때의 사회 적응력의 관련성에 대한 이 장기적인 조사 결과는 부모의 따뜻한 애정을 받고 자란 아이들이 사회적으로 성공한 어른이 된다는 것을 보여준다. 불안정 애착이 형성된 남성들은 엄격한 어머니 밑에서 자랐다고 말했다. 부모가 엄격한 정도는 정신건강 면에서 여자들보다 남자들에게 더 큰 영향을 주는 듯하다. 남성들의 경우에 부모가 엄격할수록 정서 건강에서 낮은 점수를 받았다. 부모를 두려워하면서 성장한 아이들은 그들 자신을 부정적으로 바라보는 경향이 있었다. 이 연구는 또한 성인 여성들이 안정 애착관계를 갖게 되면 어린 시절의 불안정 애착관계를 극복할 수 있다는 사실을 보여준다. 하지만 불안정 애착이 형성된 성인 남성들은 성인이 된 후의 애착관계가

그다지 도움이 되지 못하는 듯했다. 이러한 남녀의 차이로 볼 때, 여성들은 좀 더 정서적으로 안정된 상대를 선택하는 경향이 있는 반면, 남성들은(특히 불안정한 남성들)은 종종 외모와 같은 표면적인 특성에 기초해서 배우자를 선택하기 때문인 것 같다고 설명하고 있다. 연결되지 않은 아이들은 유년기와 청년기가 되면 반사회적인 태도와 행동을 보이기 쉽다. 연결된 아이들은 좀더 권위를 존중하고 다른 사람들의 감정을 배려하며 연결되지 않은 아이들의 특성인 분노에 잘 휘말리지 않는다.

♥ 연결된 아이들은 자라서 연결된 부모가 된다 18건 이상의 연구 조사에서 보면, 부모의 성장 과정과 아이들에게 하는 애착 양육 사이의 분명한 관계를 알 수 있다. 애착 양육은 최고의 수익이 돌아오는 장기 투자다. 100명의 성인 여성들을 대상으로 한 조사에서는 안정 애착이 형성된 가정에서 성장한 여성들은 불안정 애착이 형성된 여성들보다 사회성이 발달하고 스트레스에 강한 것으로 나타났다. 그들은 친밀감과 신뢰에 바탕을 둔 인간관계를 수립하고 더욱 독립적이며 인정이 많았다. 반면, 불안정 애착이 형성된 여성들은 냉정하고 소원한 경향이 있었다. 학자들은 초기의 애착 패턴이 계속해서 내면의 대인관계 모델로 유지된다는 결론을 내렸다. 하지만 그들은 안정된 초기 애착이 이후의 정서적 건강을 보장하는 것은 아니라고 지적한다.

♥ 연결된 아이들은 자라서 연결된 성인이 된다 최근 20년간의 연구는 연결된 아이들이 연결된 성인으로 자랄 가능성이 높다는 것을 보여준다. 하지만 초기의 애착 양육으로 반드시 아이가 훌륭하게 자라리라는 보장은 없다. 영아기와 유아기의 연결은 다른 대인관계에서의 연결 능력을 길러주지만 아이가 그러한 능력을 사용해서 연결된 어른이 되는 것은 각각의 발달 단계에서 경험하는 애착의 질에 달려 있다. 다시 말해, 애착 양육은 아기 때 끝나는 것이 아니라 그 이후에도 부모와의 관계를 통해 계속해서 발전한다.

아이를 역경으로부터 보호해주는 애착 양육의 면역작용에 대해 생각해보자. 애착 양육은 아이들을 보다 탄력적이고 강하게 만든다. 다른 면역과 마찬가지로 이러한 연결을 유지하기 위해서는 지속적인 애착이 필요하다.

간단히 말해서, 위의 조사들은 모두 같은 결론에 도달하는 것 같다. 아이의 초기 애착관계는 미래의 대인관계를 위한 청사진이 된다. 완벽한 연결관계는 없지만, 초기의 애착관계가 계속해서 유지되는 것은 사실이다.

한다. 하지만 성장하면서 이러한 감수성은 재산이 된다. 부모가 기분이 좋지 않은 것처럼 보이면 기쁘게 해주려고 노력한다. 나는 아이들이 근심하는 부모를 위로하는 것을 보아왔다. "울지 말아요, 엄마. 내가 도와줄게요." 또는 "괜찮아요. 아빠, 사랑해요." 세 살짜리 아이에게서 동정과 위로를 받는 것은 애착 양육을 하는 부모가 느끼는 가장 큰 보람이기도 하다. 아이의 순수한 마음에서 우러난 한마디 말보다 더 큰 위로가 되는 것은 없다.

애착 양육을 실천하면 아이만 동정심이 많아지는 것이 아니다. 우리가 아이를 세심하게 보살필 때 다른 모든 일에서 느끼는 감성 역시 한 단계 올라간다. 아이의 입장에서 아이의 눈으로 바라보게 되고, 이렇게 아이의 요구를 먼저 생각하는 능력을 우리의 친구, 직장, 공동체와의 관계로 옮겨간다.

♥ 의사소통을 잘하는 아이

애착 양육으로 키우는 아이들에게 의사소통 능력이 일찍 발달하는 것은 당연한 결과다. 의사소통은 언어로만 하는 것이 아니기 때문이다. 애착 양육으로 키운 아이들은 부모의 품에 안겨 얼굴을 맞대고 많은 접촉을 하면서 적절히 시선을 맞추고 신체 언어를 읽는 법을 배운다. 부모가 귀를 기울여주므로 그들은 자신의 감정과 생각을 표현하는 데 주저하지 않는다. 이러한 의사소통 능력은 성공적인 대인관계와 사회 생활을 위해 필수적인 자질이다.

며느리가 우리 손자를 키우는 방식을 지켜보면서 나는, 손자들의 아버지이자 며느리의 남편인 내 아들에게 잘못한 것을 뒤늦게 후회한다. 나는 그 아이가 응석받이가 될까 봐 종종 울게 내버려두었다. 그는 점차 나의 관심을 끌려는 노력을 그만두었다. 그 결과 그 아이는 어른이 된 후에 의사소통 문제에서 많은 어려움을 겪었다.

♥ 연결된 아이

애착 양육으로 자란 아이들은 편안하게 사람들과 친해진다. 그들은 사람들과 함께 있는 것을 즐긴다. 이렇게 '붙임성이 좋은 아이들'은 어릴 때 엄마 품에 안겨 시간을 보내면서 물건보다 사람들과 함께 하는 법을 배웠다. 그들은 하이테크 세상에서도 인간적인 사람이 된다.

심리치료사들은 어릴 때 애착 양육을 받지 못한 사람들에게 누군가와 가까워지는 법을 가르치려면 오랜 시간이 걸린다고 말한다. 심리치료사들은 그런 내담자를 무조건적으로 존중하고 지지해준다. 다시 말해 그들을 재양육하는 것이다. 반면에 부모가 적절한 반응을 보여준 아이들은 대인관계가 원만하다. 애착 양육으로 자란 아이는 친구들과 깊은 우정을 맺고 결혼하면 부부 사이가 원만하다. 연결된 아이는 편안하게 애정을 주고받을 줄 안다.

♥ 신중하고 사려 깊은 아이

연결된 아이들은 사고를 당할 확률이 적다. 그들은 자신의 능력을 좀더 잘 알고 있으므로 경계를 시험할 필요가 없다. 그래서 부모들이 하는 표현으로, '엉뚱한 짓'을 저지르지 않는다. 그들의 내면에는 해도 되는 행동과 하면 안 되는 행동이 무엇인지 말해주는 보호자의 이미지가 있다. 보호자를 중요하게 여기고 존중하는 마음이 어리석은 충동을 제한하는 것이다. 충동적인 성향을 가진 아이들이라도 보호자와 안정 애착이 이루어지면 말썽을 덜 부린다. 그것은 연결된 아이들이 화를 잘 내지 않기 때문이기도 하다. 분노는 충동적인 성향을 부채질한다. 분노는 아이의 분별력을 짓밟고 물불을 가리지 못하게 만든다.

♥ 자신감 있는 아이

자신감(confidence)이라는 단어는 '믿음을 갖다'라는 라틴어에서 유래했다. 부모가 아이의 요구에 반응하면 아이는 믿음을 갖게 된다. 부모와의 관계에서 다른 사람을 믿을 수 있으며 자신의 요구가 충족되리라는 것을 배운다. 보호자에 대한 믿음은 자기 자신에 대한 믿음, 즉 자신감으로 변한다.

우리 아이는 절대 내 품에서 떠나지 않을 것만 같았지만, 두 살이 되면서 종종 이렇게 말했다. "내가 할래요." 나는 많은 엄마들이 이 말을 두려워하는 것을 알고 있다 (왜냐하면 간단한 일도 다섯 번 이상 시도해야 하기 때문에). 하지만 매달리는 아기의 엄마에게는 반가운 말이다. 이제 조단은 혼자서 뭐든지 하려고 한다. 어디를 가나 안아달라고 하고 내 무릎에서 떠나지 않던 습관에서 재빨리 벗어나고 있다. 언젠가는 내가 그의 관심을 독점했던 때가 그리워질지도 모른다. 문득 그런 생각이 들면 나는 그를 꼭 안아준다. 그러면 아이는 하던 일을 멈추고 나를 돌아본다. 나는 우리 아이가 행복하고 다정하고 자신감 있는 어린이로 성장하는 것을 보며 뿌듯함을 느낀다. 그는 혼자 그렇게 크고 있다. 나는 단지 그에게 필요한 도움을 줄 뿐이다.

♥ 다정다감한 아이

애착 양육으로 키운 아기들은 부모가 안고 다니고 모유를 먹이고 같이 재운 덕분에 부모와의 신체적인 접촉을 즐긴다. 이런 아이들은 접촉하는 것을 편안해한다. 그들은 십대가 되어서도 부모를 따뜻하게 안아줄 것이다. 그들은 적절한 인간적 접촉을 구하는 법을 알고 우정과 정서적인 위안이 필요할 때 성관계에 의지하지 않는다. 어깨에 다정하게 손을 얹거나 따뜻하게 손을 잡아주는 행동은 대인관계에 도움이 된다.

♥ 부모로서의 자신감

애착 양육은 아이뿐 아니라 부모에게도 중요하다. 애착 양육을 하는 부모는 육아에 자신감이 생기는 것과 더불어 육아법을 그들 자신의 생활방식과 아이의 변화하는 요구에 맞게 조절한다. 아기들의 건강검진을 하면서 나는 종종 부모들에게 물어본다. "댁의 육아법은 효과가 있나요?" 나는 부모들에게 정기적으로 육아 방법을 돌아보고 더 이상 효과가 없는 방법은 그만두라고 조언한다. 어느 발달 단계에서 필요한 방법이 다음 단계에서는 소용이 없을 수도 있다. 예를 들어, 처음에 부모와 함께 잘 자던 아기가 나중에 잠을 잘 못 자면 방법을 바꿀 필요가 있다. 어떤 아이들은 처음에 혼자서 잘 자다가 나중에 부모 침대로 들어가기도 한다. 자신감 있는 부모는 그들 자신과 아이를 기준으로 육아법을 평가한다.

애착 양육의 혜택

아 이	부 모	관 계
• 좀더 믿음을 갖는다. • 자신감이 생긴다. • 좀더 건강하게 자란다. • 올바르게 생각하고 올바르게 행동한다. • 규칙을 잘 지킨다. • 말을 훨씬 쉽게 배운다. • 건강한 독립심이 생긴다. • 친밀감을 배운다. • 애정표현 주고받는 법을 배운다.	• 자신감이 생긴다. • 좀더 감성적이 된다. • 아기의 신호를 읽을 수 있다. • 직관적으로 반응한다. • 아기의 기질을 따라간다. • 아이의 버릇을 쉽게 들인다. • 예리한 관찰자가 된다. • 아기의 능력과 취향을 알고 있다. • 어떤 조언을 취하고 버려야 하는지 알고 있다.	부모와 아기가: • 서로 이해한다. • 서로 주고받는다. • 서로의 행동에 영향을 준다. • 상호 신뢰한다. • 연결된 느낌이 든다. • 좀더 관대해진다. • 상호작용이 활발해진다. • 서로에게서 장점을 이끌어낸다.

3장
성공하는 아이를 키우는 가족의
열 가지 육아 원칙

성공하는 아이들은 인종·종교·장소·경제 수준을 불문하고 어느 가정에서나 나올 수 있다. 온전한 가정이 아닌 결손 가정에서도 아이들은 훌륭하게 자랄 수 있다. 아이마다 따로 침실과 컴퓨터가 있고 선반에는 교육용 장난감과 책이 가득하고 달력에 과외 활동과 여행 계획이 빼곡하게 적힌 집이 있는가 하면, 근근이 생계를 꾸려가면서 아이들을 방 한칸에 몰아넣고 동네 도서관과 빨래방에 드나들면서 학습 경험을 시키는 가정도 있다. 아이들을 훌륭하게 키우기 위해 돈은 분명 필수조건이 아니다. 아이들은 가족의 경제 수준이 어느 정도인지는 몰라도 그들의 삶이 얼마나 행복하고 충만한지는 알고 있다.

성공하는 아이들을 길러내는 가정의 분위기 역시 다양하다. 이 책을 위해 인터뷰를 하러 찾아간 가정 중에는 더없이 정돈되고 깨끗한 집도 있었지만, 애완견이 난장판 속에서 길을 잃을 정도인 집도 있었다. 어떤 가족은 규칙적으로 식사하고 잠자리에 들고 청소를 했고, 또 어떤 가족은 아무 때나 내키는 대로 생활을 하면서도 그럭저럭 잘 지내는 듯했다. 주말을 보내는 방법도 각기 다르다. 어떤 가족은 매주 교회에 가는가 하면 어떤 가족은 야구장에 가거나 자전거 여행을 하거나 아니면 집에서 조용히 보낸다.

> 우리 사회의 성공은 백악관에서 하는 일이 아니라 여러분의 가정에서 하는 일에 달려 있다.
> — **바바라 부시**

훌륭한 부모가 되기 위해서 부자가 되거나 똑똑해야 할 필요가 없다는 것이 내게는 천만다행이다. 아이들은 옆에서 돌봐주기만 하면 된다.

성공하는 아이들의 가정 형편은 제각기 달라 보이지만 부모와 아이가 서로에게 영향을 주고 관계를 맺는 방식에서는 상당히 비슷하다. 이 장에서 우리는 성공하는 아이들의 가정에서 사용하는 열 가지 육아 원칙을 소개하겠다. 그 다음 장에서는 이러한 원칙들이 아이들에게 어떤 특성들을 길러주는지 이야기할 것이다.

우리는 성공하는 아이들의 부모들과 인터뷰를 해서 다음의 열 가지 원칙을 수집했다. 또한 특별히 이 책을 위해 부모들이 자신의 자녀와의 관계를 기술해서 보내준 편지들로부터 결론을 이끌어냈다. 그리고 30년간 소아과 의사로 일하면서 배운 경험과 우리 부부가 여덟 명의 아이들을 키워온 경험에 의존했다.

이 원칙들을 모두 실천에 옮길 수 있을까? 아마 그렇게는 안 될 것이다. 생활방식, 경제력, 의료적이고 사회적인 문제들, 개인적인 성격에 따라서 아이들을 키우면서 하는 선택이 달라지기 때문이다. 하지만 이 육아 원칙들은 우리가 무엇을 해야 한다거나 무엇을 하지 말아야 하는지에 대한 것보다는 방법론에 관한 것이므로 대부분의 가정에서 채용할 수 있을 것이다.

원칙 하나 : 애착 양육의 실천

아이들을 훌륭하게 키우는 일에서 제일 중요한 것은 부모의 전반적인 육아법이다. 전반적이라는 말에 주의하자. 다시 말하면 부모로서 잘못하는 것보다는 잘하는 것이 많아야 한다는 의미다. 어떤 부모든지 실수를 하며, 물론 이 책도 완벽한 부모가 쓴 것이 아니다. 중요한 것은 부모가 아이에게 주는 전반적인 메시지다.

아이를 잘 키워보려고 노력하는 부모는 아이에게 헌신적이다. 그래서 스스로 생각하는 부모의 기준에 미치지 못하고 있다고 느끼면 자책할 수 있다. 어느 아빠는 화를 참지 못하고 아이를 때린 데 죄책감을 느끼고 나에게 전화를 했다. 나는 그가 기본적으로 인자하고 자상한 아빠라는 것을 알고 있었다. 나는 그에게 평상시에 부드럽고 자상하게 아이를 대하는 방식이 그 한 번의 사건보다 훨씬 더 중요하다고 안심하게 했다. 그의 아이는 물론 아빠에게 맞은 것을 오랫동안 기억할지도 모른다. 왜냐하면 아빠가 그를 평소에 대하는 방식과 너무 달랐기 때문이다. 나는 아이와 함께 이야기를 해보라고 제안했다. 무슨 일이 있었는지 이야기하고 그의 잘못을 인정하고 사과하라고 했다. 그 언짢은 사건을 계기로 아빠와 아들은 분노를 이해하고 처리하는 방법을 배울 수 있었다.

애착 양육은 아이에게 일련의 규칙을 지키게 만드는 것이 아니라 두 사람이 서로 연결되는 방식으로 아이를 돌보는 것이다. 애착 양육은 성장에 따른 아이의 요구와 감정 및 발달 수준에 맞게 지도하는 데 초점을 맞춘다.

애착 양육은 영아기에 가장 큰 효과를 볼 수 있다. 왜냐하면 성공하는 아이를 키우는 것은 부모와 아이의 연결로 시작되며, 그 연결은 영아기에 가장 수월하게 만들어지기 때문이다. 아기들은 본능적으로 보호자를 사랑하며 보호자는 무엇보다 아기의 요구에 반응해야 한다. 애착은 물론 언제나 진행 중에 있는 과정이고, 발달의 매 단계마다 점점 애착을 견고히 할 수 있다. 하지만 처음부터 애착 양육을 하는 부모는 시간이 흐를수록 아이를 돌보기가 수월해진다.

영아기에 애착을 형성하는 기본적인 방법에 대해서는 1장에서 설명했다. 이 장에서는 영아기의 애착 양육이 이후의 가정교육에 어떻게 도움이 되는지 보게 될 것이다. 애착 양육을 하면 아이에 대해 잘 알게 된다. 어느 부모에게서 이런 말을 들은 적이 있다. "아이에 대해 아는 것이 큰 힘이 됩니다." 애착 양육을 통해 알게 되는 아이에 대한 이해는 육감 같은 것이 된다. 직관적으로 아이의 입장이 되어서 아이의 눈으로 세상을 바라볼 수 있게 되는 것이다. 또한 아이에게 문제가 생기거나 지도가 필요한 때를 미리 예상해서 더 나은 방향으로 이끌어줄 수 있다.

우리 딸 로렌이 두 살이었을 때 어느 날 충동적으로 냉장고에서 우유곽을 잡아당기다가 바닥에 우유가 쏟아졌다. 아이들이 흔히 저지르는 실수지만 하필이면 우리 가족이 한창 바쁜 시간에 그런 일이 일어났다. 로렌은 울음을 터트리기 일보직전이었다. 그러자 마사가 나서서 로렌의 눈높이로 몸을 숙이고 물었다. "내가 치우는 걸 도와줄까?" 로렌은 고개를 끄덕였고, 그들은 함께 청소를 하면서 평온을 되찾았다. 나중에 나는 마사에게 어떻게 그런 식으로 상황을 처리할 생각을 했는지 물었다. 마사가 이렇게 대답했다. "나 자신에게 물었죠. '만일 내가 로렌이라면 우리 엄마가 어떻게 해주기를 바랄까?' 하고요."

♥ 애착 양육은 상호 이해를 증진한다

연결된 아이와 그 부모는 서로의 마음을 읽을 줄 안다. 부모가 굳이 말을 하지 않아도 아이는 눈치를 챈다. 애착이 형성된 부모는 종종 단지 눈살을 찌푸리는 것만으로도 아이의 행동을 바로잡을 수 있다. 애착이 형성된 엄마나 아빠는 골키퍼를 하는 아들이 상대팀의 골을 막지 못했을 때 응원석에서 표정만으로 아이에게 용기를 북돋워줄 수 있다. 부모와 아이 사이의 상호 이해는 아이의 행동 뒤에 숨은 이유를 볼 수 있게 해준다. 이런 부모는 아이의 행동에만 초점을 맞추지 않고 아이의 내면에 말을 건다. 따라서 자연히 아이에 대해 전문가가 되고 아이의 발달 수준과 성격에 어떤 활동이 적절한지 판단한다.

연결된 아이들은 부모가 자신에게 어떤 행동을 기대하는지 알고 있으며, 부모의 기대에 맞추려고 노력한다. 부모의 기대에 맞게 행동하면 기분이 좋아진다. 부모를 슬프게 하면 기분이 나빠진다. 이런 아이들은 또한 대체로 좋은 기분으로 지내는 것에 익숙하므로(아기 때의 애착 양육이 가르쳐준 것처럼) 문제를 일으키지 않는다. 물

가족의 밤

우리가 이야기해본 가족들은 종종 그들이 가족의 밤이라고 부르는 행사를 갖는다. 그 시간에 가족들은 전화선을 빼놓고 텔레비전을 끄고 함께 즐긴다. 단순하면서 재미있게 시간을 보낸다. 게임을 하거나 노래를 부르거나 음악을 연주하거나, 모두 함께 할 수 있는 일을 한다. 아이들이 크면서 특히 형제간의 터울이 클수록 모두가 즐거울 수 있는 활동을 정하기가 힘들지도 모르지만 노력해볼 만한 가치는 충분하다.

또한 그들은 가족회의를 열어서 가정의 규칙을 상의하거나, 좀더 즐겁게 생활할 수 있는 방법을 생각하거나, 문제를 해결하는 방법에 대해 이야기할 기회를 갖는다. 가족회의를 좀더 공식적으로 만들려면 칠판을 사용하는 것이 도움이 된다. 또한 가족 중에 고민이 있는 사람을 도와줄 수 있는 시간이 될 수 있다. 우리 집에서는 학교에서 어려움을 겪는 아이가 있을 때 가족회의를 열어서 토론을 하고 형과 누나들의 조언을 듣게 했다. 가족회의는 성공하는 아이를 키우는 한 가지 방법이다. 아이들은 커서 어떤 직업을 선택하든지 비즈니스 회의를 해야 할 것이다. 따라서 그룹의 일원으로 문제를 해결하는 것을 배워둘 필요가 있다.

가족회의에서는 모두 이야기할 기회가 있고 다른 사람의 견해를 존중해야 한다. 하지만 이것이 항상 쉽지는 않다. 어린 아이들은 가족회의를 지루해하고 큰 아이들은 어린 동생들을 성가시게 여길 수 있다. 긍정적으로 듣고 말하는 규칙을 정하자. 부모가 모범을 보이자. 부모가 아이들에게 야단을 치거나 잔소리를 하고 아이들은 가만히 앉아서 듣기만 하는 시간이 되지 않도록 하자. 정기적으로 가족회의를 열어서 아이들이 함께 노력해서 문제를 해결하는 것이 일상생활의 일부가 되게 하자.

아이들이 말하기를

> 나는 지금 스무 살인데 어린 시절에 대한 가장 뚜렷한 기억은 가족과 함께 보낸 특별한 시간이다. 그때 우리는 텔레비전, 전화 등 외부의 모든 영향을 차단하고 서로에게만 충실했다. 이것은 내가 결혼해서 우리 아이들에게 물려주고 싶은 중요한 유산이다. 부모님은 모든 일을 제쳐두고 가족이 함께 하는 시간을 마련했다. 나는 부모님이 우리를 위해 본보기를 보여주신 것에 대해 매우 감사한다. 어른이 되어서도 우리는 여전히 가족이 함께 모이는 특별한 시간을 기다리고 있다.

론 가끔 잘못하는 경우도 있지만 나쁜 버릇을 고치기가 좀더 수월하다.

상호 이해는 상호 존중을 의미하기도 한다. 연결된 가족은 아이들을 중심으로 생활한다. 가족이 모두 참여해서 흥미를 함께 나눈다. 서로의 요구와 의견과 감정을 존중한다. 하지만 부모와 아이들은 가끔씩 서로 떨어져 있는 시간이 필요하다(우리 가족은 '어른들만' 휴가를 가기도 한다). 하지만 대부분은 함께 하는 시간을 소중히 여기고 진정으로 즐거워한다.

연결된 가족의 상호 존중은 자동응답기에 녹음을 하는 것 같은 일에서도 드러난다. 저번에 나는 아들 집에 전화를 했다가 이런 녹음을 들었다. "안녕하세요. 여기는 밥, 셰릴, 앤드류, 알렉스가 사는 시어스 가족의 집입니다." 애착이 형성된 부모는 아이에 대해 이야기할 때 이름을 부른다. 이런 작은 일들이 아이들을 인격체로 존중해주는 방법이다.

♥애착 양육은 상호 믿음을 촉진한다

믿음직스러운 보호자의 자격은 부모라는 호칭에 자동적으로 따라오는 것이 아니다. 4킬로그램이 안 되는 신생아에게도 부모의 자격을 보여주어야 한다. 부모에 대한 신생아의 첫 인상은 자신의 요구를 충족시켜주리라는 믿음을 줄 수 있는 사람이다.

믿음은 권위에 대한 존중의 시작이다. 부모를 믿는 아이는 부모가 정해주는 경계를 믿는다.

아이에게 부모로서의 권위를 보여주라는 것은 끊임없이 힘겨루기를 하라는 의미가 아니다. 어떤 부모들은 아이를 보호하는 것을 아이를 통제하는 것과 혼동한다. 아이를 통제해서 부모에게 '복종'하게 만든다면 그것은 아이가 부모의 지혜와 의도를 존중해서가 아니라 두려워서 그렇게 하는 것이다. 규칙을 정하고 처벌해서 아이의 행동을 통제할 수 있을지는 모르지만 부모의 진정한 권위는 사라진다. 성경에서는 "부모를 공경하라"라고 말한다. 공경은 존경을 의미한다. 아이가 부모를 믿고 존경하면 저절로 복종하게 되어 있다. 애착 양육을 하면 아이가 부모를 믿고 존경하게 된다. 왜냐하면 부모가 아이의 요구를 이해하고 존중해주기 때문이다.

나는 병원에서 종종 예비 부모들과 대화를 나누면서 그들의 걱정을 조금이나마 덜어주려고 한다. 한번은 태아 검진을 받으러 온 초보 엄마가 아이를 어떻게 가르쳐야 할지 몰라서 벌써부터 걱정이 된다고 말했다. 나는 그녀에게 아기 울음소리를 들으면 어떻게 느끼는지 물었다. 그녀가 대답했다. "아기가 울면 그냥 듣고 있을 수가 없어요. 달려가서 그 아기를 안아주고 싶죠. 아기가 울어도 내버려두는 엄마를 보면 안타까워요."

그녀는 모르고 있었지만 나는 이 질문을 일종의 리트머스 시험지로 사용해서 그녀가 아기의 신호에 얼마나 민감한지 알아본 것이다. 그 대답을 듣고 나는 그녀가 훌륭한 엄마가 되리라는 것을 확신할 수 있었다. 왜냐하면 그녀는 이미 아이들과 아기들의 요구에 민감하게 반응하는 사람이고, 그러한 감수성이야말로 훌륭한 엄마가 되는 첫 번째 조건이기 때문이다.

또 다른 예비 엄마는 태아 검진을 받으면서 단호하게 말했다. "저는 요 조그만 녀석에게 휘둘리지 않을 겁니다." 나는 이 엄마가 걱정스러워져서 엄마와 아기의 관계에 대한 그녀의 생각을 고쳐주려고 했다. 나는 그녀에게 아기가 태어나면 누가 누구를 통제할지 걱정하기보다 아기의 신호와 그녀 자신의 모성을 기꺼이 받아들이는 것으로 시작하라고 조언했다. 또한 아기를 통제하기보다 행동을 바로잡아주는 것이 좋다고 말했다.

부모와 아이가 서로 싸워서 이기려고 하면 적대적인 관계가 된다. 한 사람이 이기면 다른 사람은 져야 한다. '윈-윈' 원칙에 따라 행동할 때 가족 모두 행복해지고 아이들이 훌륭하게 성장한다. 아기가 태어나면 부모를 지배하게 되어 있다고 믿는 부모는(이런 생각을 부추기는 책들과 육아 조언자들이 있다) 먼저 아기를 통제하려고 한다. 작은 아기가 우는 것은 의사전달을 하는 것이며 떼를 쓰는 것이 아니라는 것을 기억하자. 아기의 울음에 반응하지 않는 것은 애초에 부모-자식 간의 대화를 막아버리는 것과 같다. 마찬가지로 아이의 의사를 무시하고 부모가 대신 모든 것을 결정하면, 부모는 권위를 상실하고 아이는 스스로 현명한 선택을 하는 능력을 상실한다. 만일 부모에게서 아무런 상의나 설명을 듣지 못하면 아이는 부모가 현명하고 신중한 판단을 내린다고 생각하는 것이 아니라 독재를 한다고 생각한다.

♥ 애착이 형성된 아이는 자발적으로 부모에게 복종한다

복종하다는 뜻의 'obey'라는 단어는 '주의 깊게 귀를 기울이다'라는 라틴어에서 유래했다. 애착 양육에 의해 우리는 바로 그와 같은 의미의 복종을 아이에게서 끌어낼 수 있다. 연결된 가족의 상호 신뢰와 이해는 아이가 부모에게 귀를 기울이게 만든다. 아이는 자연스럽게 부모에게 복종하게 되고, 그러한 태도가 몸에 배게 되면 교사나 코치 같은 다른 신뢰할 만한 보호자와 권위자들에게도 쉽게 복종한다. 또한 직관적으로 믿을 수 없다고 느끼는 어른들로부터 거리를 둔다.

어떤 부모들은 종종 이런 불평을 한다. "우리 아이에게는 아무리 말해도 쇠귀에 경 읽기랍니다." 아이들은 점차 독립적이고 주체적인 존재가 되어가는 과정에서 부모에게 반항할 때도 있다. 하지만 어떤 아이들은 다른 아이들보다 부모 말을 잘 듣는다. 아이가 얼마나 부모의 말을 잘 듣는가 하는 문제는 천성적인 기질(우리가 통제할 수 없는 부분)과 부모-자식 간의 이해(우리가 영향을 줄 수 있는 부분) 정도에 달려 있다. 연결된 아이는 부모의 의견에 좀더 열려 있다. 서로 의견이 일치하지 않는다고 해도 좀더 부모의 입장을 이해하고 받아들인다. 그들은 부모가 가장 잘 알고 있다고 믿고 커서도 부모의 의견과 판단을 존중한다.

가정교육의 의미

요점을 말하자면, 가정교육은 아이들에게 성공하는 인생을 위한 도구를 주는 것을 의미한다. 또한 여덟 명의 자식을 키운 부모로서 우리 부부는 아이들과 함께 생활하는 것 자체를 가정교육으로 여기고 있다. 가정교육의 85퍼센트는 올바른 행동을 격려하는 것이고, 15퍼센트(아마 그 이하)는 잘못된 행동에 대해 처벌하는 것이다. 올바른 행동을 장려하는 것은 대부분 부모-자식 간의 올바른 관계 수립에 달려 있다. 타임아웃이나 권리 박탈로 아이들에게 적절한 행동을 가르치는 것은 사실 가정교육에서 아주 작은 부분에 불과하다.

어느 날 나는 우리 병원 대기실에서 한 가족을 보았다. 아이는 부모에게서 몇 발자국 떨어져서 놀다가 자주 부모에게 돌아갔다. 그리고 조금씩 멀리 갈 때마다 엄마를 돌아보고 허락을 구했다. 엄마는 고개를 끄덕이고 미소를 지으면서 아이가 자신 있게 새로운 장난감들을 탐험해보도록 용기를 주고 있었다. 아이가 장난감 두 개를 서로 세게 부딪치기 시작하자 엄마는 주의를 주는 눈길을 보냈고 아빠는 일어나서 그 장난감들을 치우고 아이가 좀더 조용한 활동에 관심을 돌리게 했다. 부모의 목소리와 태도에는 자연스러운 권위가 배어 있었고, 아이는 그들의 지시에 아주 잘 따랐다. 나는 그들이 연결되어 있다는 것을 알 수 있었다.

나는 그들에게 다가가서 칭찬을 했다. "가정교육을 잘하시는 것 같군요." 아빠는 깜짝 놀라면서 대답했다. "하지만 우리는 아이를 때리지 않습니다." 많은 부모들처럼 그들은 가정교육을 처벌과 동일시하고 있었다. 하지만 아이들에게 자제력을 길러주는 것은 부모의 일상적인 지도다. 부모와 아이의 부드러운 연결관계는 아이가 옳은 일을 할 때 기분이 좋아지고 잘못을 하면 기분이 나빠지게 만든다. 이러한 지도 체계는 아이가 네 살이거나 마흔 살이거나 유효하게 작용한다.

원칙 둘 : 부모의 헌신적인 양육

아이들이 훌륭하게 크는 가정을 보면 부모가 헌신적이다. 특히 뿌린 만큼 거두는 시기인 초기에 헌신적인 양육이 중요하다.

　　대부분의 부모들은 자녀에게 많은 투자를 한다. 아이들에게 사랑을 쏟아붓고, 아이들의 사랑을 받고 싶어한다. 또한 자녀는 부모의 꿈을 실현시켜줄 미래의 희망이다. 하지만 여기서 말하는 헌신적인 양육은 어떤 목적을 갖고 하는 것이 아니라 아이들을 키우면서 많은 시간과 에너지를 무조건적으로 기꺼이 바치는 것을 의미한다. 특히 아이가 어릴 때는 부모는 주고 아이는 받기만 한다. 부모는 아무리 피곤하고 인내심이 바닥을 드러내도 계속해서 준다. 실제로 행복하고 건강한 아이를 키우기 위해서는 그렇게 해야 한다. 우리 자신을 돌보는 것도 중요하지만, 대부분의 시간을 아기에게 바쳐야 한다. 그렇게 하면 아기에게만 좋은 것이 아니다. 이러한 투자를 하면서 부모 역시 성장하고 성숙해지며 양육이 점점 쉬워질 것이고 언젠가는 보람을 느낄 것이다.

　　우리 병원을 찾는 아이들 중에 그런 예가 있다. 나단은 내려놓기만 하면 보채고 울었고, 아기 침대를 완강하게 거부하는가 하면, 한두 시간마다 먹여야 하는 아기였다. 나단은 엄마를 잠시도 내버려두지 않았지만 엄마는 그가 요구하는 것을 주기 위해 최선을 다했다. 나단이 네 살이 되어서 검진을 받으러 왔을 때 나단의 엄마는 이렇게 말했다. "처음에 애착 양육은 많이 힘들었고 불편했습니다. 하지만 이제는 나단을 돌보기가 쉬워졌습니다. 우리 사이에 자연스럽게 대화가 통하기 때문이죠. 정성을 쏟은 보람이 있어요."

　　십대가 되었을 때 나단은 고기능 자폐증의 일종인 아스퍼거 증후군이라는 진단을 받았다. 특수 치료를 받고 그는 회복을 했다. 나단의 엄마는 일찌감치 그가 헌신적인 애착 양육이 필요한 아이라는 것을 직관적으로 알아채고 최선을 다한 것이다. 나단은 지금 18세로 '훌륭한' 아이가 되었고 부모와 애정 어린 관계를 유지하고 있다.

♥ 요구가 많은 아이

헌신적인 양육은 특히 요구가 많은 아이에게 매우 중요하다. 어떤 아이들은 유난히 까다로운 기질을 갖고 세상에 태어난다. 이런 아이들을 '요구가 많은 아이'라고 부르는 이유는 사실이 그렇기 때문이다. 만일 이런 아기들이 말을 한다면 태어나서 부모를 올려다보고 이렇게 말할 것이다. "안녕, 엄마 아빠! 나는 보통 아이가 아니에요. 나는 보통 아이들보다 더 잘 보살펴야 해요. 그렇게 해주면 우리는 함께 잘 지낼 거예요. 안 그러면 약간 문제가 있을 거예요."

물론 아기들은, 아무리 비범한 아이라도 말을 하지 못한다. 하지만 조만간 자신이 모든 것을 좀더 많이 필요로 한다는 것을 알린다. 이런 아이들은 더 많이 달래주고 더 많이 안아주고 더 많이 먹여주고 더 많이 지도해주어야 한다.

'보채는 아기' 혹은 '고집이 센 아기'라고 불리는 아이들이 여기에 속한다. 우리는 아이마다 요구하는 정도가 다르다고 믿는다. 그런 요구를 충족시켜주면 아이는

아이의 장래를 위해 지금 투자하라

아이를 위해 할 수 있는 최고의 장기 투자는 돈이나 뮤추얼 펀드와는 아무 관계가 없다. 부모들은, 특히 어머니들은 헌신적인 애착 양육을 정서적 투자라고 표현한다.

아이에게 정서적 투자를 하면 보상을 받기 위해 20년을 기다리지 않아도 된다. 조만간 다정다감하고 감정이입을 잘하는 아이를 곁에 두게 된다. 건강한 애착을 형성하는 능력을 가진 아이는 자라서 나름대로 성공한 성인이 될 것이다.

지금 정서적인 투자를 하면 아이는 영아기와 유아기에 충족시킬 수 없었던 욕구를 채우기 위해 애쓰면서 평생을 보내지 않을 것이다. 그들은 사람들과의 친근감을 통해 위안을 얻을 줄 알고, 친구·배우자·부모·시민으로서 훌륭한 역할을 하게 된다. 언제 지금보다 더 유리한 투자를 할 수 있겠는가?

지능적으로 육체적으로, 정서적으로 아무 문제 없이 무럭무럭 자란다. 예를 들어, 어떤 아이들은 하루에도 몇 시간씩 안고 다녀야 한다. 요구가 많은 아이들의 장점은 부모에게 보살핌을 끈질기게 요구한다는 것이다. 그들은 안아달라고 울고 자신의 요구가 무시 당하면 더 크게 운다.

아기의 요구가 많을수록 부모는 눈치 빠르게 아기의 신호를 배운다. 또한 아이의 요구에 응하면서 주는 만큼 받는다는 것을 알게 된다. 그들은 아이를 이해하고 진정으로 부모가 된 보람을 느낀다. 결국 부모-자식의 관계가 더욱 원만해진다.

세상에서 최고의 스승은 요구가 많은 아이들이다. 나는 그런 스승에게 배웠기 때문에 부모가 되는 법을 알고 있다. 만일 내가 꿈꾸던 수월한 아기를 낳았다면 그 동안 요구가 많은 아이를 키우면서 얻은 이해와 자신감을 가질 수 없을 것이다.

♥ 까다로운 아이에게는 헌신적인 양육이 필요하다

어떤 아이들은, 좋게 말하면, 순종적이지 않다. 육아 서적에서는 그들을 여러 가지 이름으로 부른다. '고집 센 아이' '드센 아이' '까다로운 아이' '어려운 아이' 심지어 '문제아'라고까지 말한다. 어떤 아이들은 어떤 식으로 양육이 되든지 다른 아이들보다 좀더 도전적이다. 왠지 모르게 어떤 아이들은 함께 있으면 즐겁고 어떤 아이들은 정말 화가 치밀어오르게 만든다.

하지만 애착 양육을 하는 부모는 그러한 아이의 개성을 최대한 인정해준다. 아이가 유별나고 다소 까다롭다는 것을 알고 그들이 마주한 도전을 현실적으로 이해한다. 또한 아이의 요구에 민감하게 반응하면서 열정과 독립심을 억압하기보다는 완화시켜준다. 까다로운 아이들의 특성인 끈질김 · 지능 · 창의력 · 감수성은 장점이 될 수 있다. 까다로운 아이들을 헌신적으로 키우는 부모들은 그들이 착하고 수월한 아이가 되기보다 개성을 충분히 발휘하기를 바란다.

물론, 아무리 '유별나고' '까다롭고' '드센' 아이라고 해도 가족과 학교와 또래 그룹의 규칙에 따라 생활하는 법을 배워야 한다. 부모는 아이의 행동이 '평범'하리라는 기대를 조절해야 하지만 한편으로는 아이에게 자제력도 가르쳐야 한다. 버릇없고 성가신 행동은 주위 사람들뿐 아니라 아이 자신에게도 해가 된다.

어느 날 한 무리의 아이들이 함께 놀고 있을 때 한 아이가 공격적이 되어서 다른 아이를 떠밀었다. 한 엄마가 말했다. "사내아이들이라 어쩔 수 없나 봐요." 그러자 그 아이의 엄마가 대답했다. "성별이 우리 아이의 행동에 대한 변명이 될 수는 없죠." 그녀는 자신의 아들이 다른 사람들을 존중하고 자제력을 배워야 한다는 것을 알고 있었다. 이 연결된 엄마는 아들을 한쪽으로 데려가서 어떻게 해야 친구들과 어울릴 수 있는지 생각해보게 했다.

♥ 특수 아동

어떤 아이들의 문제는 까다롭다고 말할 수 있는 정도를 넘어선다. 그들은 결국 주의력 결핍 과잉 행동 장애(ADHD)나 자폐증, 발달 장애나 행동 장애 같은 진단을 받을 수 있다. 적절한 자극과 반응을 주는 애착 양육은 이런 아이들의 증상을 개선시킬 수 있다. 영아기에 애착 양육이 주는 평온함과 호기심은 아이의 두뇌 활동을 체계화하여 좀더 정돈된 행동으로 유도한다. 간단히 말해 애착 양육이 아이의 두뇌의 올바른 연결을 도와줌으로써 나중에 산만함, 충동성, 과잉 행동 등의 문제가 줄어드는 것이다. 또한 부모와 상호 신뢰가 형성된 아이는 좀더 수월하게 자제력을 배운다. 따라서 아이가 학교에 들어가면 학습에 지장을 초래하는 행동이 교정되는 데 매우 긍정적인 요인이 될 수 있다.

라이안은 아홉 살 때 고기능 자폐증의 일종인 아스퍼거 증후군이라는 진단을 받았다. 다행히 나는 오랫동안 까다로운 아이를 데리고 씨름을 하면서 충분히 익숙해져 있었다. 나는 본능적으로 라이안의 신호를 이해하고 아이의 속도에 맞추어서 먹이고 이유를 하고 같이 자고 띠를 둘러서 안고 다녔다. 만일 그렇게 하지 않았다면 그는 지금처럼 똑똑하고 말을 잘하는 아이가 되지 못했을 것이다. 그는 아직 사회적·정서적 문제를 갖고 있지만 만일 신체 접촉에 대한 아이의 요구를 들어주지 않았다면 지금 어떻게 되었을지 모른다. 애착 양육을 하지 않았다면 그는 지금처럼 의젓한 아이가 되지 못했을 것이다. 오래 전에 그를 잃어버렸을지도 모른다. 9년이라는 세월이 지난 후에 나는 라이안과 그의 두 여동생을 애착 양육으로 키운 보람을 느낀다.

나는 가능하면 일찍 장애 가능성이 있는 아이들을 알아내려고 노력한다. 그래서 부모들에게 아이의 성격과 요구, 좋아하고 싫어하는 것, 반응, 두려워하는 것 등을 살펴보게 한다. 부모는 아이에 대해 전문가가 되어야 한다. 어느 누구도 부모만큼 아이를 잘 알 수 없다. 의사, 교사, 친구 들은 바뀌어도 부모는 언제까지나 아이 곁에 남을 것이다.

내가 특수 아동에 대한 애착 양육을 강조하는 이유는 그런 아이들의 부모들은 앞으로 아이의 대변자가 되어야 하는 일들이 많기 때문이다. 만일 아이가 주의력 결핍 과잉 행동 장애나 다른 행동 장애 혹은 학습 장애를 갖고 있다면 교사, 심리학자를 비롯하여 전문가들로부터 조언을 들을 수 있을 것이다. 하지만 결국은 모두 부모가 해야 하는 일이다. 만일 부모가 아이를 잘 알고 있다면 전문가들에게 아이에 대한 정보를 주기도 하고 더 나은 교육 방법을 제안할 수도 있다.

우리 집 가운데 아이 엘리자는 다운증후군을 갖고 있다. 그 아이는 학교와 사설 보육원에 다니면서 적어도 10년 내내 언어치료를 받았다. 나는 우리 아이를 가르치는 교사들과 엘리자에 대해 알고 있는 정보를 여러 번 교환했다.

엘리자가 네 살 정도 되었을 때 학교에 새로 부임한 (다소 경험이 부족한) 언어 병리학자는 엘리자가 언어치료 수업에서 아주 조그맣게 말을 한다면서 아마 말을 하면서 호흡을 제대로 못 하는 것 같다는 편지를 보내왔다. 나는 그 편지를 받고 한참 웃었다. 우리 가족은 모두 엘리자가 원하면 얼마든지 크게 말할 수 있다는 것을 알고 있었다. 일주일 후에 학부모 회의에서 나는 언어교사가 잘못 알고 있는 것 같다고 말했다. 나는 그 젊은 여교사를 만났을 때 그녀가 매우 쾌활하고 활기차게 이야기한다고 느꼈다(언어 병리학자는 그런 식으로 말하는 것이 필요할 것이다). 그에 비해 나는 항상 우리 아이들과 훨씬 더 느슨한 방식으로 이야기를 해왔다. 나는 엘리자가 언어 치료 수업 시간에 아마 뒤에 앉아서 구경하는 것으로 만족하거나 아니면 단지 그녀에게 기가 죽어 있는 것 같다는 생각이 들었다. 내 생각을 이야기해준 후로 그 교사는 목소리를 조금 낮추었고 곧 엘리자는 훨씬 더 이야기를 많이 하게 되었다.

원칙 셋 : 긍정적으로 이해하기

아이들은 사람들이 자신에 대해 하는 이야기에 민감하게 반응한다. 부정적인 표현을 듣는 아이는 거기에 걸맞게 행동하기 시작한다. '심술쟁이'라고 부르면 점점 더 심술을 부린다. 게다가 부모는 아이의 불평 뒤에 있는 진짜 요구에 둔감해진다. 아이가 미운 짓을 할 때도 아이에 대해 좀더 좋은 말로 표현하면 부모 자신이나 다른 사람들이 아이를 바라보는 방식, 아이가 자신을 바라보는 방식이 바뀐다. 예를 들어, '또 심술을 부린다'라는 말보다 '소외된 기분을 느낀다'라고 말하면 아이와 좀더 공감하기 쉽다.

　　연결된 부모는 아이의 문제를 재구성해서 긍정적인 방향으로 이해한다. 손자가 인형보다 장난감 차를 갖고 놀겠다고 조르자 할머니는 "이 녀석은 고집이 세구나"라고 말한다. 그러자 연결된 아빠가 이렇게 대답한다. "자기가 좋아하는 걸 확실하게 알고 있는 거예요." 어느 2학년 교사가 "이 아이는 항상 수업시간에 떠듭니다"라고 말하자 연결된 엄마는 말한다. "우리 딸은 사람들과 연결하는 것을 정말 좋아합니다."

　　이런 부모들은 어떤 환경에서 문제가 되는 특성이 때와 장소에 따라 긍정적인 특성이 될 수 있다는 것을 알고 있다. '고집이 센' 아이는 끈기가 있기 때문에 나중에 어떤 일에 전문가가 되거나 암 치료법을 발견할지도 모른다. 말을 많이 하는 아이는 사회성이 발달해서 어려운 처지에 있는 사람들의 친구가 되어주는 재주가 있을지도 모른다. 이런 식의 긍정적인 관찰은 아이의 태도를 변화시킬 뿐 아니라 당면한 문제에 대한 해결책을 제시해준다. 자라는 아기에게는 좀더 재미있는 장난감이 필요하고, 2학년 소녀에게는 학교 밖에서 친구들과 연결할 기회가 필요하다. 혹은 교실에서 덜 산만한 아이 옆에 앉게 해야 할 것이다. 긍정적 표현의 또 다른 예로, 우리는 아이가 '매달린다'라고 말하는 대신에 '부모와 함께 있고 싶어한다'라고 말한다.

요구가 많은 아이라는 표현은 까다로운 성격을 가진 아이들을 대하는 부모의 태도를 바꾸는 데 도움이 된다. 사실 요구가 많은 아이들은 여러 가지 긍정적인 특성을 갖고 있다. '신경질적이다'를 '예민하다'로 바꾸어 말하자. 성가시다거나 까다롭다고 말하는 대신 끈기가 있다거나 열정적이라고 말하자. 엄마 말을 듣지 않는 '고집'은 실제로 넘어져도 다시 일어서는 용기일 수 있다.

어느 날 우리 병원을 찾아온 아주 예민한 아이가 정기 검진 도중에 검사실에서

적응력

초기 육아의 장기적 효과에 관한 연구를 보면 애착 양육으로 키운 아이들이 적응력이 높은 것을 알 수 있다. 적응력은 중요한 자질이다. 적응을 잘하는 아이들은 잘못된 행동을 바로잡아주기가 쉽다. 인생의 시련을 좀더 잘 견뎌낸다. 사람들의 조언을 기꺼이 받아들이고 스스로 자신의 잘못을 고치는 법을 배운다. 타고난 기질 때문에 고집이 센 아이라도 부모가 애착 양육을 하면서 아이의 요구를 충족시켜주려고 노력하면 좀더 융통성 있는 아이가 된다. 어느 고집이 센 아이의 부모는 이렇게 말했다. "우리 아이가 고집이 세니까 오히려 우리 사이가 더 가까워지더군요." 연결은 부모와 아이에게 자신감을 주고 아이에게는 변화하고 적응하는 능력을 준다.

뛰어다녔다. 아이는 신생아의 몸무게를 재는 값비싼 저울에 기어 올라가기 시작했다. 아이의 기분보다 내 저울이 걱정된 나는 아이에게 내려오라고 타일렀다. 내가 몇 마디밖에 안 했는데 아이는 울음을 터트리기 일보직전이 되었다. 아이의 엄마가 재빨리 덧붙였다. "네가 아주 힘이 세서 그래." 그녀의 기지 덕분에 아이의 자존심과 내 값비싼 저울 모두 무사할 수 있었다.

원칙 넷 : 아이에 대해 배우기

육아에서 가장 중요한 것은 '아이에 대해 배우라'는 것이다. 그러자면 매 단계별로 아이의 행동과 능력을 연구해야 한다. 아동 발달에 대한 책이나 잡지를 읽어보자. 아이들을 먼저 키워본 다른 부모들의 이야기를 들어보자. 무엇보다 아이의 눈으로 세상을 바라보도록 노력하자.

아이들은 어른들과 생각하는 것이 다르다. 아이들은 세상을 어른들과 다르게 바라보고 다르게 반응한다. 부모가 아이를 적절히 지도하기 위해서는 각 단계별 발달에 대해 알아야 한다. 아이들의 어떤 행동은 부모의 인내와 유머와 지도를 요구한다. 하지만 크면서 차츰 그런 행동이 사라진다. 아이의 나이와 단계에 따른 행동을 무사히 넘기는 법을 배운다면 점차 수월해질 것이다. 예를 들어, 두 살이 된 아이는 레스토랑에서 가만히 앉아 있지 못한다. 음식이 나오기를 기다리는 동안 아이와 대화를 나누자. 하지만 무례하거나 위험한 행동에 대해서는 "탁자에 올라가면 안 된다"라고 주의를 주는 것처럼 단호하고 즉각적으로 대처하자.

♥ 파도 타기

아이에 대해 배우는 부모는 아이와 '한마음'이 된다. 그들은 아이에게 어떤 일이 일어나고 있는지 눈치를 채고 아이의 의존이나 독립 정도에 따라 반응을 조절한다. 아이들은 미지의 영역으로 들어가면서 새로운 친구를 발견하고 새로운 일을 시도한다. 연결된 부모들은 아이들이 독립을 시험하다가 어떤 문제를 일으킬지 예상한다. 유아들이 '혼자 하기 시작하는' 단계에서는 참견하는 대신 코치를 해주는 것이 필요하다. 아이가 독립적인 행동을 하고 싶어할 때 어느 정도 자유를 허용하고 다소 소원하고 반항적으로 보여도 이해해야 한다. 하지만 옆에서 지켜보며 아이가 부모를 필요로 할 때 다시 연결할 준비가 되어 있어야 한다.

아이들은 독립과 의존 사이에서, 변화 속도가 빠른 시기와 느린 시기 사이를 오락가락한다. 여섯 살짜리 아이는 두발 자전거를 타면서 빨간색 스포츠카를 타고 다니는 상상을 한다. 그렇게 독립적이던 아이가 어느 날 아침에 깨어보니 엄마 옆에 누워 있다. 아이는 발달 여정에서 잠시 쉬어가며 "약간의 정서적인 재충전이 필요해요"라고 말하는 것이다.

아이와 연결된 부모들은 이러한 성장 단계의 파도를 타는 법을 배운다. 부모와 아이의 연결이 끊어지면 문제가 생긴다. 부모는 아이가 독립을 주장할 때 지나치게 걱정하기 쉽다. 반대로 아이가 다시 어떤 연결을 필요로 할 때 부모가 다른 일에 너무 바빠서 돌보지 않으면 아이는 관심을 얻기 위해 극단적인 행동을 할지도 모른다.

연결의 부름

어느 날 아침 일찍 잠에서 깨어나보니 여섯 살 된 아이가 옆에 누워 있다. 아홉 살짜리 아이가 주말 내내 집에서 부모를 졸졸 따라다닌다. 평소에는 쌀쌀맞던 십 대 아이가 함께 쇼핑을 가자고 한다. 도대체 무슨 일일까? 이런 행동들은 아이가 부모에게 위안을 필요로 한다는 신호다. 정상적인 성장 발달 선상에 있는 아이들은 독립과 의존 사이에서 두 걸음 전진하면 한 걸음 후퇴하면서 점차 독립을 향해 나아간다. 한동안 부모를 멀리했다가 다시 찰싹 달라붙는다. 언제라도 아이를 맞이할 준비를 하고 있자. 재연결은 독립을 향해 가고 있는 아이의 정서 발달을 위해 필요하다.

또한 아이에게 조언과 위로를 해주고 올바른 방향으로 이끌어주는 부모의 위치를 확고히 하는 기회를 놓치게 된다. 매일 아침 부모의 잠자리로 파고드는 세 살짜리 아이는 십대가 되어서 어느 날 밤늦게 부모의 방으로 찾아와 고민을 털어놓을 것이다. 어느 단계에서든 현명한 부모는 아이에 대해 알려고 노력한다.

♥ 아이의 눈으로 바라보자

아이들은 엉뚱한 행동을 하고 엉뚱한 생각을 한다. 하지만 그들로서는 그런 행동이나 생각이 모두 당연한 것이다. 어른의 입장에서 아이의 행동을 판단하면 화가 치밀어오를 수 있다. 찻길로 뛰어드는 두 살짜리 아이는 고의로 엄마의 권위에 도전하는 것이 아니라 충동을 느끼면 아무 생각 없이 행동으로 옮기는 것이다. 다섯 살 아이는 친구의 장난감이 몹시 갖고 싶어서 그것을 '빌려온다.' 그것이 훔치는 행동이라는 것을 이해하지 못한다. 장난감에 대한 욕심 때문에 자신이 하는 행동이 옳은지 그른지, 더구나 친구가 어떻게 느끼는지 생각할 겨를이 없다. 어른들은 어떤 행동을 하기 전에 필요성·안전성·도덕성을 따져보지만 아이들은 그렇지 못하다.

우리 아들 매튜는 두 살 때 어떤 놀이에 몰두하면 멈추게 하기가 어려웠다. 어느 날 그가 놀고 있을 때 우리는 약속이 있어서 떠나야 했다. 이미 시간이 늦었으므로 마사는 매튜를 들쳐안고 문으로 갔다. 매튜는 떼를 쓰기 시작했다. 마사의 첫 번째 반응은 "엄마 말 들어야지"였다. 하지만 그녀는 발버둥치는 아이를 안고 문을 나서면서 아이의 입장에 대해 생각했다. 매튜에게는 활동을 전환하기 전에 예고와 시간이 필요했다. 그는 평소에 미리 시간을 정해놓고 놀아도 금방 그만두지 못했다. 그는 엄마에게 반항하는 것이 아니라 원래 그런 성격이었다. 마사는 조용히 매튜를 장난감이 있는 곳으로 다시 데려가서 그와 함께 앉아서 말했다. "안녕, 장난감들아. 안녕, 트럭. 안녕, 자동차. 다음에 또 만나자." 그제야 매튜는 떠날 준비가 되었다. 그렇게 하는 데 2분밖에 걸리지 않았다. 차 안에서 아이와 씨름을 하면 어차피 그 정도 시간이 더 걸렸을 것이다. 매튜의 떼쓰기에 대한 마사의 해결책은 어떤 '육아법'이나 '기술'이 아니었다. 그것은 매튜에 대해 알기 때문에 저절로 터득한 전략이었다. 마사는 실랑이를 최소한으로 줄이고 매튜를 집에서 데리고 나올 수 있었다. 매튜도 떼를 쓰지 않고 어떤 활동을 종료하는 방법을 알게 되었다.

우리 부부가 아이의 입장에서 생각하면 가정교육이 훨씬 수월해진다는 것을 알게 된 것은 중요한 전환점이 되었다. 처음에 우리는 아이들의 버릇을 잘못 들이는 듯한 두려움이 들기도 했지만 실제로 아이들과 힘겨루기를 하기보다 그들의 의견을 존중해주는 것이 부모가 주도권을 잡는 데 도움이 된다는 것을 알았다. 아이에 대해 알면 지혜로운 육아 방법을 터득하게 된다.

원칙 다섯 : 구조를 제공하고 경계를 정해준다

아이들은 경계가 필요하다. 경계가 없으면 훌륭하게 자랄 수 없다(그리고 부모가 견뎌낼 수 없다). 아이들은 가족의 규칙을 알고 존중하는 법을 배워야 한다. 가정은 아이들이 처음으로 사회생활을 시작하는 곳이다. 가정이라는 축소된 사회 속에서 배우는 것들은 학교생활과 직장생활, 결혼생활의 원형이 된다. 가정의 경계는 아이들의 사회적이고 창의적인 에너지를 올바른 방향으로 유도해서 어른과 아이가 서로 협력하고 함께 즐겁게 생활할 수 있도록 해준다.

아이들이 가족의 경계를 지키도록 도와주는 것이 부모가 할 일이다. 그러자면 먼저 구조를 제공하고 그 다음에 경계를 정하는 방법이 가장 효과적이다. 구조를 제공한다는 것은 경계를 지키기 쉬운 환경을 만들어주는 것을 의미한다. 또한 적절한 경계를 정한다는 것은 아이의 나이와 단계에 적합한 규칙들을 만들고 어떤 행동을 기대하는지 알려주는 것을 의미한다.

세상을 탐험하는 유아들에게 구조가 없는 경계와 구조가 있는 경계는 어떤 차이가 있는지 살펴보자. 유아의 호기심은 끝이 없다. 탐험 욕구로 인해 아이는 세상에 대해 배우기도 하지만 말썽을 일으키기도 한다. 부모는 이런 아이에게 끊임없이

'안 돼'라고 말하게 된다. "전기 콘센트에 손가락을 넣으면 안 된다. 전깃줄을 잡아당기면 안 된다. 탁자 위에 올라가면 안 된다. 의자를 쓰러뜨리면 안 된다. 찻길로 뛰어들면 안 된다." 이런 것들은 모두 필요한 경계들이지만, 호기심이 앞서는 유아는 일일이 기억하기 힘들다.

그러면 아이가 해서는 안 되는 것들을 어떻게 못하게 막을 수 있을까? 우선 아이가 경계를 지키기 쉬운 환경을 만들어주는 방법이 있다. 그러면 아이나 부모 모두 지내기가 수월해진다. 아무도 '안 돼'라는 말을 자주 하거나 듣고 싶어하지 않는다. 분명 부지런한 탐험가들을 위해 우리가 할 수 있는 일은 가정에서 안전사고 예방을 하는 것이다. 전기 콘센트에는 안전 플러그를 설치하고, 전깃줄은 무거운 가구 뒤로 숨기고, 깨지기 쉬운 물건들은 몇 년 간 치워두자. 부엌에 아이가 가지고 놀아도 위험하지 않은 물건들을 넣어두는 찬장을 따로 만들자. 그리고 위험한 것들을 피해가도록 유도한다. 대신 놀이터와 같은 안전한 장소에서 마음껏 뛰고 기어오르게 해주자.

'구조 설계사'로서의 부모의 역할에는 아이를 위한 가정을 꾸미는 일뿐 아니라 아이로부터 가정을 안전하게 지키는 일이 포함된다. 구조를 제공한다는 것은 아이를 억압하는 것이 아니라 위험한 행동을 예방하고 안전하고 바람직한 행동을 장려하는 환경을 만들어주는 것이다. 아이를 보호하고 그 안에서 아이가 아이답게 자랄 수 있게 해주는 것이다. 그러면 아이에게 '안 돼'라는 말을 자주 사용할 필요가 없게 된다.

"하지만 우리 아이는 저녁 식사 시간에 가만히 앉아 있지를 못해요." 발이 바닥에 닿지 않는 의자에 10분 이상 앉아 있어본 적이 있는가? 그런 상황에서는 어른들도 금방 불안해진다. 아이를 너무 오래 앉혀두지 않도록 식사시간을 짜보자. 아니면 아이 발이 바닥에 닿는 작은 의자와 식탁을 주자. 식사를 하면서 엄마와 아빠가 대화를 나눌 때 아이에게 작은 장난감을 주고 가지고 놀게 해주자.

♥ 미리 계획한다

구조를 제공하는 것에는 시간을 적절하게 이용하는 방법도 포함된다. "우리 아이는 슈퍼마켓에 가면 아무도 못 말립니다." "우리 아이는 가게에 가면 눈에 보이는 것마다 모두 사달라고 조릅니다." 연결된 부모는 가능하면 아이의 상태를 감안해서 하루를 계획한다. 유아들은 아침에 말을 잘 듣는 경향이 있으므로 아침 식사를 하고 곧바로 슈퍼마켓에 가자. 알록달록한 포장지에 싸인 달콤한 과자를 보면 참지 못하는 아이라면 아예 슈퍼마켓에 데리고 가지 말거나 아니면 미리 살 것을 정하고 가자. 이것은 부모로서의 권위나 주도권을 포기하는 것이 아니라 아이를 존중해주는 것이다. 보너스로 부모의 생활도 편해진다.

♥ 놀이시간과 놀이친구를 정한다

아이들의 행동을 바로잡는 구조를 제공하는 방법에는 여러 가지가 있다. 다른 아이들과 잘 노는 아이들을 보면 부모가 서로 잘 어울리는 아이들과 놀도록 연결해주는 것을 알 수 있다. 그들은 아이가 밖에서 어떤 아이들과 함께 노는지 살펴본다. 과외활동 교사나 축구 코치가 어떤 사람인지 알아본다. 이러한 감독은 사실 아이의 행동을 바로잡는 효과가 있다.

부모는 여섯 살 아이가 친구 집에서 밤을 지낼 준비가 되었는지 알아야 한다. 준비가 되지 않았다고 판단되면 아이를 보내지 말아야 한다. 방과후에 밖에서 뛰어놀고 싶어하는 아이에게 문에 들어서자마자 숙제를 하라고 강요하지 말자. 대신 저녁을 먹은 후에 30분 정도 조용히 공부할 시간을 정해주자.

자라는 아이들에게는 경계가 필요하다. 십대 아이에게는 귀가시간을 정해주고 행선지를 보고하게 하자. 아이 친구들의 부모들과 만나서 그들의 가치관과 집안 규칙에 대해 알아보자. 집에 아이의 친구들을 데려오게 하자. 그러면 아이들이 가족의 경계를 좀더 수월하게 지킬 수 있다.

구조를 제공하는 것은 코치가 되는 것과 비슷하다. 게임 방법을 가르쳐주고 역할을 정해주고 격려해주자. 2000년도 슈퍼볼 우승팀 세인트루이스 램스의 코치인 딕 버메일은 어떤 선수들이 경기장에서 규칙을 잘 지키느냐는 물음에 이렇게 대답

일깨우기

우리 집에서는 아이들의 행동을 고쳐줄 때 기억을 일깨우는 방법을 사용했다. 어린아이들은 언제나 현재에 충실하다. 과거의 교훈을 돌아보거나 미래에 대해 생각하지 않는다. 아이들은 원래 그렇다. 그래서 부모가 가정이나 그룹에서 행동하는 법에 대해, 다른 말로 하자면 정상적인 행동 방식이 어떤 것인지 일깨워주는 것이 필요하다. 또한 매번 '깜박했어요'라는 말이 나오지 않도록 자주 상기시켜야 한다. 그 말은 변명처럼 들리지만 사실이기 때문에 일깨우기가 필요한 것이다.

일깨우기는 분주한 아이의 어렴풋한 기억을 불러일으키는 효과가 있다. 말썽을 부리려고 하는 아이에게 '그러면 안 되는 것 알지?'라는 의미를 담은 표정이나 "아하, 그 장난감이 누구 거지?"라는 말로 기억을 되살려주는 것이다. 일깨우기는 구구절절 설명을 하는 것보다 효과적이다. 암시를 주고 아이가 그 공백을 메우게 하는 것이다. 아이가 음식을 먹고 식탁에 그릇을 남겨놓았을 때 부모는 표정만으로 그릇을 개수대에 갖다놓으라는 메시지를 보낼 수 있다. 때로 그러한 일깨우기를 잔소리로 받아들이는 아이에게는 글로 써서 보여주는 방법도 있다. 우리는 에린의 방문에 이런 쪽지를 붙여놓은 적이 있다. "곰팡이가 피기 전에 방에 있는 그릇들을 치워라."

이것은 일종의 게임과도 같다. 아이에게 자전거를 타고 찻길로 나가지 말라거나 길을 건널 때는 양쪽을 살피라고 이미 수십 번 이야기를 했을 것이다. 만일 아이가 그 경고를 잊어버린 것 같으면 단지, "알지?" 하고 말하자. 우리가 전에 읽어준 대본을 다시 기억하게끔 자극을 주는 것이다. 그 한마디로 아이는 스스로 내면의 통제력을 향해 한 걸음 다가가게 된다. 또한 부모는 일깨우기 원칙을 지킴으로써 잔소리를 피할 수 있다. 부모가 끊임없이 같은 이야기를 되풀이하면 아이는 짜증을 내고 무시해버린다.

했다. "코치는 가정에서 시작됩니다."

아이들이 자라서 학교와 공동체의 넓은 세상으로 나갈 때 아이에 대해 잘 알고 있는 연결된 부모는 너무 관대하지 않고 너무 억압적이지도 않은 적절한 지도를 한다. 그들은 아이가 혼자 할 수 있는지 도움이 필요한지를 파악하고, 격려하고 지도하는 상담원 역할을 한다.

연결된 부모가 아이를 과잉보호하는 경우도 있다. 하지만 이런 실수는 쉽게 고칠 수 있다. 언제 뒤로 물러서야 하는지 생각해보자. 다른 훌륭한 부모들로부터 언제 고삐를 좀더 풀어주어야 하는지 언제 바짝 당겨야 하는지에 대해 조언을 들어보자.

아이들을 방치하면 좀더 골치 아픈 문제가 발생할 수도 있다. 부모의 도움 없이 힘든 결정과 도선을 처리해야 하는 아이들은 그들 자신과 보호자와 세상을 원망할 수 있다. 사실 연결된 아이와 연결되지 않은 아이를 구분하는 특성은 분노다.

연결되지 않은 부모들은 아이에게 너무 많은 선택권을 주어 방황하게 만든다. 아이에게 바이올린을 배우게 하고 신통치 못한 것 같으면 3개월 후에 다시 드럼으로 바꾸게 한다. 아이는 새로운 경험에 열려 있으므로 자연히 이것저것 해보고 싶어한다. '다양한 관점'을 배우고 '다양한 가치관을 가진 아이들과 어울리게 하는' 것이 좋다는 육아 철학이 탈선을 하거나 줏대 없는 아이를 만들 수도 있다. 아이들은 자신에게 주어진 모든 가능성을 시험하는 과정에서 부모의 지도를 필요로 한다.

원칙 여섯 : 통제하기보다 바로잡아준다

아이를 훌륭하게 키우는 부모들은 아이의 행동을 통제하기보다 바로잡아주어야 한다는 것을 알고 있다. 육아는 정원을 가꾸는 일과 같다. 우리는 씨앗을 심기만 할 뿐, 언제, 어떤 색의 꽃이 필지에 대해서는 관여할 수 없다. 하지만 잡초를 뽑아주고 물을 주고 가지를 쳐주면서 꽃이 좀더 아름답게 피어나게 할 수는 있다. 이것이 아이의 행동을 바로잡아준다는 의미다.

아이들은 모두 가지를 쳐주듯이 제거해야 하는 행동 습성을 타고난다. 따라서 부모들은 아이들이 뿌리를 깊이 내리고 성장해서 아름다운 꽃을 피우기 위해 필요한 습성을 온전하게 길러주어야 한다. 연결된 부모들은 부드러운 도구를 사용해서 긍정적인 특성에 해를 주지 않고 부정적인 특성들만 제거한다. 그 도구는 발달의 각 단계마다 아이가 필요로 하는 것에 따라 달라진다. 결국 아이는 그러한 도구를 자기 것으로 만들어서 스스로 통제하는 방법을 배운다.

♥ 바로잡아주기와 통제하기

바로잡아준다는 의미는 아이의 잘못된 행동을 지적하고 올바른 행동을 하게끔 암시를 주는 것이다. 친척집을 방문할 때는 어떻게 행동하고 무엇을 해야 하는지 미리 말해주자. 책이나 조용한 장난감을 가지고 가서 어른들이 대화할 때 방해하지 않도록 하자. 또 그곳에 가 있는 동안 어떻게 행동해야 하는지 다시 한번 일깨워준다. 아이가 너무 수선스러우면 한쪽으로 데려가서 흥분을 가라앉히게 하고 잠시 함께 조용하게 놀아주자. 아이의 행동을 바로잡아주고자 할 때는 필요한 정보와 도구를 제공해서 아이가 수월하게 따라올 수 있도록 하자.

통제하는 부모들은 이와는 다른 태도를 취한다. 그들은 다음과 같이 권위적으로 접근한다. "나는 부모이고 너는 아이야. 현대의 심리학이 뭐라고 하든지 나는 상관하지 않는다. 내가 시키는 대로 하지 않으면 혼날 줄 알아라." 통제하는 부모는 가정교육 방법으로 주로 처벌을 사용하는 경향이 있다. 친척집을 방문했을 때 아이가 말썽을 부리면 집에 가서 혼내주겠다고 위협을 하거나 손바닥을 때려준다. 통제하는 부모는 체면을 생각하는 경향이 있다. "그런 행동을 하면 안 된다"라고 하거나 "그러면 사람들이 어떻게 생각하겠니?"라는 말밖에 하지 않는다.

'바로잡아주기'와 '통제하기'의 차이를 구분하는 것이 항상 쉽지는 않다. 하지만 근소한 차이가 중요하다. 자녀를 통제하는 부모는 아이의 생각보다는 겉으로 드러나는 행동에 초점을 맞춘다. 아이를 통제하려고 하면 충돌이 생기고, 특히 감정적이고 요구가 많은 아이들의 경우에는 반항하기 쉽다. 통제는 아이들의 개성을 억누르고 육체적·지적·정서적인 발달을 가로막을 수 있다.

아이의 행동을 바로잡아주면 인격을 바로잡아주게 된다. 연결된 부모들은 아이들의 개성을 좀더 인정해주고 유별난 기벽을 참아낸다. 연결된 부모는 아이의 특기를 살려주고, 책임감이 강하고 남을 배려할 줄 아는 아이로 키우는 것을 부모의 의무로 생각한다.

아이의 기질을 바꿀 수는 없지만 인격은 바로잡을 수 있다. 인격은 행동으로 드러나기 때문이다. 나는 한때 라스베이거스에서 열린 한 재판에서 부모가 아이의 인격에 어떤 영향을 미치는지에 대해 증언을 한 적이 있다. 나는 당시의 분위기에 어울리는 비유를 사용했다. "아이의 기질은 그가 가진 카드와 같습니다. 인격은 그 카드로 어떻게 게임을 하느냐에 달려 있죠. 부모는 아이에게 현명한 게임을 하도록 가르칠 수 있습니다."

원칙 일곱 : 어느 정도의 실패와 좌절을 허락하자

아이를 훌륭하게 키우는 부모들은 아이가 좌절을 경험하지 않도록 보호해주기보다 어려움을 스스로 해결하는 능력을 길러주어야 한다는 것을 알고 있다. 인생에 성공하기 위해서는 문제를 해결하고 실패를 딛고 일어설 수 있어야 한다. 시련을 기회로 만드는 법을 아는 사람들은 자기 앞에 주어지는 것을 최대한 활용할 수 있다.

현명한 부모는 아이가 실수를 통해 배우도록 한다. 그리고 부모 자신이 실수를 통해 배우고 그 결과에 책임을 지는 본보기를 보여준다.

♥떼쓰기를 모른 체하지 않는다

떼를 쓰는 것은 욕구불만의 분명한 표시다. 많은 조언자들이 부모들에게 아이들의 떼쓰기를 무시해버리라고 말하지만 실제로 아이를 잘 키우는 부모들은 대부분 그렇게 하지 않는다. 그들은 떼를 쓰는 아이를 혼자 방에 들여보내지 않는다. 아이의 입장에서 생각하고 아이가 그런 행동을 하는 이유를 이해하려고 한다. 아이 대신 문제를 해결해주거나, 뇌물로 구슬리거나, 관심을 돌리려고 하지 않는다. 귀를 기울이고 아이 스스로 자신의 감정을 이해하고 조절하는 법을 가르쳐준다.

이런 부모들은 다른 일들도 비슷한 방식으로 처리한다. 아이가 사각형 구멍에 둥근 블록을 넣으려고 애쓸 때 모른 체 내버려두거나 성급하게 달려들어서 대신 해주지 않는다. 다른 구멍에 넣어보라고 제안하거나 블록의 둥근 선과 사각형 구멍의 직선을 구분하도록 도와준다. 아이가 밖에서 놀다가 문을 걷어차고 들어와서 친구를 욕하면, "말조심해라!"라고 야단부터 치지 않는다. 아이가 하는 말에 귀를 기울이고 스스로 해결책을 찾도록 도와준다.

♥ 실수를 통해 배우게 한다

현명한 부모들은 경험이 최고의 스승이라는 것을 알고 있다. 그들은 아이가 어리석은 판단을 하지 못하게 개입을 해서 하루를 무사히 넘기려고 하지 않는다. 아이들은 실수에 따라오는 대가가 크지 않은 어린 시절에 스스로 판단하는 법을 배우고 많은 경험을 해야 한다. 인과관계는 아이에게 판단 능력을 길러준다. 그릇되거나 충동적인 선택의 결과를 경험함으로써 아이는 누구나 실수를 할 수 있고, 실수를 한다고 세상이 끝나는 것이 아니며, 실수를 만회할 수 있거나 적어도 교훈을 배운다는 것을 알게 된다.

원칙 여덟 : 딱 잘라서 안 된다고 말하자

어느 날 나는 일곱 살 된 우리 딸 로렌과 쇼핑을 하러 갔다. 계산대에서 줄을 서 있는데 로렌이 이것저것 사달라고 조르기 시작했다. 많은 부모들이 두려워하는 상황이 된 것이다. 아이가 조를 때마다 나는 조용하지만 단호하게 "안 돼" 하고 대답했다. 아이는 아마 물어보기 전부터 내게서 어떤 대답이 나올지 알았을 테지만, 어쨌든 그 의식을 치러야 했다. 내가 계산할 차례가 되었을 때 점원이 속삭이듯이 내게 말했다. "부모들이 안 된다는 말을 못하는 게 탈이에요."

아이들은 눈에 보이는 것마다 갖고 싶어하는데 그것도 당장 갖고 싶어한다. "전부 다 모아보세요!" 하고 텔레비전 광고에서 조그만 장난감 인형과 거기 붙이는 액세서리를 사라고 소리친다. 아이들은 "우리 반 아이들은 다 갖고 있다구요"라면서 최신 비디오 게임 장비를 사달라고 조른다.

한번은 솔직히 내가 보기에 아이들에게 너무 많은 장난감을 사주는 부모들에게 강연을 한 적이 있다. 나는 그들에게 "딱 잘라서 안 된다고 말하세요"라고 이야기하고 싶었지만 아이들의 물질만능주의를 해결하는 것이 그렇게 쉽게 접근할 문제는 아니라는 생각이 들었다. 부모들이 안 된다는 말을 하지 못하는 이유는 종종 아이에게 굴복을 하고 원하는 대로 사주는 편이 훨씬 쉽기 때문이다. 그러면 실랑이를 피할 수 있고 적어도 한동안 가정에 평화가 유지된다. 하지만 이것 역시 당장은 효과가 있겠지만 장기적으로는 손해를 보는 일이다.

아이가 원하는 대로 모두 해주는 것이 아이를 위한 것은 아니다. 현실에서는 아이가 어른이 되면 원하는 것들을 갖기 위해 기다려야 하고, 무엇이 가장 중요한지 선택을 해야 하며, 원하는 것을 뭐든지 가질 수는 없다는 것을 알아야 한다. 만족을 유보할 줄 아는 것은 성공하는 인생을 위해 반드시 필요한 능력이다. 충동적으로 판단하지 않는 것 역시 마찬가지로 중요하다.

일곱 살을 맞은 생일에 약간의 돈을 받은 앤드류를 데리고 장난감 가게에 갔다. 당연히 그 아이는 많은 장난감을 보고 눈이 휘둥그레졌지만 나는 끊임없이 아이에게 돈이 조금밖에 없다는 사실을 상기시켰다. 만일 앤드류가 자동 로봇을 선택한다면 더 이상 다른 장난감은 살 수 없고 로봇과 레고를 둘 다 가질 수는 없다고 말했다. 아이는 선택을 해야 했다.

이 현명한 엄마는 아이가 가장 갖고 싶어하는 것을 선택하도록 도와주고, 원하는 것을 모두 가질 수 없으며 몇 가지 중요한 조건들을 고려해볼 필요가 있다는 것을 가르쳤다. "어느 것을 더 갖고 싶니?" "어느 것을 더 오래 갖고 놀 수 있겠니?" "어떤 점이 가장 마음에 드니?"

아이가 장난감을 사달라고 아우성을 칠 때는 곧바로 그의 기분을 만족시켜주지 않는 편이 더 현명하다. "다음 주까지 기다려라"(또는 하루나 이틀 정도. 일주일은 유아들에게 영원이나 다름없다)라고 말하자. 무엇을 선택할지 신중하게 생각해볼 시간을 주자. 주말이 되면 전혀 다른 것을 원할지도 모른다. 사달라는 대로 모두 사주면 아이들은 물건을 아낄 줄 모르고 만족할 줄도 모른다. 한편 특별한 것을 얻기 위해 기다려야 하거나 돈을 벌어야 하는 아이들은 자신이 소유한 물건에 적절하게 가치를 두는 법을 배운다.

부모들은 아기가 태어나기 전부터 이것저것 사들이기 시작한다. 우리 부부는 저번날 아기용품점을 둘러보면서 입이 다물어지지 않았다. 아기를 돌보기 쉽게 해준다는 그 모든 신기한 물건들 없이 우리가 그 많은 아이들을 어떻게 키웠는지 모르겠다. 아기용품 산업은 대규모 시장이며, 자녀를 위해 최선을 다하고자 하는 부모들은 언제라도 지갑을 열 준비를 하고 있다.

신생아 용품과 그 후에도 계속될 구매 결정에 대한 우리의 충고는 아이와의 연결을 도와주는 물건은 사고, 방해가 되는 물건은 사지 말라는 것이다. 아이를 위한 최고의 장난감은 사람이다. 부모의 다정한 얼굴은 어떤 모빌보다 풍부한 자극을 준다. 부모의 팔은 아기침대나 푹신한 의자가 대신할 수 없는 위안과 안정감을 준다. 아기 띠를 한두 개 사서 아이를 안고 다니며 다채롭고 풍요로운 주변 환경을 보여주자. 아이가 좋아하고 부모가 함께 놀 수 있는 장난감과 게임을 찾아보자.

아이와 연결되면 '안 돼'라는 말을 하기가 더 쉽다. 나 자신을 아이에게 충분히 바치고 있으므로 많은 것을 사주지 못해도 미안한 마음이 들지 않는다.

아이가 원하는 대로 모두 주면 나중에 커서 남에게 주지는 않고 받으려고만 하는 사람이 될지도 모른다. 집에 물건이 적으면 자연히 부모와 아이가 함께 보내는 시간이 많아진다. 아이들이 배워야 하는 교훈, 많은 어른들이 모르고 있는 교훈은 우리를 행복하게 해주는 것은 물건이 아니라 사람이라는 사실이다.

원칙 아홉 : 아이에게 중요한 사람들을 엄선하자

연결된 부모들은 아이들을 과잉보호하지 않는다. 그들은 적절하게 아이를 보호한다. 또 부모로서 훌륭한 본보기를 보여주고 아이가 집밖에 나가면 어떻게 지내는지 주의 깊게 살핀다. 따라서 대리 보호자들을 신중하게 선택한다. 교사들과 운동 코치들이 아이들에게 어떤 가치관을 장려하는지 알아본다. 텔레비전 시청, 인터넷 사용, 책 등 대중매체의 영향도 주의 깊게 모니터한다.

우리는 항상 아이 친구의 부모들과 알고 지내면서 필요하면 언제라도 주저하지 않고 그들에게 전화를 했다.

우리 아들 크리스는 3학년 때부터 동네 야구단 선수였다. 그 아이는 야구를 정말 좋아하는데 특히 2년 전에 코치의 지도를 받고 실력과 자신감이 부쩍 늘었다. 그 코치는 크리스가 훌륭한 선수가 될 수 있다고 믿어주었다. 다음 해에 크리스가 중학생이 되었을 때 야구단의 수석 코치는 친절한 사람 같았지만 아주 강압적으로 아이들을 훈련시켰다. 물론 그의 아들이 스트레스를 가장 많이 받았다. 경기가 열리는 시즌에 크리스와 나는 그 코치의 훈련 방식이 아이들에게 미치는 영향에 대해 많은 이야기를 나누었다. 그 코치의 아들은 잔뜩 긴장하고 있었고, 그럴수록 실수를 많이 했다. 그의 훈련 방식과 이전의 다른 코치들의 방식을 비교하면서 크리스는 사람들과 함께 하는 방법에 대해 많이 배웠고 문제를 객관적으로 바라보게 되었다.

아이가 부정적인 영향에 휩쓸리지 않도록 하는 한 가지 방법은 부모가 아이의 활동에 좀더 적극적으로 참여하는 것이다. 만일 어떤 사람이 아이의 축구 코치가 될지 염려된다면 직접 코치로 나서거나 적어도 보조 역할을 하자. 만일 스카우트 단장의 영향이 걱정된다면 지원을 하자. 학교에서 일어나는 일이 걱정된다면 학부모회에 참석하자. 집에서 아이가 텔레비전을 시청할 때 함께 앉아서 보자. 거실에 컴퓨터를 놓고 아이가 온라인으로 무엇을 하는지 살펴보자. 친구들을 집에 데려오도록 하자. 아이들이 극장에 가고 싶어하면 운전사가 되어주자.

우리 집은 이웃 아이들과 딸의 학교 친구들이 모여서 노는 장소였다. 나는 아이 친구들을 항상 반갑게 맞아주었다. 그런 식으로 아이와 함께 생활하면 감독하기가 쉽다.

원칙 열 : 아이에 대한 기대치를 높이자

아이를 잘 키우는 부모들은 자녀들에게 어떤 행동을 기대하고 있는지를 알게 하고 그 기대에 부응하도록 도와준다. 아이들이 집에서나 밖에서나 행동을 잘하도록 가르친다. 아이는 부모의 기대를 인식함으로써 내면의 행동 지침을 갖게 된다. 따라서 충돌과 잔소리가 줄어든다. "네가 잘할 줄로 믿는다"라고 말하는 것으로 충분하다. 부모가 부모다우면 아이들이 자유로워질 수 있다.

우리가 인터뷰를 해본 아이들은 어떤 식으로 행동해야 하는지에 대한 이유를 이해하지는 못해도 부모가 기대하는 대로 따라간다고 말했다.

우리 집 아이들이 미운 짓을 하면 나는 종종 그들이 커서 한심한 인간이 되는 것을 보고 싶지 않다는 말로 그들을 일깨운다. 우리 아이들은 그 말이 보호와 사랑이라는 것을 알고 있다.

성공하는 아이들의 곁에는 그들이 항상 최선을 다하리라고 기대하는 부모와 보호자들이 있다. 그들은 아이가 잘할 수 있다고 믿을 뿐 아니라 아이 스스로 그렇게 믿게 해준다. 자신감은 성공을 위한 가장 필수적인 요인이다.

4장
똑똑한 아이로 키우기

지능이 높다고 해서 반드시 성공하리라는 보장은 없다. 타고난 머리를 어떻게 사용하는지가 더 중요하다. 그래도 똑똑한 아이들이 좀더 성공할 가능성이 높은 것은 사실이다.

옛날에는 지능이 대체로 유전적이라고 생각했다. 하지만 이제 '똑똑한 유전자' 가 전부는 아니라는 것을 알고 있다. 지능은 유전뿐 아니라 경험에 의해서 발달한다. 따라서 부모의 양육 방식이 아이의 지능에 영향을 줄 수 있다. 영아 발달 연구가들은 아이들의 두뇌 발달이 보호자와의 상호작용에 의해 결정적인 영향을 받는 시기가 있다고 추측해왔다. 아기 뇌의 성장 과정에 대한 최근의 연구들은 이러한 추측을 확인해주고 있다. 처음 1년 동안 보호자는 아기의 두뇌 발달에 가장 큰 영향을 줄 수 있다.

두뇌의 성장

신경생물학 분야의 새로운 연구에 의해 아이의 지능 발달에 부모가 중요한 역할을 할 수 있다는 사실이 밝혀지고 있다. 사람의 뇌는 영아기에 그 어느 때보다 많이 발달한다. 아기 두뇌는 처음 1년 동안 크기가 세 배가 되고 유치원에 들어갈 때쯤이면 완전하게 성숙한다. 태어날 때 0.23그램이던 두뇌는 1년 후에 0.68그램이 되고, 5세가 되면 약 1.36그램까지 완전히 자란다.

처음 1년 동안 두뇌가 자라면서 뉴런이라고 불리는 뇌의 신경세포들도 자란다. 뉴런은 전선이 복잡하게 얽혀 있는 것 같은 모습을 하고 있으며 상당수는 끝 부분이 아직 연결되지 않은 채로 있다. 뉴런들은 점점 자라면서 미엘린이라는 보호막으로 감싸인다. 미엘린은 전기적 메시지들이 뉴런을 통해 좀더 신속하고 확실하게 전달되도록 도와주는 절연체의 역할을 한다. 손가락이나 더듬이처럼 생긴 뉴런의 끝은 다른 신경들과 이어지려고 한다. 뉴런에 의해 만들어지는 연결과 회로에 의해 두뇌에 경험이 저장되면서 학습이 가능해진다. 처음 1년 동안 이러한 연결의 수가 증가하면서 두뇌는 점점 더 활발하게 움직이고, 아기들은 생각하고 기억하고 몸을 움직이는 법을 배운다.

학자들은 환경이 뉴런의 성장과 연결을 자극한다는 사실을 알아냈다. 예를 들어, 아기가 엄마나 아빠의 얼굴을 쳐다볼 때 그 얼굴의 이미지가 안구 신경으로부터 시각 정보를 처리하는 두뇌로 전달되어 뉴런의 회로에 저장된다. 그 얼굴을 되풀이

똑똑한 한마디

똑똑한 아이로 키우는 것의 기본은 성장하는 뇌의 올바른 연결을 돕는 것이다.

해서 보면 더 많은 이미지가 저장되고 더 많은 연결이 이루어진다. 마침내 아기의 두뇌는 부모의 얼굴을 알아볼 뿐 아니라 시각 이미지와 얼굴을 움직이는 근육 사이의 연결을 만든다. 드디어 아기는 엄마나 아빠를 보고 웃는다. 계속적인 신경회로의 발달로 점점 더 많은 연결이 만들어지고 아기는 손을 뻗어서 부모의 얼굴을 만질 수 있게 된다. 그리고 부모의 기분을 감지하고 그 정보를 이용해서 자신의 감정을 모니터하고 조절한다. 여기서 우리가 알 수 있는 것은 아기가 주변 환경과 안정된 상호작용을 많이 할수록 신경 연결이 더욱 확고해진다는 것이다. 두뇌 연구자들은 이러한 신경 연결 작용을 '환경 피드백'이라고 부른다.

두뇌는 어떻게 점점 똑똑해질까

왜 어떤 사람들은 다른 사람들보다 머리가 좋은 걸까? 두뇌 성장의 두 가지 단면, 즉 메시지가 신속하게 하나의 신경에서 다른 신경으로 옮겨가고 그러한 신경들이 서로 연결되는 방식은 부모와의 상호작용에 의해 가장 많이 영향을 받는다. 아기의 두뇌가 얼마나 신속하게 발달하고 부모가 그 성장에 얼마나 크게 영향을 주는지를 알면 아마 깜짝 놀랄 것이다.

수십억 신경세포들의 끝에는 손가락처럼 생긴 작은 더듬이들이 가지를 뻗고 다른 신경들과 연결할 준비를 하고 있다. 신경 사이의 연결을 시냅스라고 부른다. 두뇌는 시냅스들의 수를 늘리기도 하고 제거하기도 하면서 점점 똑똑해진다.

성장하는 두뇌가 수십억 개의 작은 전화들로 이루어져 있다고 가정해보자. 그 전화들을 서로 연결하는 시냅스들이 만들어지면서 두뇌가 점점 똑똑해지는 것이다. 먼저 이웃 사람들과 연락이 되고 그 다음에는 도시, 그 다음에는 나라 전체와 전 세계의 사람들과 연결된다. 시냅스가 증가하면 두뇌는 그만큼 성장한다. 연구자들은 아기가 태어나서 처음 2년 동안 1초에 200만여 개의 시냅스가 만들어진다고 추정한다. 그 작은 두뇌 안에서 무수한 움직임이 전개되고 있는 것이다.

♥ 더 빠른 소통

시냅스의 수 외에 두뇌를 똑똑하게 만드는 또 다른 요인은 메시지들을 효율적이고 신속하게 '전선'을 따라 운반하는 것이다. '수초화(myelination)'라고 불리는 이 과정에서 신경을 감싸고 있는 미엘린이라는 지방막은 메시지를 좀더 신속하게 전달할 뿐 아니라 옆에 있는 신경들로부터 방해를 받지 않도록 보호한다. 영양섭취도 이러한 수초화 과정에 영향을 준다.

♥ 더 나은 소통

단추를 한 번씩만 눌러서 전 세계의 사람들과 통화를 할 수 있다면 좋겠지만 그럴 필요도 없고, 그러자면 엄청나게 큰 전화기가 필요할 것이다. 수십억 개의 선들이 제대로 연결되지 않으면 통화가 뒤죽박죽이 될 수밖에 없다. 그래서 신경의 가지치기 과정이 필요하다. 활발한 시냅스들, 즉 우리가 자주 사용하는 전화들은 점점 확고하게 유지되고, 그렇지 않은 것들은 잘려나가는 것이다. 다시 말하지만, 아이를 똑똑하게 키우려면 특히 두뇌가 빠르게 성장하는 초기에 적절한 연결을 하도록 도와주어야 한다. 자주 사용하는 전화번호들만 입력해두었다가 편리하게 전화를 걸 수 있는 원터치 장치처럼 좀더 원활한 두뇌 회전을 위해서는 가지치기가 필요하다.

♥ 사용하지 않으면 사라진다

두뇌 발달에는 결정적인 시기가 있다. 시각과 청각 같은 감각 능력은 시냅스의 형성과 수초화가 가장 활발하게 일어나는 초기 영아기에 주로 발달한다. 하지만 정서나 언어 같은 사회적 능력을 위한 발달 경로는 어린 시절을 통해 계속해서 시냅스를 정리하고 수초화한다.

♥ 신경가소성

아이의 두뇌에서는 수십억 개의 시냅스가 부족하거나 고갈되는 일이 없이 계속해서 만들어진다. 두뇌 발달의 결정적인 시기에 자극이나 영양섭취가 부족해도 나중에 어느 정도 만회될 수 있다. 하지만 일단 결정적인 시기가 끝나면 그 창문이 완전히 닫히지는 않는다고 해도 두뇌 배선을 새로 할 수 있는 기회가 제한된다고 연구자들은 말한다. 신경가소성(Neuroplasticity) 덕분에 어느 정도의 재배선은 언제나 가능하지만, 어린아이들처럼 유연할 수는 없다. 아이들이 특히 유아기에 어른보다 외국어를 쉽게 배우는 것은 바로 이런 이유 때문이다.

리제 엘리엇 박사는 《5세까지의 두뇌와 생각의 발달》이라는 책에서 이렇게 말한다. "아이가 보고 만지고 듣고 느끼고 맛보고 생각하는 등의 모든 것은 시냅스들의 전기적 활동으로 변한다. 한편, 활동하지 않는 시냅스들, 즉 어떤 언어를 듣지 않거나, 음악 연주를 하지 않거나, 운동을 하지 않거나, 사랑을 느끼지 못하거나 하는 시냅스들은 시들어버린다. 사용되지 않는 시냅스들이 사라지고 두뇌가 한창 발달하는 시기가 끝나면 기존의 회로를 가지고 꾸려나가야 한다. 다시 말해, 더 빠른 컴퓨터로 바꿀 수 없다. 다행히 다양한 능력이 어린 시절과 청소년 초기까지 발달한다. 하지만 일부 능력을 받아들이는 문은 태어나서 몇 달이나 몇 년 만에 닫혀버린다."

♥ 선천성 대 후천성

유전자의 영향과 주변 환경이 주는 영향은 각각 어느 정도일까? 이러한 선천성 대 양육의 논쟁은 수십 년간 공방전을 벌여왔다. 두뇌 성장에 대한 새로운 이해와 더불어 현대의 연구자들은 유전자와 양육의 영향이 대충 반반이라는 결론을 내린다. 만일 아이의 지능이 반 정도만 유전자에서 기인한다면 부모가 중요한 역할을 할 수 있는 여지는 충분하다. 연구자들은 두뇌의 기본적인 배선은 유전적이지만 그 선들이 연결되는 방식은 양육에 의해 결정된다고 믿는다. 천성이 시작한 일을 양육이 마무리하는 셈이다. 육아 환경은 두뇌 배선에 영향을 준다. 다시 말해, 두뇌는 좀더 자주 좀더 나은 연결을 할수록 점점 커지고 더 똑똑해진다. 또한 이러한 연결들이 어떤 패턴을 형성해서 아이가 세상을 바라보는 청사진이 된다.

우리는 IQ · 지능 · 재능 · 기질이라는 용어들의 의미는 무엇이고 그런 것들이 어떤 영향력을 갖고 있는지에 대해 종종 혼동한다. 이 책에서 말하는 능력이란 아이의 지능 · 재능 · 기술 · 기질 · 경험 · 자신감을 모두 합친 것이다. 능력은 성공하는 아이를 위한 바탕이며 부모와 다른 주변 사람들에 의해 많은 영향을 받는다.

♥ 육아가 차이를 만든다

아기의 성장 발달은 종종 엘리베이터에 비유되곤 했다. 아기가 성장하면서 새로운 층에 도착할 때마다 문이 자동적으로 열리면서 새로운 능력이 들어온다는 것이다. 충분한 보살핌과 건강과 적절한 영양섭취가 이루어지면 한 가지 발전 단계를 마치고 다음 단계로 올라가는데, 그 속도는 대체로 선천성(유전자)에 의해 결정되며 훌륭한 양육과 자극적인 환경은 단지 사소한 역할밖에 하지 못한다고 생각했다. 하지만 이제 연구자들은 주변 환경과의 상호작용이 아기의 발달에 중요한 영향을 미친다고 믿게 되었다. 다시 엘리베이터의 비유를 사용하자면, 아기는 이미 어떤 능력을 갖추고 각각의 발전 단계에 도착한다. 예를 들어, 물건을 손에 잡거나 말을 할 준비가 된다. 이러한 능력이 발달하려면 아기의 손에 잡히는 물건이 필요하고 아기의 실험적인 첫마디에 보호자가 미소와 반응으로 화답해야 한다. 보호자가 아기의 새로운 능력에 반응을 보이면 아기는 그 능력을 더 많이 연습하고 즐긴다. 그래서 더욱 숙달되면 다음 단계로 넘어간다. 다음 단계에서는 훨씬 더 활발한 상호작용을 하게 되면서 더 많은 보상이 주어진다. 보호자가 보여주는 반응은 아이가 잠재력과 재능을 최대한 발휘하게 해준다.

똑똑한 아이로 키우는 열두 가지 방법

얼마 전 어느 부모가 세 살 된 아기를 데리고 정기 검진을 받으러 우리 병원에 왔다. 그들은 실망스러워하면서 말했다. "우리 아이를 원하던 유아원에 넣지 못했습니다."

그 아이는 똑똑하고 행복해 보였지만 그들은 마치 아이가 방금 대학시험에 떨어지기라도 한 것 같은 표정을 지었다. 나는 그 부모에게 아이가 어떤 유아원에 다니는 것과(아이가 유아원을 다니지 않는다고 해도) 지금부터 15년 후에 하버드 대학에 들어가는 것과는 아무 상관이 없다고 안심시켰다(하버드 입학이 행복한 인생을 보장해주지는 않는다는 말도 덧붙이고 싶었다). 물론 좋은 학교에 다니고 공부를 잘하는 것도 중요하지만, 아이가 커서 행복하고 만족할 줄 아는 사람이 되기를 원한다면 가정교육이 무엇보다 중요하다. 아이들이 학교에서나 인생에서 성공하기를 원하는 부모들에게 다음 몇 가지를 제안한다.

♥ 임신 중 영양섭취와 태교

태아의 신경계는 엄마가 임신 중에 하는 행동의 영향을 받는다. 담배, 술, 마약은 모두 태아의 두뇌 발달에 악영향을 미치며 나중에 학습과 행동 문제가 나타날 위험성을 증가시키는 것으로 알려져왔다. 마약과 알코올과 니코틴을 삼가는 것 외에도 엄마가 해야 할 것들이 있다. 임신 중에는 건강한 식사를 해야 한다. 일반적으로 엄마가 영양섭취를 잘해야 아기의 성장하는 두뇌에 필요한 영양을 공급해줄 수 있다.

영양 부족은 태아에게 심각한 피해를 주는 것은 물론이고, 특정 영양소가 결핍되면 발달 문제의 원인이 될 수 있다. 예를 들어, 많은 영양학자들은 임신부들이 적절한 지방을 충분히 섭취하지 않는다고 염려한다. 두뇌 성장을 위해 가장 좋은 지방은 오메가-3로, 이 지방의 가장 좋은 공급원은 냉수어다. 우리 소아과 병원에서는 임신부들에게 적어도 일주일에 세 번은 얼리지 않은 싱싱한 것이나 냉동으로 파는 바다 연어나 참치를 1.8킬로그램 이상 먹으라고 권한다.

임신부에게 필요한 영양소로는 또 비타민 B 엽산이 있다. 이 비타민이 부족하면 척추 기형이나 두뇌 결함의 가능성이 높아질 수 있다. 엽산은 특히 임신한 사실을 모를 수도 있는 초기 몇 주일 동안의 태아 발달에 중요하다. 이런 이유로 임신부와 임신을 계획 중인 여성들은 매일 400마이크로그램의 엽산 영양제를 복용하고 엽산을 첨가한 식품을 섭취할 것을 권한다.

임신부의 생각과 정서도 아기의 성장에 영향을 줄 수 있다. 아기의 발달하는 신경계는 태내 환경뿐 아니라 밖에서 일어나는 사건들에 의해 영향을 받는다는 사실이 확인되고 있다. 엄마와 아기는 태반을 통해 호르몬을 공유하고 있으므로 스트레스 호르몬이 분비되면 아이가 불안하고 초조해질 수 있다고 태아 연구자들은 말한다. 물론 임신과 같은 변화의 시기에 스트레스는 불가피하다. 따라서 엄마가 스트레스를 어떻게 처리하느냐에 따라 아기의 태내 환경이 결정된다. 임신 중에 두려움과 불안감을 쌓아두지 말고 평온한 마음으로 태아를 돌보는 것이 중요하다.

• 즐겁게 생활하고, 적당히 움직인다 기분을 좋게 해주는 천연 호르몬으로 알려진 엔도르핀이라는 물질은 스트레스 호르몬을 중화하고 엄마와 아기를 편안하게 해준다. 웃음과 운동은 엔도르핀 수준을 높여준다. 엄마 자신과 태아 모두 이 호르몬의 혜택을 누리도록 하자.

♥ 똑똑한 아이로 키우는 안고 다니기

아기가 침대에 누워서 공중에서 돌아가는 모빌을 바라보고 있는 것과 아빠의 품에 안겨 여기저기 다니며 우편물을 분류하거나 엄마와 이야기를 하는 광경을 보는 것 중에서 어느 쪽이 더 교육적인지 생각해보자. 어느 쪽이 더 재미있을까? 교육적인 장난감들로 채워진 최신형 놀이울일까, 아니면 엄마와 아빠가 이런저런 식료품을 꺼내놓은 부엌일까? 만일 시장에 간다면 아이가 45센티미터의 눈높이에서 올려다보는 것이 좋을까, 아니면 엄마 품에서 선반에 진열된 흥미로운 상품들을 내려다보는 것이 좋을까?

아이에게 자극적인 환경을 제공해주는 방법은 의외로 쉽다. 영아나 유아에게 어른의 세계는 무한히 흥미로워 보인다. 부모가 아기를 안고 다니면서 일상적인 일을 하고 용무를 보는 동안 아기는 시각과 청각과 이해력의 발달에 필요한 자극을 받는다. 게다가 부모는 아기와 대화를 하면서 보고 느끼는 것을 함께 나눌 수 있다.

아기는 엄마 품에 있으면 덜 울게 되고 주변 환경으로부터 배울 수 있는 시간이 많아진다. 엄마가 걸어다니는 부드러운 움직임은 아기를 편안하게 해준다. 아기는 엄마 품에서 조용하고 주의 깊게 바깥세상에 대해 배우고 좀더 빨리 적응한다. 또한 엄마 아빠와 '대화'를 한다. 침대나 유모차에 누운 아기는 팔을 휘두르고 등을 휘면서 불필요한 동작에 많은 에너지를 낭비한다. 하지만 부모의 품에 안겨 있으면 좀더 집중할 수 있다. 아기를 바깥쪽으로 안으면 세상 구경을 시켜줄 수 있다. 단, 신생아는 이렇게 안기가 곤란하다. 신생아는 강보에 싸서 안는다. 3~4개월이 지난 아기라면 세상을 배우는 데 이보다 더 좋은 자세는 없다. 아기는 자신이 보고 싶은 것을 선택하고 보고 싶지 않은 것은 외면한다.

음성언어 병리학자이며 두 살짜리 아이의 엄마인 나는 아기를 안고 다니는 것의 가치를 확고하게 믿는다. 아기는 엄마 품에서 어른들의 대화를 보고 듣는다. 어른들이 서로 대화를 주고받고 눈을 맞추는 것을 관찰할 뿐 아니라 말의 어조에서 행복·슬픔·분노 같은 감정을 이해한다. 화자의 입술이 열리고 닫히는 것을 보면서 정확한 발음을 흉내 내게 된다. 그리고 그 모든 것을 종합해서 말을 배운다.

나는 아기를 안고 다니면 지능 발달에 도움이 된다는 것을 알기 때문에 우리 병원에 처음 오는 부모들에게 아기를 안고 다니는 요령을 가르쳐준다. 아기들은 원래 안겨 있는 것을 좋아한다. 부모가 띠를 둘러서 안는 것에 적응하기까지 조금 시간이 걸리는 아이도 있겠지만, 그만한 가치가 충분하다. 아기를 안고 다니는 부모들은 종종 이렇게 말한다. "내가 띠를 어깨에 두르는 것을 보면 아기는 얼굴이 환해지면서 손을 들어올리죠. 마치 곧 엄마 품에 안겨서 엄마의 세상으로 들어가기를 간절히 바라는 것 같아요."

처음부터, 나는 어디서 무엇을 하든지 딸을 띠에 안고 다녔다. 설거지를 하거나, 해변을 걷거나, 서점에 들르거나, 쇼핑을 하거나, 아이를 안고 다니면서 이야기를 했다. 나는 모든 것을 아이와 함께 했다. 아이는 내 품에 안전하게 안겨서 세상을 보고 들을 수 있었다. 물론 이동하는 시간이 더 걸렸고 내가 아기와 이야기를 하면 사람들이 미친 사람처럼 쳐다보기도 했다. 하지만 나는 그냥 웃어 보이고 계속해서 잘 익은 빨간 사과나 시끄러운 비행기에 대해서 이러쿵저러쿵 이야기를 계속했다. 지금, 내 눈에는 말할 것도 없지만, 우리 아이를 처음 보는 사람들의 눈에도 우리 아이가 더없이 행복하고 편안하고 자신감에 차 있고 호기심이 많고 상상력과 유머가 풍부해 보인다고 칭찬한다.

♥ 똑똑한 아이로 키우는 모유 먹이기

1992년 《USA 투데이》는 〈모유 : 똑똑한 아이로 키우는 음식〉이라는 제목의 기사를 대서특필했다. 지난 10여 년에 걸쳐서 연구자들은 모유를 먹는 아기들이 똑똑하다는 것을 증명해왔다. 연구에 의하면 모유를 먹은 아이들이 나중에 IQ 테스트에서 더 높은 점수를 받고 학교 성적이 더 좋은 것으로 나타났다. 그러면 모유를 먹은 아이들이 지능 면으로 유리한 이유에 대해 알아보기로 하자.

• 머리를 좋게 해주는 지방   모유에는 DHA라고도 불리는, 머리를 좋아지게 하는 오메가-3 지방산이 다량 함유되어 있다. DHA는 두뇌 세포의 성장과 유지에 필수적인 영양소다. DHA의 중요성이 입증된 후 2001년 5월 FDA에서는 분유에 DHA를 첨가할 수 있도록 승인했다. 우리 병원에서는 모든 임신부와 모유 수유를 하는 산모들에게 DHA가 풍부하게 들어 있는 음식(얼리지 않은 날 것이나 냉동한 바다 연어와 참치)을 먹거나 매일 DHA 영양제 200밀리그램을 복용하라고 권한다. 어머니가 먹는 음식에 의해 모유에 함유된 DHA의 양이 영향을 받기 때문이다. 콜레스테롤 역시 두뇌 발달에 필요한 지방이다. 모유에는 많은 콜

레스테롤이 들어 있지만 시중에 나와 있는 분유에는 들어 있지 않다. 어른이 먹는 음식에는 콜레스테롤이 적게 들어 있는 것이 좋지만 아이들에게는 두뇌 세포를 만들어주는 콜레스테롤이 필요하다.

• 머리를 좋게 해주는 당분 모유에 주로 함유된 당분인 유당은 모유를 먹는 아기들의 지능이 높은 또 다른 요인일 것이다. 유당은 좀더 단순한 두 가지 당분인 글루코스와 갈락토스로 분해된다. 특히 갈락토스는 두뇌 세포 발달을 위해 중요한 영양소다.

• 머리를 좋게 해주는 연결 모유는 영양섭취 이상으로 두뇌 발달을 촉진시키는 효과가 있다. 모유는 소화가 빨리 되므로 모유를 먹는 아기들은 엄마 젖을 자주 먹으면서 더 많은 상호작용을 하게 된다. 모유를 먹이는 엄마들은 아기의 요구에도 더욱 민감해진다. 모유는 소비되는 양을 측정할 수 없기 때문에 엄마는 아기가 언제 배가 고픈지 알아내는 법을 배워야 한다. 그러면서 아이가 보내는 다른 신호들도 이해하게 된다. 또한 엄마가 일관성 있는 반응을 보여주면 아기는 주변 환경에 훨씬 더 수월하게 적응하고 좀더 적극적으로 자신을 표현하게 된다. 또한 모유 수유는 그 자체가 아기에게 훨씬 더 많은 자극, 즉 피부 접촉, 모유 흐름의 조절, 아기와 엄마의 결속력 등을 제공한다.

학설에 의하면 : 우수한 지방을 섭취하는 엄마의 젖을 먹고 자란 아이들의 지능이 더 높다

연구자들은 모유를 먹이는 엄마들을 두 그룹으로 나누어 한 그룹은 산후 8주 동안 추가의 오메가-3(DHA 영양제의 형태로)를, 다른 그룹은 플라시보(유효성분이 없는 위약)를 복용하게 했다. 엄마가 DHA 영양제를 섭취한 아기들은 2년 반 후에 성장 발달 테스트에서 더 높은 점수를 받았다.

- 머리를 좋게 해주는 접촉 모유를 먹는 아기들은 엄마와 많은 접촉을 하게 되고, 밤에도 엄마가 데리고 자는 경우가 많다. 엄마와 함께 자면 '접촉 시간'이 길어진다. 유아 발달 전문가들은 접촉이 아이의 지능과 신체 발달에 확실한 도움을 준다고 믿는다.

♥ 똑똑한 아이로 키우는 대화

아기에게 따로 말하는 법을 가르칠 필요는 없지만 아기는 많이 들을수록 말을 빨리 배운다. 언어는 단지 단어만 사용하는 것은 아니다. 아기들은 단어를 사용해서 말을 하기 오래 전부터 의사소통을 한다. 일찍부터 신생아는 소리와 몸짓으로 관심을 끌고 요구를 충족시키는 법을 배운다. 부모가 아기의 신호에 반응하면 아기는 어떻게 의사소통이 이루어지는지 이해하게 된다. 아기는 예를 들어, '안아달라는 몸짓' 같은 신호를 보내고 기대하던 반응을 얻으면 좀더 적극적으로 신호를 보낸다. 신호와 반

식탁에서의 대화

아이를 훌륭하게 키우는 가정에서는 저녁 식사 시간을 중요하게 생각한다. 가족들 모두 식사 시간을 즐거운 마음으로 기다린다. 식사 시간은 먹는 것뿐 아니라 자리를 함께 하고 경험을 이야기하는 시간이다. 바쁜 일과 때문에 가족들이 매일 저녁 함께 식사를 할 수 없을지라도 가능하면 그렇게 하려고 노력하자.

아이들이 각자 돌아가면서 이야기함으로써 모두가 존중받는 느낌을 갖게 하자. 아이의 연령에 기초해서 부모의 기대를 현실으로 조정하자. 예를 들어, 세 살짜리 아이는 열 살짜리 아이만큼 오래 앉아 있을 수가 없다. 화제를 아이들 이야기로 제한하지 말고 아이들이 어른들의 대화를 듣고 함께 참여할 수 있는 시간을 갖자. 그날 아이들의 학교에서 있었던 일들뿐 아니라 시사문제, 엄마와 아빠가 하는 일이나 중요하게 생각하는 문제에 대해 토론하자.

아이들도 왁자지껄한 대화를 즐긴다.

응의 상호작용은 의사소통과 언어 발달을 위한 바탕이 되므로 부모들은 아기를 '응석받이'로 만들까 봐 걱정하기보다 열심히 반응을 보여주는 것이 중요하다.

아기는 부모와의 '대화'에서 의사소통의 섬세한 부분들을 포착한다. 아기는 주의를 기울여주는 부모에게서 눈맞춤이 의사소통의 일부라는 것을 배운다. 또한 기본적인 언어적·사회적 능력인 주고받기에 대해 배운다. 엄마들은 특히 이런저런 생각을 하면서 아기에게 이야기를 한다. 그리고 마치 아기와 대화를 주고받는 것처럼 이야기를 한다. 엄마와 아기의 상호작용을 비디오로 분석해보면 아기들은 실제로 엄마의 '대화' 리듬에 맞추어 말이 아닌 신체언어로 대답하는 것을 알 수 있다. 이러한 초기 반응 대화를 통해 아기는 귀를 기울이는 능력이 생기며 다른 능력들과 마찬가지로 연습할 기회가 많을수록 점점 더 잘하게 된다. 아이를 훌륭하게 키우는 부모들은 이러한 상호작용을 즐기고 최대한 활용한다.

엄마 아빠들은 아기에게 이야기할 때 삽입구를 넣는가 하면, 풍부한 표정과 동작을 써가며 말한다. 또한 목소리를 높이고 천천히 말한다. 밝은 표정으로 눈을 크게 뜨고 말함으로써 아기가 좀더 집중하게 한다. 어떤 말이나 얼굴 표정은 과장해서 의미를 전달한다. 그래서 아기는 말을 이해하지 못해도 어떤 일이 일어날지 짐작할 수 있다. 예를 들어, '산책하러 가자'라는 말을 엄마의 즐거운 미소와 부산한 움직임에 연결한다. 부모가 이야기하는 방식은 말하는 내용보다 아기에게 더 중요하다. 무엇보다 중요한 것은 많은 시간을 아기와 대화하면서 보내는 것이다.

우리 두 딸이 말솜씨가 좋은 이유는 아마 내가 수다쟁이라서 그런 것 같다. 그 아이들이 태어났을 때부터 나는 두 아이에게 항상 이야기를 하고 노래를 불러주었다. 나는 갓난아기들도 반응을 한다는 사실을 믿어 의심치 않았다. 따라서 아주 쉬운 단어로 아기에게 이야기를 하는 것만으로도 시간이 흐르면서 여러 가지 차이가 생긴다. '아기 말은 하지 말자. 나는 아이에게, 어른들에게 하는 것처럼 일반적인 단어들을 사용하고 여러 가지 음색으로 이야기했다.

아기와 말하는 요령

♥ **듣는 사람을 쳐다본다** 대화를 시작하기 전에 아기의 눈을 들여다보면 아기의 주의를 좀더 오래 잡아둘 수 있고 좀더 적극적인 반응을 얻어낼 수 있다.

♥ **아기가 내는 소리를 흉내 낸다** 아기들은 말하는 사람의 입을 보고 혀와 입술의 움직임을 흉내 낸다. 아기를 보면서 재미있는 소리를 내거나 과장해서 말을 하고 따라하게 해보자. 아기가 내는 소리를 흉내 내면 아기는 더 열심히 소리 내는 연습을 하고 새로운 소리를 시도하게 된다. 우리 아기들이 소리를 내기 시작할 때 나는 그 소리를 따라하면서 그 소리와 비슷한 단어를 들려주었다.

♥ **아기를 부를 때 이름을 부른다** 아기 이름을 자주 불러주면 몇 개월 후에는 그 이름과 자신을 연결하게 된다. 그 특별한 소리는 누군가 자신에게 주의를 기울이고 있다는 의미다.

♥ **명랑하게 말한다** "할머니, 안녕"이라고 말하면서 손을 흔들자. 아기들은 말을 활발한 동작과 연결하면 좀더 잘 기억한다. 그래서 신체언어를 좋아한다. 문장의 끝에 강세를 주자. 중심 단어를 강조해서 말하자. 아기들은 단조로운 소리에 싫증을 낸다. 노래하는 식으로 말을 하면 집중을 더 잘한다.

♥ **질문을 한다** "엄마 젖 먹을까?" 하고 아기의 반응을 기대하면서 질문 형식으로 말하면 자연히 문장 끝을 올리게 된다.

♥ **설명한다** 옷 입히기, 목욕하기, 기저귀 갈기 등 일상적인 생활을 하면서 부모가 무엇을 하고 있는지 이야기한다. 아빠들은 스포츠 아나운서가 경기를 중계하는 것처럼 하면 된다. "이제 아빠가 기저귀를 빼낼 거야. 이번에는 새 기저귀를 채워줄게. 이제 침대로 가서 쉬어야지……" 나는 엄마가 말을 많이 하고 귀를 기울일 줄 알면 아기도 따라서 말을 잘하고 주의 깊게 듣는 것을 자주 보았다.

♥ **노래를 부르자** 연구자들은 노래가 말보다 아기 두뇌의 언어 중추를 더 많이 자극한다고 믿는다. 노래를 잘하지 못해도 상관없다. 아기들은 엄마나 아빠가 친근한 목소리로 반복해서 들려주는 노래를 좋아한다.

♥ **덧붙여 말한다** 아기가 한 말에 덧붙여서 말하는 것은 효과적인 언어 학습 도구다. 아기가 '새'라고 말하면 "그래, 새들이 하늘에서 날아가네……" 하고 덧붙여 말하면서 말을 가르치는 기회로 삼자.

한 연구에 의하면, 사람이 직접 하는 말을 듣는 것이 아이들의 두뇌 발달에 가장 효과적이라고 한다. 텔레비전이나 테이프, 라디오에서 나오는 말은 학습효과가 떨어진다. 아마 아기들에게는 말하는 사람을 보고 냄새를 맡고 만지고 하는 것이 중요한 것 같다. 자신의 세상과 관련이 있고 사랑하는 사람들이 하는 말이 가장 큰 의미가 있는 것이다. 그래서 연결된 아이들이 말을 잘 배운다.

나는 우리 아기에게 거의 끊임없이 이야기를 하고, 아기의 수준보다 '높게' 이야기하려고 애쓴다. 다시 말해 다양하고 재미있게 표현해주려고 한다. 그리고 종종 내가 하는 행동을 설명해준다. "엄마는 지금 수프를 끓이려고 한단다. 수프에 당근을 넣자." 나는 눈에 보이는 사물들을 아기에게 설명하면서 많은 시간을 보낸다. 우리 아이가 말을 일찍 시작한 것은 이러한 대화 덕분이라고 생각한다.

아이들에게는 계속해서 말을 해주고 함께 대화하는 것이 중요하다. 사람들, 차를 타고 가면서 보는 거리 풍경, 우리 자신의 감정과 아이의 감정 등등에 대해서 이야기하자. 텔레비전 프로그램이나 광고, 길에서 처음 보는 자동차, 개가 죽어서 슬퍼하는 가족, 무슨 이야기든지 아이의 세계관을 넓혀줄 수 있다. 아이들은 어른들이 시간을 내서 진지한 대화를 나누고 그들의 의견에 귀를 기울여줄 때 자긍심을 느낀다. 아이가 하는 말뿐 아니라 신체언어에도 관심을 갖고 존중해주는 것을 잊지 말자.

♥똑똑한 아이로 키우는 반응

아기의 머리를 좋아지게 하려면 부모가 아기에게 말을 하는 것뿐 아니라 귀를 기울이는 것이 중요하다. 많은 연구 결과가 부모와의 애착이 아기의 두뇌 발달에 큰 영향을 주는 것으로 나타나고 있다. 세심하게 배려하는 육아 방식은 두뇌 발달의 결정적인 시기에 학습 효과를 높일 수 있다. 아이와 연결되어 있고 아이의 생각을 이해하는 부모는 필요한 정보를 제공해서 아이 스스로 자신이 원하는 것이 무엇인지 이해하고 해결할 수 있게 해준다. 아이가 블록을 맞출 수 있도록 도와주거나 동생이 칭얼거리는 이유를 이해하도록 도와주자.

아이들이 울거나 보챌 때는 어떤 반응을 기대하는 것이다. 아기 언어, 즉 아기의 말뿐 아니라 행동에 귀를 기울이는 것은 사랑과 애정이 함께 하는 가장 효과적인 교육적 자극이다.

영아와 유아를 위한 수업, 장난감, 프로그램도 많이 있지만 부모야말로 가장 중요한 스승이다. 아이의 지능 발달은 부모가 어떤 장난감을 사주고 어떤 수업에 등록을 하는지에 달려 있는 것이 아니다. 재미있는 장난감들과 유익한 수업이 많겠지만 모든 것은 부모가 하기 나름이다. 재미있는 말동무가 되어주고 세심하게 보살피는 부모의 역할은 어떤 교육보다도 중요하다. 미국 소아과 학회의 1986년도 회의에서 기조연설을 한 유아발달 전문가 마이클 루이스 박사는 똑똑한 아기를 키우는 조건에 대한 연구 결과를 요약하면서 아이의 지능 발달에서 가장 중요한 요인은 보호자가 아기의 신호에 반응하는 것이라고 말했다.

영아기에 부모가 아기에게 보여주는 반응은 이후의 학습에 영향을 준다. 정서적으로 안정된 아이들은 타고난 능력에 관계없이 좀더 잘 배운다. 울음을 비롯한 아기의 신호에 반응하는 것으로 시작해서 아이에 대해 많이 알수록 앞으로 부모로서 해야 하는 역할이 수월해진다.

♥ 똑똑한 아이로 키우는 책 읽기

미국 교육부에서 실시한 '위기에 처한 국가'라는 제목의 연구조사에서 부모들이 집에서 책을 읽어준 아이들이 학교에 가면 공부를 더 잘하는 것으로 나타났다. 아이에게 책을 읽어주는 것은 언제라도 시작할 수 있다. 단순한 운율로 된 동요와 동시를 들려주고 아기 그림이 나오는 책을 보여주자. 아이들은 혼자서 읽을 수 있게 된 후에도 엄마와 아빠가 함께 책을 보는 것을 좋아한다.

아이에게 책을 읽어주는 것은 내용을 이해하는 것 이상의 의미가 있다. 글자만 읽어주기보다는 그림을 보면서 좀더 이야기를 해주자. 크고 단순한 그림이 있는 책을 고르자. 아니면 직접 그려주자. "사자 보이니? 사자가 뭐라고 하지?" 하고 물어보자. 아이는 함께 으르렁거리는 놀이를 좋아할 것이다. 그 다음에는 동물원에 있는 사자나 아이의 침대에 놓인 장난감 사자에 대해 이야기해보자. 입체 책처럼 상호작용을 유도하는 책은 유아들에게 재미도 주고 책읽기에 대한 흥미를 갖게 해준다.

나는 아이에게 책을 읽어줄 때 책장을 넘기게 해서 독서에 참여시키곤 했다. 아이들은 책장 넘기기를 좋아한다!

세 살배기 아이의 엄마로서 나는 그 동안 아이들에게 책을 읽어주는 몇 가지 방법을 배웠다. 글자 그대로 읽어줄 필요는 없다. 자유롭게 읽으면서 그림에 대해 이야기하고 아이에게 다음에 무슨 일이 일어날지 물어보자. 단순히 책을 읽어주는 것에서 벗어나 둘이 함께 하는 모험으로 만들어보자.

• 책 읽어주세요! 책은 아이의 생활에서 일어나는 중요한 일들에 대해 대화를 할 수 있는 문을 열어준다. 병원 놀이 책으로 미리 병원에 갈 마음의 준비를 시키

똑똑한 아이를 키우는 아빠의 역할

아빠들은 대부분 시간을 정해서 하는 일을 더 잘한다. 그리고 계속할수록 아빠와 아이의 관계가 발전한다. 따라서 일주일에 며칠 '아빠와 나'를 위한 시간을 정해서 책을 읽자. 아빠의 가슴과 무릎, 목소리는 아이의 읽기 능력을 향상시켜줄 뿐 아니라 학습에 관심을 갖게 한다. 실제로 아버지가 참여하면 아이들의 학습 능력과 사회성이 향상된다는 연구 결과가 있다.

거나. 지난주에 동물원에 갔던 기억을 되살릴 수도 있다. 갓난아기에 대한 책을 보여주면서 동생이 태어났을 때의 변화를 설명할 수 있다. 그림책을 보면서 아이와 대화를 해보자. "고양이가 어디 있지?" "푸우 곰이 왜 그렇게 기분이 좋을까?" "빨간 사과가 몇 개 있지?"

아이들은 자신에 대한 책을 좋아한다. 아이와 함께 사진과 간단한 그림과 스크랩북이나 컴퓨터를 이용해서 직접 책을 만들어보자. 집에서 책 만들기는 중요한 가족 행사를 준비하거나 추억할 수 있는 좋은 방법이다.

아이들은 책을 재미로 읽기도 하지만 일종의 취침 의식으로 생각한다. 우리 부부는 항상 잠자리에 들기 전에 아이들에게 책을 읽어주었다. 가끔 한 단락이나 한 페이지를 빼먹고 슬쩍 넘어가려고 하면 어김없이 들키곤 했다. 잠이 어렴풋하게 든 상태에서도 귀를 기울이고 있었던 것이다.

우리는 아이들이 걸음마를 시작할 때부터 책을 읽어주기 시작했다. 우리의 취침 의식은 흔들의자에서 아이를 안고 책을 읽어주는 것이었다. 처음에는 아주 짧은 이야기를 읽어주었지만 아이가 집중할 수 있는 시간이 길어지면서 점점 긴 이야기를 읽게 되었다. 때로 책을 읽다가 잠이 들면 아이가 우리를 깨워서 계속 읽게 했다.

7세 이상의 아이들에게는 단순한 그림책 외에도 좀더 읽을거리가 있는 책들이 좋다. 가족이 함께 소리 내어 책을 읽는 것도 아이들과 함께 할 수 있는 좋은 놀이가 될 수 있다. 책을 읽어주는 것은 아이와 함께 또 다른 세상으로 들어가는 것과 같다. 책을 읽다 보면 할 이야기가 생긴다. 그리고 나중에라도 그 책에 나온 인물들과 사건들에 대해 토론할 수 있다. 어떤 가족들은 오랜 자동차 여행을 할 때 오디오북을 듣는다. 또 어떤 부모들은 십대 전후의 아이들과 신문이나 잡지에 실린 기사, 스포츠 스타들, 정치문제, 학교 총기 난사 사건에 대해 진지한 대화를 나눈다. 내용이 무엇이든지 간에 부모가 아이들과 함께 대화하는 시간을 갖는 것이 중요하다. 또한 부모가 책을 읽는 모습을 보여주는 것도 중요하다. 게다가 책을 함께 읽는 것은 부모와 아이에게 모두 즐거운 일이다.

♥ 똑똑한 아이로 키우는 음악

요즘의 연구들은 음악이 아이들을 좀더 차분하고 똑똑하게 만들 수도 있다고 말한다. 두뇌에 자극을 주는 음악에 대한 관심은 신생아실의 조산아들에게 클래식 음악을 들려주면 더 잘 자란다는 관찰에서 비롯되었다. 또한 학생들에게 클래식 음악을 잔잔하게 깔아주면 집중력과 성적이 향상되는 것으로 나타났다. 과학자들은 음악이 두뇌를 체계화하며 특히 창조력과 관련된 부분에 도움이 된다고 말한다. 마음을 진정시켜주는 음악을 들으면 천연의 긴장 완화제인 엔도르핀 호르몬이 분비된다. 아이에게 좋은 음악을 들려주는 것은 일찍부터 시작할 수 있다. 사실 태아는 부모가 듣는 음악을 들을 수 있다. 클래식 음식이 아이들의 지능을 높여준다는 '모차르트 이펙트'라는 말을 들어보았을 것이다. 좀더 자세한 연구에서는 엇갈린 결과가 나오기도 했지만 아이들에게 음악을 들려주기 위해서 반드시 과학적인 증명이 필요하지는 않다. 부모가 클래식 음악을 즐기면 아기도 좋아할 것이다.

일찌감치 피아노나 바이올린과 같은 음악 교육을 시키는 것은 어떨까? 당연히 좋은 일이다! 어빈의 캘리포니아 대학의 연구자들은 3~5세 사이에 피아노 레슨을 받으면 공간과 시간에 대한 지각력이 향상되어서 수학을 더 잘한다는 것을 알아냈다. 하지만 아이의 음악적 재능을 개발해주는 문제는 현명하게 판단해야 한다. 음악 교육에만 치중해서 다른 중요한 분야를 무시하면 안 된다. 아이들은 각자 재능과 흥미가 다르다. 여러 가지 운동, 상상 놀이, 시각 예술, 사회 활동과 접할 기회를 제공해야 한다.

♥ 똑똑한 아이로 키우는 놀이

아이들에게는 놀이가 일이다. 처음 딸랑이를 손에 잡으려고 하는 것부터 복잡한 컴퓨터 게임까지, 아이들은 놀이에서 추리력·집중력·운동 능력·사회성·언어 능력을 배운다. 아이가 노는 것을 지켜보고 적당할 때 함께 참여하면서 어떤 생각과 감정을 갖고 있는지 알아보자. 또한 아이가 노는 모습을 보면 어떤 식으로 판단을 내리고 문제를 해결하는지, 아이의 눈에 세상이 어떻게 보이고 어떤 경험에서 어떤 영향을 받는지 알 수 있다.

우리 맏아들은 세 살 때 음식점 놀이를 즐겨 했다. 아이는 웨이터가 되고 나는 손님이 되었다. 내가 작은 탁자에 앉으면 아이는 주문을 받으러 왔다. 하지만 종종 내가 뭔가를 주문하면 그날은 그 음식이 떨어졌다고 말했다. 그런 말을 어디서 배웠는지 생각하다가, 얼마 전에 점심을 먹으러 동네 음식점에 가서 우리 아이가 먹을 우유를 주문했는데 그들이 그날 우유가 떨어졌다고 말했던 기억이 났다. '다 떨어졌다'라는 말이 그렇게 신기했는지 아이는 몇 주일 동안 놀이에서 그 말을 써먹었다. 아이의 음식점에는 항상 우유가 다 팔리고 없었다. 대신 오렌지 주스를 먹을 수 있었다. 그 다음에는 루트비어가 떨어졌다거나 샐러드나 다른 것이 떨어졌다고 했다. 아이는 정색을 하고 말했지만 나는 웃음이 터져나오려는 것을 간신히 참았다. 그 놀이는 아이에게 진지한 일이었다.

놀이는 부모가 시켜서 하는 것이 아닌 아이들의 자발적이고 임의적인 활동이다. 하지만 아이들이 좀더 잘 놀 수 있는 무대를 마련해줄 수는 있다. 다양한 놀이를 할수록 아이들은 더 많이 배운다. 놀이는 지켜보는 것이 아니라 행동하는 것이다. 그리고 듣고 느끼고 보는 감각까지 동원해야 한다. 좋은 놀이는 문제 탐구를 위한 선택과 가능성, 여러 가지 해결 방식을 제공한다. 또한 현실 세계에서는 불가능한 것들을 놀이를 통해 경험할 수 있다. 이런 놀이는 어른들이 지배하는 세계에서 아이들이 좀더 크고 힘이 강한 것처럼 느끼게 해준다. 슈퍼맨이 현관에서 뛰어내리려고 하지 않는 한 달려들어서 현실의 무게로 그들의 상상력을 짓누르지 말자!

아이가 노는 모습을 관찰해보면 아이의 주의 집중 시간, 취향, 기질, 장단점에 대해 많은 것들을 알 수 있다. 어떤 아이들은 혼자서 잘 논다. 또 어떤 아이들은, 특히 학교에 들어가면, 친구들과 노는 것을 좋아한다. 어떤 아이들은 뭔가를 만드는 것을 좋아하고, 어떤 아이들은 이야기 속 인물로 가장하는 놀이를 좋아한다. 어떤 아이들은 일대일 관계에 집중하고, 어떤 아이들은 가족에게서 떨어지지 않으며, 또 어떤 아이들은 사람들과 어울리기를 좋아한다. 필요한 소품이나 의상 또는 아이디어를 제공해주면 아이의 상상력을 넓혀줄 수 있다. 아이들끼리 놀다가 말다툼이 일어나면 개입해서 화해하게 할 필요가 있지만, 때로는 뒤로 물러서서 스스로 해결하도록 내버려두는 것이 최선인 경우도 있다.

지능 개발에 도움이 되는 놀이에 대해 알아보자.

• 아기와 함께 논다 아기는 바닥에 놓인 공을 두드려보고 그것을 굴릴 수 있을 뿐 아니라 소리를 낼 수 있다는 것을 알게 된다! 공을 잡으려고 손을 앞으로 내밀며 기어간다. 블록을 하나씩 쌓아올려서 탑을 만들고 스스로 자랑스러워한다. 그러다 그것을 쓰러뜨리고 다시 시작한다. 아기를 위한 최고의 장난감은 어떤 변화가 일어나는 것들이다. 아기는 이런 놀이를 하면서 인과관계를 배울 뿐 아니라 독립심이 생긴다.

아기는 부모가 함께 놀아주는 것을 좋아하고 같이 놀아주는 어른을 따른다. 하지만 억지로 시키는 것은 안 된다. 아기를 보고 판단하자. 2개월이 된 아기는 무엇을 가장 좋아할까? 엄마가 좋아하는 것이 아니라 아기가 좋아하는 장난감을 주자. 종종 가장 단순한 놀이가 가장 좋은 놀이다. 아기의 얼굴 표정을 흉내 내보자. 아기가 놀이를 주도하게 하자. 그리고 '그만'을 뜻하는 신호에 주의하자. 고개를 돌리거나 흥미를 잃은 듯이 보이면 휴식이 필요한 것이다. 아이의 요구를 존중해주면 자신의 감정에 주의를 기울이고 스스로 조절하는 법을 배운다.

나는 아기들에게 많은 장난감이나 계획된 활동이 필요하지 않다고 생각한다. 나는 우리 아이에게 가장 필요하다고 생각되는 것을 주었다. 그것은 바로 나 자신이다. 모유를 먹이면 아기의 시각과 두뇌의 발달, 손과 눈의 협응, 말하기를 위한 턱의 발달에 도움이 된다. 아기를 안고 다니는 것 역시 두뇌 발달에 도움을 줄 수 있다. 나는 어디를 가든지 이기와 함께 생활하며 대화를 했다. 우리 아이들은 지금 명랑하고 독립적인 젊은이들이 되었다.

• **게임을 함께 한다** 현명한 부모들은, 자녀가 아기 때부터 어른이 될 때까지, 시간을 내서 함께 즐긴다. 나는 가끔씩 일을 하다가, '내가 지금 뭘 하고 있는지 모르겠군. 책상에서 일에 파묻혀 지내고 있잖아. 이럴 것이 아니라 마룻바닥에 앉아서 아이와 블록 쌓기 놀이를 해야지'라는 생각이 들 때가 있었다. 아이들하고 노는 것이 항상 즐겁지만은 않다. 하지만 부모가 해야 할 일이기도 하다. 아이들과 놀면 서로 연결이 이루어지고 좀더 나은 부모가 되는 법을 배운다. 또한 아이에게 관심을 보이면 아이는 자신감과 확신을 갖게 된다. 부모로서는 철학적·정신적 차원에서 순간에 충실하게 사는 법을 배운다. 아이들은 원래 순간에 충실하지만 어른들은 그런 능력을 다시 배워야 한다. 특별한 추억을 만들 수도 있다. 아이들과 놀다 보면 우리 인생에서 휴식을 취하고 상상력을 사용하면서 단지 즐기는 시간이 필요하다는 것을 깨닫게 된다. 아이들은 부모와 함께 보내는 시간을 기억할 것이다.

아이들과 함께 놀면서 단서를 얻는 것이 중요하다. 아이가 좋아하는 인형이 어떤 것인지 알아보고 나무 블록 쌓기를 하면서 아이의 세상 속으로 들어가보자. 아이가 노는 모습을 주의 깊게 관찰해보면 아이가 어떤 식으로 가장 잘 배우고 무엇을 할 준비가 되어 있는지 알 수 있을 것이다. 또한 아이의 발달 능력과 취향에 맞는 놀이를 제안할 수도 있다.

똑똑한 아이를 만드는 놀이

놀이는 아기의 수십억 개의 두뇌 신경을 자극해서 훌륭한 연결을 만든다. 하지만 아기가 놀다가 휴식을 필요로 할 때는 그 의사를 존중해주어야 한다. 아기가 놀이를 외면하면 그만 놀고 싶다고 말하는 것이다.

2주~2개월짜리를 위한 놀이
- **얼굴 마주보고 하는 놀이** 이 시기의 아기가 좋아하는 놀이는 표정 놀이다. 아기가 주의를 집중하고 있을 때 초점 거리(약 25센티미터)에서 천천히 혀를 길게 내민다. 그러면 아기도 따라서 혀를 움직이거나 내밀 것이다. 입을 크게 벌리거나 입술을 움직여보자. 얼굴 표정은 전염된다. 아기가 하품을 하면 엄마도 따라하게 된다.
- **흉내 내기 놀이** 아기의 표정을 따라해보자. 눈을 크게 뜨거나 입을 벌리거나 찡그리는 아기의 표정을 따라하고 과장해보자. 아기는 엄마 얼굴에서 자신의 얼굴을 보면서 자신을 의식하기 시작한다. 아기들은 표정 흉내를 좋아한다. 마치 춤을 추듯, 부모가 먼저 하면 아이가 따라한다. 아기에게 사람 얼굴처럼 재미있는 것은 없다.

4개월짜리를 위한 놀이
- **잡고 흔들기 놀이** 아기들은 딸랑이, 고리, 봉제인형, 작은 담요를 갖고 논다.
- **앉아서 치는 놀이** 아기 손이 닿는 곳에 재미있는 장난감이나 모빌을 매달아놓으면 그것을 치거나 잡으려고 한다.
- **발로 차기 놀이** 이 나이에는 장난감을 발로 차는 것을 좋아한다. 아기 발목에 술이나 딸랑이나 재미있는 소리가 나는 장난감을 달아주자.
- **손가락 놀이** 6인치 길이의 끈을 주면 아기는 손가락과 손과 팔을 사용해서 열심히 갖고 논다. 단, 끈을 갖고 놀 때는 삼키지 않도록 지켜보자.
  이 시기의 아기들은 장난감들 사이의 관계, 예를 들어 크기가 다른 물건들의 관계에 대해 궁금해하고 서로 조화를 이루게 하면서 놀 수 있다(두드리고 쌓아 올리고 채우고 쏟고 하면서).

♥ **두드리기 놀이** 귀를 솜으로 막고 주전자와 냄비를 가져오자! 아기들은 두드리고 부딪쳐서 나는 소리에 즐거워한다.

♥ **쌓아올리기 놀이** 작은 냄비를 큰 냄비에 넣고 좋아한다. 플라스틱 공기와 계량컵은 이런 놀이에 안성맞춤이다.

♥ **채우고 쏟아내는 놀이** 블록이나 구두 상자, 큰 플라스틱 컵을 주면 블록을 그릇에 넣기도 하고 쏟아내기도 한다. 세탁을 하는 동안 작은 옷으로 반쯤 채워진 커다란 바구니 안에 아기를 넣으면 아기가 옷을 바구니에서 꺼내 놓는다. 아기를 다시 바구니 밖으로 내놓으면 아기는 그것들을 다시 바구니에 집어넣는다.

♥ **물놀이** 반드시 부모의 감독 하에 욕조나 싱크대에서 놀게 해주고 물을 채우고 쏟아내는 연습을 하게 하자. 컵에 물을 떠서 쏟는 것은 아기들이 아주 좋아하는 놀이다.

6~9개월짜리를 위한 놀이

♥ **공놀이** 공과 블록은 아이들에게 최고의 장난감이다. 이 간단한 장난감으로 아기는 많은 것을 할 수 있다.

♥ **흉내 내기 놀이** 아기를 거울과 손이 닿는 거리에 앉혀놓으면(거울이 쓰러지지 않도록 조심한다) 거울에 비친 자기 모습을 보면서 비교를 한다. 옆에 사람이 나타나면 그의 반사 이미지를 보면서 신기해한다.

♥ **구르기 놀이** 4개월 정도부터 아기는 매트 위에서 기어오르고 넘어가면서 혼자 재미있게 논다. 아기를 엎어놓고 손이 닿지 않는 거리에 장난감을 놓아두면 열심히 몸을 밀고 굴리면서 장난감을 잡으려고 앞으로 나간다. 이때 아기의 발이 매트 사이에 끼거나 빠지지 않는지 주의해서 본다.

9~12개월짜리를 위한 놀이

지금까지는 눈에 보이지 않는 것은 영영 사라진 줄로 알다가 이제 사물에 대한 항상성 개념이 생기기 시작한다. 담요 밑에 장난감을 숨기면 그것을 기억해내고 찾아내는 것이다. 다음과 같은 실험을 해보자. 아기가 보는 앞에서 좋아하는 장난감을 두 장의 지저귀 중에 하나 밑에 넣는다. 아기는 마치 어느 기저귀가 장난 감을 덮고 있는지 생각하는 것처럼 잠시 기저귀들을 살펴본다. 아기 얼굴에 '나는 생각하는 중이다'라는 표정이 나타나면 어느 기저귀 밑에 장난감을 숨겼는지 기억해내고 있는 것이다.

• 숨바꼭질 아기에게 엄마의 모습이 마지막으로 사라진 곳을 기억하는 새로운 능력이 생기면 이 게임이 재미있어진다. 소파를 돌면서 아기가 쫓아오게 하자. 아기가 엄마를 잃어버렸을 때 빠끔히 머리를 내밀고 아기 이름을 부르면 엄마를 보고 기어온다. 마침내 아기는 엄마를 따라 소파를 돌면서 숨바꼭질을 한다.

♥ 소리로 하는 숨바꼭질 다음에는 '소리'를 첨가한다. 엄마가 숨어 있는 곳을 보여주지 말고 숨어서 이름을 불러 아기가 기어오게 하는 것이다. 아기가 걸어다니기 시작하면 집을 돌아다니면서 보이지 않는 사람을 목소리로 찾아낸다. 아기가 찾아낼 때까지 계속 소리를 낸다.

♥ 똑똑한 아이로 키우는 장난감

부모는 아이가 노는 모습을 보면서 아이의 집중력 · 취향 · 기질 · 장단점 등에 관해 많은 것을 알 수 있다. 장난감을 갖고 놀면서 아이는 세상에 대해 배우고 부모는 아이에 대해 배운다. 장난감은 과자 위에 장식한 설탕이다. 부모와 아이의 관계가 진짜 과자다. 아기는 장난감을 갖고 놀면서 '모빌을 만지면 움직인다'와 같은 인과관계를 배운다. 장난감은 가능한 많은 감각을 사용해서 보고, 느끼고, 듣고, 만들 수 있는 것을 주자.

• 장난감 고르는 요령 장난감을 선택할 때는 장난감의 기능과 아이의 능력을 고려하자. 아이의 발달 수준에 맞고 능력을 향상시킬 수 있으면서 약간의 도전이 주어지는 것으로 선택하자. 요즘 우리 아이는 어떤 놀이를 좋아할까? 지금 할 수 있는 것을 좀더 연습할 수 있는 장난감을 주자.

혼자 할 수 있고 친구나 부모와 함께 즐길 수 있는 장난감을 선택하자. 부모는 아이가 가진 최고의 '장난감'이라는 것을 기억하자.

- **놀이 스타일과 기질** 아이의 타고난 기질은 노는 모습을 보면 알 수 있다. 3개월이 되면 어떤 아기는 느긋하게 혼자 발길질을 하고 손목 딸랑이를 흔들며 즐거워한다. 똑같이 3개월이 된 또 다른 아기는 끊임없이 옆에서 놀아주어야 한다. 소란스럽고 과격하게 노는 아이도 있고 좀더 차분하고 조용하게 노는 아이도 있다. 아이가 다양한 놀이를 통해 새로운 능력을 개발하도록 도와주자. 수줍은 아이에게는 사람들과 상호작용을 할 수 있는 놀이가 필요할 것이다. 지나치게 활동적이거나 공격적인 아이에게는 무기 장난감을 제한할 필요가 있다. 폭력적인 놀이에서 관심을 돌릴 수 있는 스포츠 장비나 스케이트, 공을 주자. 이런 아이에게 다른 사람들을 배려하는 법을 가르치겠다고 아기 인형이나 곰 인형을 준다고 해서 과연 그것을 가지고 놀까? 대신 영웅심을 고취시키는 장난감, 경찰관(총은 빼고)이

장난감 고르는 요령

아이에게 적당한 장난감을 고를 때 우리 자신에게 다음과 같이 물어보자.

- ♥ 이 장난감으로 무엇을 배울 수 있는가?
- ♥ 아이가 계속 관심을 가질까?
- ♥ 안전한가?
- ♥ 보기에 흉하거나 듣기 싫은 소리가 나는가?
- ♥ 창의성과 사회성 향상에 도움이 되는가?
- ♥ 호전적이거나 폭력적이지 않은가?
- ♥ 손과 눈의 협응 능력과 문제 해결력을 길러주는가?
- ♥ 여러 가지 감각을 자극하는가?
- ♥ 이 장난감으로 아이와 함께 즐겁게 놀 수 있는가?
- ♥ 얼마나 튼튼한가?

나 소방관 놀이를 할 수 있는 장난감을 주자. 아이들은 장난감에 쉽게 싫증을 내므로 자주 바꿔주자.

• 놀이친구 아이들은 놀이친구에 따라 노는 방식이 달라진다. 서로 잘 맞는 친구를 만나면 친하게 지내도록 도와주자. 그 친구를 집에 초대하거나 공원에 함께 데리고 가는 것도 좋다. 그 친구의 부모와 알고 지내자. 아이가 여럿이 어울리는 것을 좋아하는지, 아니면 단 둘이 노는 것을 좋아하는지 알아보자. 유아원과 유치원 교사들은 아이들에게 적절한 놀이친구를 선택하도록 도와줄 수 있다. 아이들은 놀면서 사회성을 배우므로, 다른 아이들과 노는 기회가 많을수록 사회성 발달에 도움이 된다.

• 아이들의 말다툼 아이들은 함께 놀다가 종종 다투기도 한다. 아이들은 누구나 놀다가 싸우기도 하고 마음에 상처를 입기도 한다. 현명한 부모들은 나서서 개입해야 하는 경우와 아이들 스스로 문제를 해결하도록 내버려두어야 하는 경우를 구분한다. 유아들은 특히 자신의 바람과 요구를 조리 있게 표현하지 못한다. 또한 커서도 아이들끼리 의견 충돌이 일어났을 때 화해하려면 도움이 필요할 수 있다. 현명한 부모는 공정해지려고 노력하고 아이에게 무조건 양보하라고 강요하거나 자기 마음대로 하지 못하게 한다. 아이들은 놀이나 놀이친구와의 관계를 통해 갈등 해결을 비롯한 중요한 삶의 기술인 사회성을 배운다.

• 비디오 게임과 다른 전자 매체들 언론에서는 아이들이 텔레비전 시청과 비디오와 컴퓨터 게임에 너무 많은 시간을 보내고 있다고 우려한다. 비만 아동의 증가 추세는 아이들이 화면 앞에서 보내는 시간과 관련이 있다. 플레이스테이션 · 게임보이 · 닌텐도는 전 세계에 보급되어 있다. 비디오 게임은 아이의 활동을 제한한다. 가만히 앉아서 단추만 누르면 화면에 인물들이 나와 운동 경기나 자동차 경주를 하거나 악당을 잡으러 다닌다. 이런 놀이는 적당히 하면 재미있을 뿐 아니라 비 오는 오후 시간을 때우기에도 좋다. 하지만 폭력적인 게임은 금물이다.

첨단기술 장난감을 제한하자

버튼을 누르거나 마우스를 클릭하면 개가 짖고, 인형이 춤을 추고, 동물이 말을 한다. 첨단기술의 장난감 시장이 호황을 누리고 있다. 하지만 '똑똑한 장난감'이 아이들을 멍청하게 만들 수도 있다. 마사와 나는 항상 건전지로 움직이는 장난감이나 컴퓨터 칩에 의존하는 게임과 장난감을 미심쩍어했다. 다음은 우리가 이런 장난감들에 대해 경계해야 할 점이다.

♥ **아이들이 사람보다 물건과 친해진다** 번쩍번쩍 빛나고 시끄러운 소리가 나는 장난감들은 아주 흥미롭기 때문에 아이들이 저절로 끌린다. 그에 비하면 사람들과 하는 놀이는 시시해 보인다. 게다가 로봇은 우리 마음대로 움직일 수 있고 타협을 해야 하거나 감정을 다칠 염려가 없다. 놀이친구들은 그렇지 않다. 하지만 서로 주고받고 협조하고 감정이입 하는 법을 배우려면 다른 아이들과 어울려야 한다. 첨단기술의 장난감이 아무리 정교해도 사람들과의 상호작용이 주는 경험은 제공하지 못한다.

♥ **창의성을 상실한다** 기술은 종종 놀이에서 상상력을 앗아간다. 첨단기술의 장난감들은 아이들에게 참여하기보다는 가만히 앉아서 바라보게 한다. 이런 장난감들이 점점 더 많이 어린아이들에게 팔리고 있다. 멍하니 바라보거나 단추를 누르면서 보내는 시간이 많아지면 그만큼 블록을 쌓거나, 공을 따라다니거나, 그릇을 갖고 놀면서 보내는 시간이 줄어든다. 운동 능력을 연습하고 공간 관계를 이해할 중요한 기회를 잃어버린다. 생각하고 상상하는 대신 오락에 매달리게 된다. 그 결과 점점 더 편리한 것을 찾게 된다. 교육자들은 첨단기술 장난감들이 한 자리에 앉아서 단추를 누르며 수동적으로 즐기는 것을 선호하는 게으른 아이로 만들 수 있다고 걱정한다.

♥ **주의 집중 시간이 짧아진다** 주의력 결핍 장애(ADD)로 진단을 받는 아이들이 점점 더 많아지고 있는 요즘, 주의 집중을 요구하지 않는 장난감들이 정말 필요할까? 실제 놀이와 생활에서는 모든 상황이 그렇게 쉽사리 변하지 않는다. 탑을 세우려면 인내심을 갖고 블록을 쌓아야 한다. 손가락 그림의 즐거움은 그림을 빨리 그려내는 것이 아니라 모든 가능성을 탐색하는 데 있다. 반면에 속 전속결로 끝나는 첨단기술 장난감들은 즉각적인 만족을 준다. 문제를 해결하

고 대답을 찾도록 유도한다는 장난감들도 역시 계속 단추를 누르고 무슨 일이 일어나는지 보기만 하면 된다.

그리고 돈을 무시할 수 없다. 부모들은 오랜 시간 일해서 번 돈으로 아이에게 '풍요로운 환경'을 만들어준답시고 쓸데없는 물건을 사들이고 있다. 아이들에게 가장 필요한 것은 부모다. 생각하고 배우는 법을 배우는 아이들은 결코 '기술적으로 뒤처지지' 않을 것이다.

그러면 부모는 어떻게 해야 하나? 이 질문에 대한 답은 균형이다. 처음에는 블록, 공, 크레용, 손가락 그림, 집에 굴러다니는 잡동사니를 주고 마음껏 상상력을 발휘하게 하자. 어떤 장난감이든지 아이와 함께 놀아주고, 다른 아이들과 놀게 하자. 장난감을 갖고 노는 모습을 지켜보자. 만일 아이가 장난감을 갖고 노는 것이 아니라 장난감에 지배당하는 것 같으면 시간을 제한해야 한다. 장난감을 살 때 여러 가지 조건을 고려하는 것이 바람직하다. 특히 그 장난감을 얼마나 여러 가지 방식으로 갖고 놀 수 있고 놀이에 변화를 줄 수 있는지 여부를 판단하자.

마지막으로, 아이를 관찰하자. 상상력이 풍부하고 창의적이던 아이가 점차 현실 세계보다 비디오 게임과 연결되고 있는 것 같다면 과감히 플러그를 뽑은 다음 레고를 주거나 친구들을 불러올 때가 된 것이다.

♥ 아이가 얼마나 똑똑한지 알아보기

오랜 세월 부모 노릇과 소아과 의사로 일하면서 나는 지능을 표준화된 IQ 테스트만으로는 측정할 수 없다는 확신을 갖게 되었다. 아이들은 저마다 특별한 능력을 갖고 있다. 어떤 아이는 수학적 계산이나 공간적 사고에 뛰어나고 또 어떤 아이는 언어에 재능이 있어서 어휘력과 표현력이 풍부하다. 시각예술에 재능이 있는 아이가 있는가 하면, 음악이나 춤으로 자신을 표현하는 아이도 있다. 타고난 운동선수도 있지만 어떤 아이들은 투철한 의지력으로 잘할 때까지 농구공을 던지거나 축구공을 찬다. 사회성과 정서적 지능이 발달한 아이들은 역경을 극복하고 어떤 상황에서도 쉽게 적응한다.

다중 지능 이론은 요즘 아동 발달과 교육 관련 분야에서 화두가 되고 있다. 그 이론에 의하면 시각적·청각적·실험적 수단을 이용하는 다양한 수업 방식이 더욱 효과적이라고 한다. 우리 아이들이 세상에 나가서 성공하기를 바란다면 그들이 어떤 방면에 소질이 있고 어떤 식으로 가장 잘 배우는지 알아야 한다. 아이에 대해 잘 알면 도움을 주기가 좀더 쉬워진다. 모든 아이는 제각기 다른 능력을 타고난다. 아이의 특별한 재능과 학습 스타일을 발견할 수 있으면 후원해줄 수 있다. 또한 아이가 어떤 문제에 부딪혔을 때 옆에서 도와줄 수 있다. 아이의 재능을 알고 도와주면 성공할 가능성을 높일 수 있다. 잘하는 일을 격려해주는 것은 잘못하는 일을 지적하는 것보다 훨씬 효과적이다.

공부를 잘하는 아이들을 보면 보통 운동 경기, 미술, 음악과 같은 학교 밖의 활동에도 흥미를 갖고 있다. 제2외국어를 배우거나 취미로 하는 일을 종종 공부만큼이나 잘한다. 과외 활동을 하면 텔레비전 보는 시간이 줄어든다. 생산적인 일에 열심인 아이들은 수동적인 텔레비전 시청을 좀더 능동적이고 의미 있는 경험으로 대신한다. 한편 어느 정도 균형을 맞추는 것이 필요하다. 지나치게 여러 가지를 시켜서 아이에게 부담을 주면 오히려 역효과가 나타날 수 있다.

- **쉬는 시간** 아이들은 노는 시간, 가족과 함께 지내는 시간, 친구와 어울리는 시간, 공부하는 시간, 혼자 있는 시간을 필요로 한다. 아무것도 하지 않고 앉아서 빈둥거리며 공상을 하거나 장난감을 갖고 노는 시간도 필요하다. 학교처럼 정해진 활동에서 벗어나서 조용히 보내는 시간에는 몸과 마음을 쉬면서 재충전을 할 수 있다.
- **최선을 다하라** 이 말은 현명한 가르침의 대명사가 되었다. 동기 부여 연사들은 "성공은 10퍼센트의 영감과 90퍼센트의 땀으로 이루어진다"라고 말한다. 실제로 미국에 이민을 온 아이들이 공부를 잘하는 이유는 부모들이 자녀의 타고난 재능과 능력보다 노력을 중시하기 때문이라는 말들을 종종 한다. 우리가 인터

동반상승 효과

나는 소위 동반상승 효과를 직접 보아왔기 때문에 잘 알고 있다. 아이들은 한 가지 일을 잘해서 자신감이 생기면 그 자신감을 다른 일로 옮겨간다. 예를 들어, 학교 성적이 좋지 않으면 아이의 다른 특기를 살려주자. 학교 성적이 올라갈 때까지 축구를 하지 말라는 말은 하지 말자. 아이들은 어느 한 가지에서 자신감을 가질 필요가 있다. 축구를 잘하도록 후원해주고 칭찬해주면, 그 자신감을 학업으로 연결할 것이다!

뷰해본 아이들을 훌륭하게 키운 부모들에게서 볼 수 있었던 공통점은 자녀들에게 더도 말고 덜도 말고 '능력껏 최선을 다하기를' 기대했다는 것이다.

아이를 훌륭하게 키우는 부모들은 어떤 일에서나 노력이 가장 중요하다고 강조한다. 그들은 자녀들에게 비현실적인 기대를 하거나 완벽해지기를 바라지 않는다. 성적보다는 학습 과정을 중요시한다. 그리고 결과에 긍지를 느낄 수 있게 해준다. 아이가 배우는 법을 터득하도록 도와준다. 단, 항상 최선을 다하기를 기대한다.

나는 항상 아이들에게 중요한 것은 성적이 아니라 최선을 다하는 것이라고 말해왔다. 만일 최선을 다해서 결과가 C가 나온다면 잘한 것이다. 하지만 꾀를 부리고 노력을 하지 않은 결과는 인정할 수 없다. 나는 아이들이 노력하는 것에 대해 자부심을 느끼기를 바란다.

♥학교 공부가 우선이다

학교 공부를 우선으로 하자. 아이를 훌륭하게 키우는 가족의 공통적인 특징은 다른 어떤 활동보다 학교 수업과 학과 공부를 우선으로 한다는 것이다.

나는 항상 아이들이 그들의 일인 학과 공부를 열심히 해야 한다고 말해왔다. 복습과 숙제를 끝내고 나서 텔레비전을 보거나 다른 활동을 하게 한다. 사실 우리 아이들은 주중에는 거의 텔레비전을 보지 않는다. 좋아하는 프로그램은 녹화해두었다가 주말에 시간이 있을 때 시청한다.

• **학교생활에 참여하자** 일선 교사들은 종종 부모들이 자녀의 학교생활에 대해 잘 모르고 있으며 가정에서 충분히 도와주지 않는다고 불평한다. 부모는 아이의 학교생활에 참여하는 것을 주저하지 말아야 한다. 이것은 아이들에게 교육이 중요하다는 것을 보여주는 한 가지 방법이다. 아이가 무엇을 배우고 있는지 알아보자. 한 달에 한두 번이라도 보조 교사나 현장 견학 보호자로 자원봉사를 하자(아이가 단체생활을 어떻게 하고 있는지 알아보는 것도 좋은 방법이다). 학부모회에 참여하고 교사가 하는 일을 도와주는 것도 좋다. 현명한 교사는 부모가 학생에 대해 하는 말을 듣고 싶어하고 현명한 부모는 교사가 아이에 대해 하는 말을 듣고 싶어한다.

부모는 아이가 학교생활을 잘할 수 있도록 도와주어야 한다. 공부를 잘하는 아이들의 부모를 보면 대부분 교육에 적극적인 관심을 갖고 있다. 교사를 만나보고, 학부모회에 참석하고, 숙제를 감독하고 교실에서 어떤 일이 일어나는지에 대해 알아보자. 부모의 참여는 아이에게 격려와 지원의 메시지를 전달한다.

우리는 항상 아이들의 학교생활에 참여해왔다. 그러면 아이들이 학교를 중요하고 가치 있게 여기게 된다. 우리 아이들은 부모가 참여하는 것을 속으로 자랑스럽게 생각한다.

• **학교 성적이 나쁜 아이** 스탠퍼드 대학에서 아이들의 성적이 나쁜 것에 대한 부

숙제 도와주기

숙제는 공부 이상의 의미가 있다. 아이들은 숙제를 하면서 시간 관리하는 법을 배운다. 학습을 중요하게 생각하게 되고 가정과 학교가 서로 협조하게 된다. 또한 부모는 학교에서 아이가 무엇을 어떻게 공부하고 배우는지 알 수 있다. 아이들마다 생각하고 배우는 방식이 다르므로 숙제도 각자에게 적절한 방법이 있을 것이다. 여기에 숙제 문제와 씨름하거나 그것을 정복한 부모들이 말하는 몇 가지 요령을 소개한다.

- 방과후 한 시간 정도 쉬고 나서 숙제를 하게 한다. 어떤 아이들은 집에 돌아와서 긴장을 푸는 시간이 필요하다. 하지만 정해진 시간까지 숙제를 끝내게 하는 것이 좋다.
- 엄마가 저녁 준비를 하는 동안 아이는 식탁에 앉아서 숙제를 하게 한다. 그러면 질문이 있을 때 옆에서 도와줄 수 있다. 아니면 저녁 식사가 끝난 후에 숙제를 한다. '가족 숙제 시간'을 정해서 식탁에 둘러앉아 아이들이 숙제를 하는 동안 엄마는 청구서를 정리하거나 독서를 하자. 그러면 옆에서 도와주고 질문에 답해줄 수 있다.
- 아이들이 십대가 되면 조용하게 공부할 장소가 필요하다. 십대 이전이라도 따로 공부하는 장소가 마련되면 숙제를 열심히 할 수 있다. 어떤 아이들은 옆에서 엄마나 아빠가 격려해주고 도와주면 숙제를 지루한 일이 아닌 가족의 활동으로 여긴다.
- 숙제를 효율적으로 끝내려면 편리한 장소에 필요한 학용품을 놓아두고 쉽게 사용할 수 있게 하자. 지우개가 달린 연필을 찾느라고 15분이 걸린다면 숙제하기가 더 싫어질 것이다. 문구점이 문 닫을 시간에 허겁지겁 뛰어가지 않으려면 학용품을 비축해두자.
- 아이가 어떤 과목을 어려워하면 현장 학습이나 실험을 해서 책에 있는 것을 실제로 보여주면 도움이 된다.
- 관련성을 이해하지 못하면 숙제가 지루하게 느껴진다. 공부와 주변 세상을 연결할 수 있도록 도와주자.

숙제를 성가신 일이 아니라 가족이 함께 하는 활동으로 만들면 공부가 흥미로워 질 수도 있다. 이것은 부모들이 하기에 달려 있다. 어떤 부모들은 아이들에게 숙제를 너무 많이 내준다고 불평하지만 통계에 의하면 대부분의 아이들이 숙제보다는 비교육적인 방송을 보면서 더 많은 시간을 보내고 있다.

모들의 반응에 대해 20여 년간 조사해본 결과, 부모의 부정적인 반응이 아이의 학업에 부정적인 영향을 주는 것으로 나타났다. 이 연구는 부모가 야단치는 대신 긍정적인 반응을 보이고 도와주면 아이의 성적이 올라간다는 것을 보여준다. 성적이 나쁘다고 나무라면 공부를 더 열심히 하는 것이 아니라 스트레스를 받아서 성적이 더 떨어지는 경향이 있다.

• **자애롭게 이야기한다** 부모가 나무라지 않고 관대하게 대하면 아이는 부모가 자신을 도와줄 것이라고 믿기 시작한다. 아이는 낮은 성적 때문에 당황하고 이미 부모에게 미안한 마음을 갖고 있을 것이다. 학교 성적은 아이와 분리해서 생각해야 한다. 성적이 나쁘다고 해서 아이의 자존심을 짓밟거나 사랑받지 못한다고 느끼게 하면 안 된다.

야단치지 말고 상의를 하자. 아이스크림을 앞에 놓고 어떤 문제가 있는지 이야기해보자. 공부는 중요한 문제라고 이야기하되, 분노가 아닌 애정을 보여주어야 한다. 다음번에 좀더 나은 성적을 받으려면 어떤 도움이 필요한지 물어보고 단호하면서 다정하게 대하는 것이 필요하다.

마지막으로 아이에게 희망을 주자. "성공이 성공을 낳는다"라는 말이 있다. 아이들에게는 잘할 수 있다는 자신감을 키워줄 필요가 있다. 많은 교육 전문가들이 가장 중요하게 생각하는 것은 자신감이다. 자신감이 없으면 조만간 '나는 안돼. 그러니 해봐야 소용없어'라고 포기할 수밖에 없다. 아이가 수업을 잘 따라가고 있는지 알아보고 성적을 올리도록 부모가 함께 노력하고 있다는 것을 교사에게 알려주자. 필요할 때 교사에게 도움 청하는 법을 가르치자. 부모가 함께 성적 향상을 위해 노력하다 보면 아이와의 연결이 탄탄해질 것이다.

♥ 생활에서 배우기

매일의 삶은 훌륭한 스승이고 호기심 많은 아이들에게는 세상 전체가 교실이다. 아이들에게 배움에 대한 사랑을 심어주고 공부뿐 아니라 인생에서 성공할 수 있다는 자신감을 갖게 하자. 공부를 잘하는 아이들이 갖고 있는 한 가지 공통적인 성향은 배움에 대한 진정한 사랑이다. 부모는 아이에게 배움에 대한 사랑을 심어줄 수 있다.

아기들에게 세상을 탐험하고 물건을 집어보게 하자. 아기가 기기 시작하면 많은 것들을 새로 발견한다. 만지고 맛보고 냄새를 맡게 하자. 나는 우리 아이들에게 모든 것을 허락했다. 물론 옆에서 안전한지 지켜봐야 한다. 아기들은 본능적으로 호기심이 많다. 우리는 아이들을 보행기나 놀이울에 넣어두지 않았다.

집에서는 교실에서처럼 정식으로 아이를 가르칠 필요가 없다. 모든 것이 아이의 학습 경험이 될 수 있다. 예를 들어, 식료품을 꺼내놓으면서 아이에게 물건의 이름과 그 철자법을 가르쳐주자. 자동차 여행은 움직이는 교실이나 다름없다. 간판을 읽어주고, 교통이 복잡한 이유에 대해 이야기해주자. 초록색 차나 트럭의 수를 함께 세어보고 자동차 번호판과 거리 이름들을 말해주고 건물, 경치에 대해 묘사해주자.
슈퍼마켓에 가면 영양섭취, 음식물, 여러 민족의 식습관에 대해 이야기하자. 기왕에 간 김에 좀더 시간을 내서 통로를 이리저리 다니며 아이의 호기심을 사로잡는 물건들에 대해 설명해주자. 가르칠 기회는 도처에 있다. 아이들은 기회가 바로 눈앞에 있을 때 가장 열심히 배운다.

나는 항상 우리 아이들에게 소위 '다섯 가지 기본'이라고 부르는 것을 매일 주려고 노력했다. 그것은 바로 읽기, 밖에서 놀기, 공작, 음악, 조용한 놀이였다.

여유를 갖고 장미꽃 냄새를 맡아보자. 예를 들어, 가족 산책을 나간다고 하자. 아이를 위해 탐험 원정을 하자. 자주 멈춰 서서 새를 쳐다보고 이런저런 이야기를 나누자. 곤충들과 유충들을 관찰하고 나무들을 바라보자. 아이들에게 자연은 더없이 매혹적인 교실이다.

우리는 때로 아이들이 잠을 자러 들어갔을 때 복도에서 큰 소리로 외친다. "잠옷 드라이브하자!" 아이들은 무슨 뜻인지 알고 방에서 뛰어나온다. 우리는 자동차를 타고 드라이브를 하거나 언덕에 올라가 하늘에서 별똥별을 찾아보고 도시의 불빛을 내려다본다. 그날이 어느 날이 될지 어디를 가는지 모른다! 우리는 놀이를 통해 많은 것들을 배운다.

• **질문에 답해주자** 배움에 대한 사랑은 대부분의 아이들이 충분히 갖고 있는 호기심에서 비롯된다. 그들의 끝없는 질문("왜요?" "어떻게요?")은 학습 기회다. 아이들은 뭔가가 궁금해지면 본능적으로 가장 믿음직한 교사를 찾아간다. 끊임없는 질문이 짜증스럽고 불편해도 충실하게 대답을 해주면 아이의 미래를 위한 투자가 된다. 아이의 물음에 대답해주거나 답을 찾도록 도와주면서 정보를 구하고, 문제를 분석하고, 함께 협력함으로써 생활에 필요한 능력들을 가르칠 수 있다. 어릴 때 작은 질문을 들고 오는 아이는 십대가 되었을 때 좀더 큰 문제를 들고 올 것이다.

우리는 무슨 일이 있어도 항상 아이에게 귀를 기울이고 모든 질문에 답을 해주었다. 우리는 어떤 화제도 금기시하지 않고 최대한 솔직하게 설명한다. 우리 딸은 이제 고등학교 1학년인데 새로운 생각에 열려 있으며 자신의 입장과 의견을 완전하고 논리적으로 피력할 수 있게 되었다.

공부 잘하는 비결

왜 어떤 아이들은 공부를 잘하고 어떤 아이들은 뒤처지는 것일까? 이 답의 일부는 아이들에게 가정과 학교에서 보여주는 배움에 대한 태도에 있다. 배움은 가정에서 시작되며 부모는 그러한 차이를 만드는 첫 교사다. 다음은 부모들과 교육자들이 이야기하는, 아이들이 공부를 잘하도록 도와주는 방법들이다.

♥ 배움에 대한 사랑을 심어준다 연구에 의하면 IQ, 경제 수준, 특별한 어린 시절과 같은 요인은 학교 성적과 별로 관계가 없다. 아이들의 학교 성적에 가장 큰 영향을 미치는 요인은 어릴 때 부모가 배움에 대한 사랑을 심어주는 것이다. 배움은 호기심에서 비롯된다. 아이들은 본능적으로 호기심이 많다. 부모는 교사로서 호기심으로 가득한 손과 눈을 흥미로운 곳으로 이끌어주는 역할을 한다. 반드시 '교육적인 장난감'이 필요하지는 않다. 아기들은 엄마의 품에 안겨서 어른들의 대화를 듣고 어른들의 눈높이에서 세상을 바라보면서 많은 것을 배울 수 있다. 유아들에게는 주방 서랍이나 찬장에 들어 있는 부엌 살림살이가 훌륭한 학습도구다. 공과 블록도 호기심을 자극하고 만족시켜주는 훌륭한 장난감들이다.

아이들이 말하기를: 나는 우리 부모님이 최선을 다하라고 하기 때문에 공부를 열심히 한다. 아니면 공부를 열심히 안할 것 같다.(토니, 20세)

♥ 자유롭게 놀게 한다 아이들은 놀면서 배운다. 장난감을 갖고 놀면서 안전하게 주변을 탐험하는 시간을 충분히 주자. 하루 종일 정해진 활동을 차례대로 시킬 필요는 없다. 공부를 잘하는 아이들의 가정을 관찰해보면 부모들이 합리적인 모험을 허락한다. 그들의 집은 안전하고 '만져도 되는' 물건들로 채워져 있다. 그래서 끊임없이 "조심해라"라든지 "만지지 마라"라는 주의를 주지 않아도 된

다. 학습은 보통 어느 정도의 모험심이 요구된다.

♥ **태도가 중요하다** 공부를 잘하는 아이들은 학습에 대해 갖고 있는 생각에서 차이가 난다. 학습을 의무나 일로 여기기보다 배움이 주는 자기만족을 즐긴다. 그들은 학교에 다니는 것을 권리로 생각한다. 사실 공부를 잘하는 아이들은 시험에서 실력을 발휘할 기회를 기대한다. 그들은 노력과 좋은 성적을 연결하고 잘할 수 있다고 자신한다.

아이들이 말하기를 : 내가 공부를 잘하는 이유는 어릴 때부터 우리 부모님에게서 교육이 정말 중요하다는 말을 들었기 때문이다.(수잔, 19세)

♥ **가족이 중요하다** 공부를 잘하는 아이들이 배움을 사랑하는 것은 학습에 높은 가치를 두기 때문이다. 연구에 의하면, 공부를 잘하는 아이들의 가정은 텔레비전이나 전축 소리가 나지 않고 조용하다. 소음은 학습에 방해가 된다. 시끄러운 가정에서 자란 아이들은 언어와 인지 능력이 늦게 발달한다. 또한 화목한 가정의 아이들이 학교에서 더 공부를 잘하는 경향이 있다. 연구에 의하면 부부 사이가 좋은 집의 아이들이 좀더 안정적이라고 한다. 그리고 가족들과 식사를 함께 하는 학생들의 성적이 더 좋았다고 한다.

♥ **부모의 지도** 미국 교육부에서 2만 6천 명의 학생들을 대상으로 조사한 결과, 공부를 잘하는 학생들에게 영향을 주는 요인에서 부모의 참여가 높은 순위에 올랐다. 학교 성적은 부모가 얼마나 자주 교사들과 아이의 학습 과정에 대해 점검하는지와도 관련이 있었다. 공부를 잘하는 아이들의 부모들은 교사들이 아이들에게 공부를 좀더 시키기를 원한다. 아이들의 성적은 부모와 교사의 기대를 따라가는 경향이 있다. 또한 부모들이 아이들의 숙제에 적극 동참한다. 배움에 대한 사랑을 키워주기 위해서는 아이들을 강압적으로 밀어붙일 것이 아니라 공부를 열심히 하도록 설득해야 한다.

♥ **공부를 잘하는 아이들은 숙맥이 아니다** 일반적인 통념과는 달리, 공부를 잘하는 아이들은 외톨이로 지내는 비사교적인 책벌레가 아니다. 그들은 배움과 학업 성취가 주는 만족을 즐기고 다른 분야에서도 잘하고 싶어한다. 연구에 의하면 사람들의 호감을 사고 정서적으로 건강한 아이들이 학교에서 공부를 더 잘하며, 인기가 없고 사회성이 서툰 아이들은 낙제생이 되기 쉽다고 한다. 학업

능력과 사회적 능력의 조합은 장래의 성공을 위해 가장 중요한 자질이다. 공부를 잘하면 전체적으로 자신감이 상승한다. 공부를 잘하는 아이들은 또래의 압력을 덜 받는 경향이 있다. 반복해서 강조하지만, 인격이 무엇보다 중요하다. 공부를 잘하는 아이들은 신체적인 건강을 좀더 소중히 여긴다. 요컨대 배움을 소중히 하는 아이들은 인생의 다른 부분도 돌볼 줄 안다.

아이들이 말하기를 : 내가 공부를 잘하는 이유는 우리 부모님이 공부뿐 아니라 운동과 클럽 활동을 시키면서 균형 잡힌 교육을 시켰기 때문이다. (앨리슨, 24세)

5장
형제간의 우애 길러주기

같은 집에서 태어나 함께 자라는 형제들은 서로에게서 영향을 많이 받는다. 형제들은 함께 좋은 일과 힘든 일을 겪고 서로 다투기도 하면서 우애를 쌓아간다. 유년 시절과 청소년기에 걸핏하면 싸우던 아이들이 어른이 되어서 형제애가 깊어지기도 한다.

가정은 아이들이 바깥 세상에 나가기 위해 준비하는 훈련장과 같다. 그리고 주로 형제들과의 상호작용에서 인간관계의 기본 훈련을 받는다. 형제관계를 통해 아이들은 부모와의 관계에서 배운 인간적인 연결을 확고하게 다지면서 타협하고 양보하며, 용서하고 용서를 구한다. 상대방에게 마음에 들지 않는 점이 있어도 사랑하는 법을 배운다. 그리고 이러한 능력들을 성인이 되어 가족이 아닌 다른 사람들과의 관계로 가져간다. 불가피한 경쟁이 따르긴 하지만, 건강한 형제관계는 다른 곳에서 구하기 힘든 학습 경험을 제공한다.

건강한 형제애는 저절로 생기는 것이 아니다. 같은 부모에게서 같은 유전자를 갖고 태어난 아이들이라고 해도 저마다 성격과 기질이 다르다. 사실, 형제들이 부모를 공유하는 것은 어려운 과제이기도 하다. 하지만 형제끼리 사이좋게 지내고 서로에게서 좋은 점을 배우도록 부모가 도와줄 수 있다. 다음에 형제간의 우애를 길러주는 방법을 소개한다.

애착 양육

애착 양육을 하면 부모가 아이들을 잘 알게 되므로 형제간의 차이를 해결해주기가 좀더 쉬워진다. 아이들이 필요로 하는 것이 각자 다르다는 것을 알고 모두가 행복해질 수 있는 방법을 찾을 수 있다. 부모와 안정적으로 애착이 형성된 아이들은 형제를 사랑한다. 아이들은 부모의 사랑과 존중을 받는다고 느끼면 형제와 더 사이좋게 지낸다. 때로는 서로 다투고 싸우기도 하지만 심각하게 위협을 느끼거나 서로 질투하지 않는다. 애착 양육으로 크는 아이들은 형제에 대한 사랑이 경쟁심보다 우세하다.

부모는 새 아기가 태어났을 때 손위 아이들을 애착 양육으로 키운 보람을 느낀다. 그들은 자신이 아기였을 때 필요로 하는 보살핌을 받았기 때문에 동생을 질투하기보다 사랑하고 보살핀다. 애착 양육으로 키운 아이는 윗사람이 아랫사람을 보살피고 조심스럽게 다루어야 한다는 것을 안다. 부모의 양육 방식은 아이가 동생을 대하는 방식이 된다. 둘 이상의 아이들을 함께 돌보는 것은, 특히 터울이 적을수록 쉬운 일이 아니다. 하지만 마침내 투자한 보람을 느낄 것이다. 아이들은 가족을 세심하게 보살피는 부모를 본받을 것이다. 이런 식으로 부모는 아이들에게 다른 사람을 배려하는 법을 가르치고 가족의 가치관도 심어주게 된다.

 애착 양육의 누적 효과

우리 집 맏아들 짐은 '실험용'이었다. 초보 부모였던 우리는 이런저런 육아 방법을 시험해보고 있었다. 그 후 짐과 밥, 피터를 키우면서 시행착오를 통해 배웠다. 요구가 많은 딸아이 헤이든이 태어났을 때 우리는 마침내 애착 양육을 완벽하게 실시할 준비가 되었다. 우리는 위로 세 아이들에게서 출생 시의 결속이 중요하며, 모유가 가장 좋고, 아기 울음은 적절한 반응을 요구하는 신호라는 것을 배웠다. 헤이든은 우리가 안고 다니고, 함께 자고, 모유를 충분히 먹인 첫 아이였다.

그렇다면 그 위로 세 명의 아이들은 잘못 키웠다는 것인가? 그들과의 관계에서 뭔가 부족한 점이 있다는 것인가? 그렇지는 않다. 우리는 그들을 키우면서 하지 못했거나 잘못한 것에 대해 후회하지 않는 법을 배웠다. 우리는 당시에 알고 있는 것으로 최선을 다했다. 밀착된 애착 양육을 하지는 못했지만 성심성의껏 아이들을 보살폈다. 세 아이 모두 수월하고 느긋한 아기들이었다. 만일 그들이 좀더 보챘더라면 우리는 애착 양육 방법을 더 빨리 찾았을지도 모른다. 우리가 그들의 동생들을 키우면서 보여준 태도 역시 영향을 미쳤다.

애착 양육은 언제라도 시작할 수 있다. 주로 음식과 위안을 필요로 하는 갓난아기를 이해하는 것보다 여덟 살배기 아이가 필요로 하는 것을 알아내기가 좀더 어려울지 모른다. 하지만 아이의 마음을 헤아려보려고 노력하는 부모라면 자신감을 가져도 좋다. 아이와 가까워질 수 있는 방법들을 찾아보자. 네 살짜리 아이를 안고 다닐 수는 없지만 매일 일대일로 만나는 시간을 가져보자. 책을 읽어주고 잠자리에서 안아주자. 아이를 있는 그대로 인정해주자.

부모가 동생에게 애착 양육을 실천하는 것을 보면서 아이들은 크고 힘이 센 사람이 작고 약한 사람을 어떻게 돌봐야 하는지를 배운다. 아기에 대한 부모의 배려는 큰 아이들을 포함한 가족관계를 더 돈독하게 해줄 것이고, 그것이 우리의 궁극적인 목표다.

아이들은 부모가 동생을 돌보는 것을 보면서 본보기로 삼을 것이다. 우리 집 아들 셋 중에 둘은 결혼해서 자녀를 갖고 있다. 의사인 짐과 밥, 그들의 아내들은 지금 아이들을 애착 양육으로 키우고 있다.

동생 맞이하기

아무리 적응을 잘하고 애착 양육을 받은 아이라고 해도 형제가 생기는 것에 대해서는 다소 불안을 느끼기 쉽다. 그런 불안은 동생이 태어나기 전은 물론 태어난 후에도 생길 수 있다. 아이가 느끼는 불안감을 덜어주기 위해서는 어느 정도 궁금증을 해결해줄 필요가 있다. 앞으로 무슨 일이 일어날지를 알면 좀더 쉽게 변화에 적응할 것이다.

엄마들은 생리를 처음 거르거나 입덧이 시작될 때 임신 사실을 아이에게 알려야 할 필요가 있을까 생각한다. 아홉 달은 세 살 아이에게 영원이나 다름없다. 하지만 아이들이 부모의 감정을 감지한다는 것을 기억하자. 또한 아이들은 보통 매우 자기중심적이기 때문에 자신에게 영향을 미치는 변화에 대해서는 금방 눈치를 챈다. 엄마는 임신을 하면 신체적으로나 정서적으로 변화가 일어나므로 아이들에게 무슨 일이 일어나고 있는지 알려줄 필요가 있다. 임신 초기에 알리는 것이 현명하다.

♥ 태아와 친해지기

큰아이에게 동생이 태어나기 전에 이것저것 보여주고 이야기해주자. 아기 옷을 사고 장난감을 고르고 이름을 짓는 등 동생을 위한 준비에 동참하게 하자. 태아에게 말을 걸고 쓰다듬어주게 하고, 아기가 엄마 배를 발로 차는 것을 느끼게 해주자.

나는 태아검진을 받을 때 딸아이를 데리고 가서 아기의 심장 박동소리를 들려주고 초음파 사진을 보여주었다. 병원에서 동생이 생기는 아이들을 위한 교실에 참가해서 아기가 새로 태어나는 것에 대해 배우게 하기도 했다. 딸아이는 낮잠을 잘 때는 물론 밤에 잠을 잘 때도 내 가슴에 누워서 자는 것을 좋아했다. 아기가 발로 차면 나는 우리가 함께 지은 이름으로 동생을 부르면서 말했다. "동생이 너를 발로 차고 있네."

엘리자베스의 이야기 : 우리 세 아이들은 내가 그 아이들의 동생을 임신했을 때 아기 물건을 사러 나가는 것을 좋아했고 집에 와서 물건들을 펼쳐보며 감탄사를 연발하곤 했다. 아이들은 아기방을 꾸미고 장난감과 책을 정돈하면서 시간을 보냈다. 아기를 병원에서 데려오는 날 나는 아이들에게 아기 옷과 양말을 고르게 했다. 그들은 그 일을 특권처럼 여겼고 작은 아기 옷들을 들어보면서 그렇게 작은 동생이 태어난다는 것에 대해 신기해했다.

새로 태어날 아기를 위한 준비에 참여하는 아이는 그 큰 행사를 자신의 일로 느끼게 된다. 새 아기를 엄마뿐 아니라 자신이 같이 놀아주고 보살펴야 한다고 생각하게 된다.

♥ 무슨 일이 일어날지 미리 이야기한다

동생이 태어나면 어떤 변화가 일어나는지에 대해 마음의 준비를 시키자. 아이의 갓난아기 적 사진들을 꺼내 보이면서 이야기해주자. 그를 어떻게 먹이고 안아주고 업어주었는지, 손님들이 와서 어떤 선물을 주었는지 이야기해주자. 아기가 어떤 존재인지, 자신이 갓난아기였을 때 얼마나 많이 관심을 받았는지 알게 해주자. "손님들이 아기 선물을 가지고 오실 거야" "갓난아기는 엄마가 꼭 필요하니까 많이 안아줘야 해. 너도 그랬단다" "아기는 엄마 젖을 많이 먹을 거야. 너도 그랬어" 하고 이야기하자. 어떤 변화가 생길지 미리 알고 있으면 적응하기 쉽다.

병원에 가기 전에 나는 제시카를 위해 몇 가지 작은 선물을 준비해서 사람들이 새 아기를 보러 올 때까지 감추어두었다. 사람들은 새 아기 선물은 가져오지만 큰아이를 위한 선물은 가져오지 않는 경우가 많다. 그래서 '언니'에게 줄 깜짝 선물이 필요하다.

우리는 딸아이에게 동생이 태어나면 어떤 변화가 생기는지, 동생을 어떻게 보살펴야 하는지에 대해 많은 이야기를 했다. 아기는 많이 안아주고 돌봐주어야 하며 우리 모두 아기가 행복하고 건강하며 사랑받으면서 무럭무럭 자라도록 도와주어야 한다고 설명했다. 딸아이는 매우 흥미로워했다. 그리고 아기를 돌보는 일들을 목록으로 작성해서 딸아이에게 하고 싶은 일에 동그라미를 치고 원하는 것을 목록에 추가하거나 바꿀 수 있게 했다.

일찍 연결시켜주기

부모는 자녀들이 처음부터 절친한 평생 친구가 되게 해주고 싶어한다. 아이들이 아기에게 느끼는 자연스러운 호기심을 이용하면 일찌감치 형제들을 연결시킬 수 있다. 이때 큰아이에게 아기도 욕구와 감정을 갖고 있는 진짜 사람이라는 것을 알게 해주어야 한다. 아기가 무슨 생각을 하고 무엇을 원하는지 말해주고 설명해주자.

아기가 너를 잡고 꼭 쥐는 것은 너를 무척 사랑한다고 말하는 것이란다.

나는 아기가 작은 입을 오물거릴 때는 입맞춤을 해주고 싶어하는 것이라고 아이들에게 말해주었다. 나는 종종 아기의 반응이나 표현을 해석해주었다. 그러면 우리 딸은 재미있어했고 동생을 어엿한 사람으로 여기게 되었다.

아이들을 훌륭하게 키운 부모들은 두 아이에게 젖을 먹이면 그들을 서로 연결시키는 효과가 있다고 말한다. 큰아이가 젖을 떼기도 전에 동생을 출산하면 어쩔 수 없이 두 아이에게 함께 젖을 먹이게 된다. 큰아이가 이유할 준비가 되기 전에 억지로 젖을 떼는 것보다 두 아이를 함께 먹이는 것이 더 쉬울 것이다. 두 아이는 젖을 함께 먹으면서 엄마를 함께 공유하는 법을 배우게 되고, 엄마는 양쪽에 아이를 안고 젖을 먹이면서 큰아이가 작은아이의 머리를 쓰다듬어주는 다정한 모습을 볼 수 있다. 하지만 이것이 항상 쉽지는 않다. 엄마들은 큰아이에게 계속 젖을 먹여야 하는지에 대해 갈등을 느낀다. 출산 후 처음 몇 주일 동안 큰아이가 동생보다 더 오래 너 자주 젖을 먹으려고 할지도 모른다. 아기를 출산한 직후에는 엄마 젖이 풍부해질 뿐 아니라 자신이 동생인 갓난아기에게 밀려나는 것이 두렵기 때문이다. 물론 갓난아기에게 젖을 충분히 먹여야 하는 엄마는 큰아이가 먹는 것을 제한할 수 있다. 두 아이 모두에게 끼니마다 먹일 필요는 없다. 큰아이는 깨어 있을 때는 이유식 등을 먹이고 낮잠 시간과 밤에 잘 때에만 젖을 먹여도 된다. 대신 엄마의 일대일 보살핌으로 젖 먹이는 것을 대신할 수 있다.

두 아이 젖 먹이기는 우리 집 넷째와 다섯째 아이 헤이든과 에린의 형제애를 길러주는 데 도움이 되었다. 당시 한 살이었던 헤이든은 처음 몇 주일 동안 하루에 한두 번씩 젖을 먹으면서 동생과 엄마를 공유할 줄 알게 되었고 동생에 대한 애정도 깊어졌다.

내가 아기를 임신했을 때 카렌은 여전히 젖을 먹고 있었다. 동생이 태어나서 젖이 많아지자 카렌은 좋아라 하며 다시 젖을 찾았다. 동생이 낮잠을 잘 때 하루 한두 번 카렌에게 젖을 주면서 조용한 시간을 보냈는데, 그것이 두 아이가 사이좋게 지내는 데 도움이 된 것 같다. 지금 다섯 살이 된 카렌은 동생이 생기는 다른 아이들을 보면 눈을 빛내고 활짝 미소를 지으면서 아기가 훌륭한 선물을 가져올 거라고 안심을 시킨다. 그 선물은 바로 엄마 젖이 많아지는 것이다!

너도 특별하단다!

갓난아기는 당연히 사람들로부터 많은 관심을 받는다. 부모는 아기를 끊임없이 안아주고 먹이고 기저귀를 갈아주고 달래주고 친지들은 아기 선물을 가져온다. 큰아이는 아무도 자신에게 아는 척하지 않는다고 느낄 것이다. 큰아이가 버려진 느낌을 갖지 않게 해주어야 한다. 누군가 "아기가 정말 예쁘네"라고 말할 때는 "이제 우리 집에 예쁜이가 둘이 되었지"라든지 "게다가 예쁜 언니가 있지!"라는 말을 덧붙이자. 만일 엄마가 아기에게 수유를 하느라 바쁠 때는 아빠가 큰아이에게 관심을 보여주면 된다. 아기가 먹거나 낮잠을 자는 동안 엄마와 큰아이가 함께 할 수 있는 책읽기나 조용한 활동을 찾아보는 것도 좋다.

우리 쌍둥이 아들은 엄청나게 많은 관심을 받는다. 사람들이 그들에게 관심을 보일 때 나는 딸을 보면서 세상에서 최고의 누나라고 소개시킨다. 쌍둥이와는 관계없이 딸의 자랑거리에 대해 이야기하기도 한다.

아이에게 자긍심을 갖게 해주는 한 가지 방법은 그를 필요로 하는 것이다. 동생에게 언니(형)의 도움이 필요하다고 말하고 아이가 할 수 있는 일을 찾아보자. 엄마의 도우미, 엄마의 조수, 엄마의 심부름꾼 같은 재미있는 별명으로 불러주면서 아이에게 이렇게 도움을 청하자. "기저귀를 가져다주겠니?" "아기 옷을 골라봐라" "함께 아기 옷을 입히고 목욕을 시키자." 아이는 부모가 아기를 키우는 일에서 자신을 필요로 한다고 느끼면 언니나 형의 역할을 즐기게 된다.

벤저민이 태어나자 네 살 된 큰아이가 퇴행을 보였다. 오줌을 싸고 떼를 쓰고 밤에 깨고 점점 반항적이 되었다. 미운 짓만 골라서 했다. 나는 그 아이에게 '엄마의 조수' 역할을 맡겼다. 몇 주일 후에는 말도 잘 듣고 아기 돌보는 일을 배우고 싶어했다.

우리는 지금 누군가의 미래의 남편, 아내, 어머니 혹은 아버지를 키우고 있다는 점을 명심하자. 아이들은 그러한 역할을 집에서 보고 배운다. '엄마의 조수'가 되어서 아기를 돌볼 때 아이는 엄마를 본보기로 삼는다. 우리가 스티븐을 안고 다닐 때 에린은 인형을 안고 다니곤 했다.

나는 우리 아이들이 아기를 돌보는 일에서 한몫하고 있다고 느끼게 해주었다. 기저귀를 가져오고, 아기 선물을 열고, 아기와 놀아주게 했다. 나는 항상 "훌륭한 언니가 되어줘서 고맙다"라고 말하면서 언니와 형의 역할을 강조했다.

동생의 존재에 적응하는 것은 어린아이에게 어려운 일이다. 아이는 형이 된 것이 기쁠 때도 있지만 아기를 다시 데려갔으면 하고 바랄 때도 있을 것이다. 억지로 '형'이 되라고 강요하지 말자. 아이는 엄마를 독차지하던 때가 그리울 것이다. 때로 엄마 역시 그때가 그리울 것이다. 그러한 감정을 무시한다고 사라지지는 않는다. 아이가 자신을 표현하게 해주고 형이 되기가 쉽지 않다는 것을 인정해주자. 아기 말을 하거나 손가락을 빠는 퇴행을 보이면 한동안 어리광을 받아주면서 동시에 형으로서의 장점을 이야기해주자. 아기는 못 하지만 형은 할 수 있는 신나는 일들에 대해 이야기하자. "형들은 아이스크림을 먹지만 아기들은 못 먹지." "언니들은 정글짐에 올라가지만 아기들은 못 하지." 아이는 점차 사실은 다시 아기가 되고 싶지 않다는 사실을 깨달을 것이다.

우리 아들은 자기를 '형'이 아니라 '동생'이라고 불러달라고 했다. 형이 되는 것이 너무 힘들다는 것이다.

형제끼리 시간을 갖게 하자

형제들은 그들만의 시간이 필요하다. 말로 표현할 수 있거나 없거나, 그들은 때로 '이것은 우리 사이의 일이다'라는 것을 알고 있다. '형제끼리 보내는 시간'에 그들은 서로에 대해 알게 된다. 큰아이가 유아일 때는 항상 어른이 옆에서 감독을 해야 한다. 사고를 예방하기 위해 지켜보면서 큰아이가 상황을 주도할 수 있게 해주자. 아이들은 우리가 생각지도 못한 방식으로 함께 노는 방법을 발견할 것이다.

우리 아들과 딸은 어릴 때 많은 시간을 함께 보냈다. 그들은 한 콩깍지 안에 들어 있는 두 개의 콩과 같았다. 동생은 오빠를 졸졸 따라다니면서 오빠가 하자는 대로 했다. 오빠는 대장이 되어서 동생이 자기를 따라하는 것이 좋은 것 같았다.

큰아이의 요구와 소유물을 존중하고 보호해주는 것이 중요하다. 쌓아놓은 블록을 넘어뜨리고 싶지 않을 때 보관할 수 있는 장소를 갖게 해주자.

우리 아이들은 친한 친구들이다. 그들은 거의 하루 종일 함께 놀지만 때로 맏이는 자기 장난감을 갖고 따로 놀거나 혼자 있고 싶어한다. 나는 그런 시간을 갖게 해주려고 노력한다. 그러고 나면 다시 동생을 찾는다.

역할 놀이

형제들에게 상황에 따라 각각 서로 다른 역할을 정해주면 서로 친해지는 데 도움이 된다. 형제애를 길러주기 위해 부모가 할 수 있는 일들이 몇 가지 있다.

♥ 보호자 역할
동생들에게 좋은 본보기를 보여주는 것을 포함해서 동생을 보호할 책임이 있다는 것을 큰아이에게 가르치자. "아기가 걸려 넘어져서 다치지 않도록 장난감들을 치우도록 해라" "엄마가 저녁 준비를 하는 동안 아기가 방에서 나오지 못하게 해주겠니?" 하고 부탁하면 좋다. 단, 엄마가 계속 감독을 해야 한다.

♥ 도우미 역할
형제가 서로 도우면 도와주는 아이나 도움을 받는 아이 모두에게 혜택이 돌아간다. 뭔가를 함께 하다 보면 형제간의 우애가 돈독해진다. 도와주는 아이는 자신감과 성취감을 느끼고 도움을 받는 아이는 보살핌과 사랑을 받는 기분을 느낀다. 돕는 행위를 통해 서로 연결이 된다. 그 과정에서 아이들은 도움을 정중하고 감사하게 받는 법을 배우는데, 이것은 인간관계에서 매우 중요한 사회적 능력이다. 아이들은 서로 주고받는 법을 배우면서 커야 한다.

위에서 언급했듯이, 큰 아이는 동생을 보살피면서 스스로 중요하게 느낀다. 그 것은 형제애가 발전하는 가장 초기 단계다. 좀더 크면 정원에 물을 주거나 장난감을 치우는 일에서 동생이 형을 도와주고, 형은 블록을 쌓거나 레고를 만드는 일에서 동 생을 도와줄 수 있다.

나는 우리 큰아이에게 비밀을 가르쳐주는 척하면서 동생을 도와주게 했다. "크리스 티는 아직 블록을 쌓는 법을 몰라. 네가 블록을 쌓아주고 크리스티가 부수게 해줘 라." 나는 큰아이가 게임을 주도하게 해주면 형으로서 자긍심을 느낄 수 있을 것이 라고 생각한다.

옛말에 친구와의 우정을 돈독히 하려면 도움을 받으라는 말이 있다. 형제 사이 도 마찬가지다. 형제끼리 서로 도와주게 하자.

우리는 형제가 서로의 특별한 도우미가 되어주는 방법을 사용했다. 한 아이가 주일 학교에서 신발이 없어졌다고 엄마 아빠를 부르면, 우리는 "너의 특별 도우미에게 도와달라고 하렴" 하고 말했다. 큰아이는 동생이 자신에게 도움이 될 수 있다는 것 을 알고 깜짝 놀랐다. 이런 일이 형제애를 키우는 데 도움이 되었다.

♥ 교사 역할

형은 동생에게 뭔가를 가르쳐줄 때 빛이 난다. 동생의 교사 역할을 하도록 격려해주 자. 매튜가 동생 스티븐의 야구 코치 역할을 했을 때 그들은 함께 많은 시간을 보내 면서 좀더 가까워졌다. 아이들이 학교에 다니면 동생의 숙제를 도와주게 하자. 물론 어린 교사의 인내심을 감안해서 서로 즐겁게 할 수 있도록 해야 한다.

♥ 조언자 역할

아이가 옷 입기나 침실 정돈을 좀더 잘하고 새로운 활동에 끼기를 바란다면? 형이나 언니의 도움을 받도록 해주자. 요즘 어떤 옷이 유행인지 잘 아는 언니나 형이 동생에게 엄마보다 더 믿을 만한 패션 조언자가 될 수 있다. 필요하면, 큰아이와 협의해서 먼저 몇 가지 지침을 정하자. 침실 벽에 포스터를 붙이거나 인형 옷을 가지런히 보관할 때 형제들끼리 조언을 하고 도움을 주도록 하면 아주 멋진 방을 꾸밀 수 있다. 동생이 축구 경기나 새 학년이 되는 것에 대해 궁금해하면 형에게 최근 경험에서 얻은 지혜를 들어보게 하자. 큰 아이는 조언을 해주면서 자부심을 느낄 것이고 엄마 아빠는 실랑이를 하지 않고 방 정리나 찢어진 청바지를 입지 않게 하는 등의 소기의 목적을 달성할 수 있다.

♥ 의사 역할

형제끼리 서로를 보살피게 하자. 한 아이가 다치면 다른 아이에게 상처를 치료하게 해주자. 그리고 이런 식으로 직함을 붙여주자. "로렌 박사, 내가 매튜의 발목을 붕대로 감는 동안 다리를 잡고 있겠니?" "위생병, 수지의 상처에 반창고를 붙여주겠니?" 의사 칭호는 아이에게 동정심과 의무감을 불러일으킨다. 방금 전만 해도 동생에게 "너 미워!" 하고 소리쳤지만 동생의 보살핌을 받다 보면 화가 풀릴 것이다.

♥ 동지 역할

형제들에게 협조가 필요한 과제를 주고 함께 일하도록 하자. "밥과 짐은 함께 차고를 청소해라. 너희 둘이 일을 빨리 끝내면 그만큼 빨리 영화를 보러 갈 수 있다." 특히 형제들끼리 다투거나 사이가 좋지 않을 때 함께 할 일을 주고 작은 보상을 함께 주어 관심을 다른 곳으로 돌리는 것도 좋은 방법이다. 형제가 서로 도와주고 어느 한쪽이 마음대로 하지 못하도록 감독하자.

부모의 기대를 이야기한다

부모의 기대는 형제관계에 크게 영향을 준다. 형제가 싸우고 놀리는 것을 어느 정도 허락할 것인가? 어느 정도 함께 시간을 보내야 할까? 어떤 식으로 서로 도와야 할까? 아이들이 서로를 내하는 방식은 밖에 나가서 다른 사람들을 대하는 방식으로 확대된다. 아이들에게 서로를 존중하도록 가르치자. 큰아이에게는 좋은 본보기를 보이도록 하고 동생들에게는 형을 존경하게 하자. 함께 일하고 노는 기회를 만들어주고 도움이 필요하거나 놀 때 형제와 함께 하도록 하자. 부모는 가끔씩 허용할 수 있는 것과 허용할 수 없는 것 사이에 경계선을 그어주기만 하면 된다.

어느 날 짐과 밥의 말다툼이 한창일 때 마사가 그들에게 말했다. "너희 둘이 그렇게 강아지들처럼 으르렁거리고 싸우고 싶으면 뒤뜰에 개집을 지어줄 테니까 거기 가서 살아라." 그러자 아이들은 곧 싸움을 그만두었다.

아이의 첫 사회 단체인 가족들과의 관계는 훗날 다른 사람들과의 관계에 긍정적인 영향을 줄 수 있어야 한다.

둘째 아들이 태어났을 때부터 나는 아이들에게 사이좋게 지내는 법을 가르쳤다. 형제간의 경쟁심을 줄여주고 공평하게 대하려고 애썼으며, 질투심에서 기인하는 행동을 허락하지 않았다. 서로 친절하게 대하고 도와주기를 기대했다. 한편으로는 그들이 서로에게 하는 행동을 제한하면서 끊임없이 사이좋게 지내라고 상기시켰다.

형제간의 연결 유지하기

현대 사회는 가족 구성원들을 뿔뿔이 흩어놓는다. 아빠와 엄마는 서로 다른 직장에 다니고 아이들은 각자 하루 예닐곱 시간을 학교에서 보낸다. 또한 방과후에도 각자 과외활동을 하거나 친구들과 함께 보낸다. 항상 서로 떨어져 있으면서 연결을 유지하기는 어렵다. 하지만 부모가 나서서 형제들이 함께 시간을 보낼 수 있도록 가정생활과 휴식시간을 꾸밀 수는 있다.

♥ 놀이 그룹에 형제를 포함시킨다

아이들은 주위에 친구가 없으면 자동적으로 형제와 함께 지낸다. 터울이 적은 형제들은 친구가 필요할 때 집 밖으로 나갈 필요를 느끼지 않는다. 그러다가 유치원에 가서 또래의 친구들을 사귀기 시작하면 친구관계가 종종 형제관계와 부딪친다. 아이들은 친구가 생기면 형제를 따돌리기 쉽다. 이럴 때 친구와 형제가 모두 함께 할 수 있는 활동을 제안하거나 여럿이 놀 수 있는 큰 방이나 지하실 공간을 제공하면 자연스럽게 문제가 해결되기도 한다. 큰아이에게 잠깐 동안만이라도 동생을 함께 데리고 놀게 하자.

우리 집에는 놀고 싶어하는 사람은 누구든지 끼어주어야 한다는 규칙이 있었다. 그래서 안젤라는 때로 동생 데이비드를 친구들과 함께 데리고 놀아야 했다. 안젤라의 친구들은 금방 우리 규칙에 익숙해졌다.

성가신 동생을 데리고 놀지 않으려 하는 아이에게는 형이 좀더 성숙하고 경험이 많으니까 동생에게 노는 법을 가르쳐주라고 타이르는 것도 한 가지 방법이다. 동생이 형을 얼마나 존경하고 따르는지 이야기하는 것도 나쁘지 않다. 그러면 큰아이와 큰아이의 친구들이 교사나 리더의 입장이 되어서 동생을 데리고 논다.

♥ 가족 여행을 한다

가족 여행은 흩어져 있던 가족들이 다시 모여서 서로에 대한 애정을 확인하는 시간이 될 수 있다. 친구들, 매일의 수업, 운동 경기, 가사는 잠시 접어두고 형제가 함께 하는 즐거움을 재발견할 수 있다. 가족 여행은 추억거리도 남겨준다.

♥ 전자제품을 제한한다

아이들이 각자 헤드폰을 끼고 있다면 즐거움을 함께 나눌 수 없다. 오랜 자동차 여행이나 지루한 비행기 안에서 워크맨이나 겜보이를 할 수는 있지만, 그런 장치들은 가족들을 서로에게서 멀어지게 만든다. 우리 가족은 여행을 할 때 아이들이 함께 보내는 시간을 방해하는 텔레비전, 워크맨, 핸드헬드 컴퓨터 게임과 같은 전자제품의 사용을 제한해왔다. 여행을 가면서 규칙을 정하고 싶은 사람은 없겠지만, 각자 헤드폰으로 음악을 듣고 눈은 전자 장치에 고정시키고 있는 아이들을 차에 싣고 다닐 수는 없다. 몇 가지 규칙을 정하고 다른 활동을 계획하자.

♥ 같은 방을 사용하게 한다

같은 침대를 사용하면 결속력이 생긴다는 것은 새로운 정보가 아니다. 이것은 전 세계의 가족들이 알고 있는 사실이다. 부모들은 아이들을 함께 재우면 사이가 좋아진다고 말한다. 아이들은 함께 자면서 형제애가 깊어진다. 잠자리에 들기 전에 아이들 방에 가보면 큰아이가 동생에게 팔을 두르고 자는 흐뭇한 광경을 보게 된다. 형제가 한 방이나 한 침대를 사용하면 같은 공간에서 다른 사람과 함께 사는 법을 배운다. 방을 함께 사용하려면 어쩔 수 없이 의견 조정을 하고 타협하는 법을 배워야 한다. 상대방을 존중해주어야 하고 합의를 위반하면 보상을 해야 한다. 아이들이 인생에서 성공하기 위해 필요한 자질 가운데 하나는 다른 사람들과 조화를 이루면서 사는 것임을 기억하자. 같은 방을 사용하면 그러한 자질을 배우는 데 도움이 된다.

우리 집에서는 딸들은 딸들끼리 아들들은 아들들끼리 같은 방을 사용한다. 형제애가 깊어지기를 바라기 때문이다. 우리 아이들이 악몽을 꾸지 않는 것을 보면 형제와 함께 자면서 안전하게 느끼는 것이 분명하다. 그들은 같은 공간을 사용하면서 협조하고 타협하고 갈등을 해결하는 법을 배운다. 특히 낮에 서로 다투던 아이들이 같은 침대에서 서로 팔을 얹고 자는 모습을 보면 정말 사랑스럽다. 함께 자는 아이들은 다툰 후에도 곧잘 화해한다.

많은 부모들은 아이들이 한방을 쓰면 특별한 결속력이 생긴다고 말한다. 마치 그들만의 '아지트'에서 특별한 '클럽'에 속해 있는 것처럼 자기들끼리 소곤거리고 마음껏 킬킬거릴 수 있다. 우리가 면담을 했던 많은 부모들은 어릴 때부터 '가족 침대'에서 함께 재운 아이들은 계속해서 같은 방을 쓰고 싶어한다고 말했다.

우리 딸들이 서로를 보살피는 것을 보면 정말 흐뭇하다. 아침에 아이들 방을 들여다보면 서로 바짝 붙어서 잠을 자고 있다! 때로 큰딸은 우리가 일어나기 전까지 한참 동안 동생에게 책을 읽어준다.

나는 우리 두 아이가 아침에 바닥에 매트리스 두 개를 붙여놓은 가족 침대에서 깨어나는 모습을 영원히 잊지 못할 것이다. 큰아이는 잠을 깨면서 작은아이에게 달라붙는다. 마침내 두 아이가 모두 깨면 서로 따뜻한 미소와 포옹으로 인사를 한다. 잠이 아직 덜 깬 꿈꾸는 듯한 순간에 그들은 하루를 즐겁게 보낼 기분이 된다. 가족 침대는 형제애를 키워주는 훌륭한 도구가 되었다.

열 살인 우리 아들은 한 살이 된 여동생에게 책 읽어주기를 좋아한다. 어느 날 밤에 그는 침대에서 동생에게 책을 읽어줘도 되느냐고 물었다. 내가 "그럼" 하고 말하자 그는 동생을 데리고 갔고 나는 설거지를 끝내러 나갔다. 30분 후에 돌아와보니 어느새 둘이 손을 잡고 잠들어 있었다. 그 광경을 보니 마음이 푸근해졌다.

형제에 대한 이해심을 갖게 한다

형제들은 때로 상대방에게 감정이 있다는 사실을 잊어버리는 듯하다. 그들이 서로에게 하는 말과 행동은 부모를 질색하게 만들기도 한다. 싸움을 중재할 때는 아이들에게 상대방이 아무리 잘못했다고 하더라도 서로 감정을 존중하도록 일깨워주자. 자신의 감정을 이해하고 염려해주는 사람을 미워하기는 어렵다.

아이들이 서로의 감정을 이해하도록 도와주자. 그러자면 상대방의 관점에서 상황을 바라볼 수 있게 해야 한다. 아이들은 종종 미처 상대방의 입장을 생각하지 못한다. 특히 한창 싸우고 있을 때는 자기만 옳다고 느낀다. 부모가 개입할 때는 잘잘못을 따지기보다 그들의 행동과 감정에 대해 이야기하자. 부모가 임시로 휴전을 시키기보다 그들 스스로 진정으로 타협할 수 있도록 하는 것이 좋다.

형제끼리 싸울 때 나는 공격한 아이에게 상대방의 기분이 어떨지 말해보라고 한다. 그리고 공격을 당한 아이에게 "그 말이 맞니? 억울하니?" 하고 묻는다. 당한 아이가 그렇다고 말하면 왜 그렇게 느끼는지 설명할 기회를 준다. "네가 어떤 행동을 할 때 나는 어떤 기분을 느낀다. 그러니까 나는 네가 ……하면 좋겠다"라고. 그 다음에는 공격한 아이에게 이제 어떻게 해야 하는지 물어본다. 결국은 보통 포옹과 사과로 끝난다. 그리고 다시 좀더 사이좋게 지낸다.

형제들이 앙숙으로 태어난다는 말은 터무니없는 이야기다. 사실 형제만큼 서로 잘 아는 사이도 없다. 우선 형제의 감정을 이해하려고 노력하는 습관이 들면 아이들은 그러한 감정이입 능력을 다른 대인관계에 적용할 수 있게 된다.

비교하지 않는다

아이들은 학년, 성적, 야구팀의 타율 등에서 다른 아이들과 끊임없이 비교가 되는 세상에서 성장한다. 심지어는 동네 아이들 사이에도 서열이 있다. 가정은 아이들이 누군가와 비교를 당하지 않고 있는 그대로 존중받을 수 있는 곳이 되어야 한다. 그럼에도 아이들은 스스로 형제와 자신을 비교하면서 열등감을 느끼기도 한다.

형제를 비교하지 말자. 언니보다 못하다고 느끼는 아이는 일부러 엉뚱한 방식으로 언니와 달라지려고 할지도 모른다. 아이들은 각자 특별한 개성이 있고 장단점이 다르다. 형제와 비교하지 않고 독립된 개인으로 자신을 바라볼 수 있도록 도와주자. 수지가 샐리보다 성적을 잘 받으면 샐리는 이미 그것을 의식하고 있을 것이다. "왜 언니처럼 잘하지 못하니?"라고 말하는 대신 샐리의 장점과 성적을 높이는 방법에 초점을 맞추자. 각자의 특기와 재능을 개발해주자. 또한 형제의 재능을 인정해주도록 하자. 그러자면 섬세한 조율이 필요하다. 단지 형제들의 감정을 상하게 하지 않으려고 아이의 재능을 모른 체하면 안 되겠지만, 한 아이가 가족의 관심을 독차지하는 것도 부당하다.

♥ 각자 나름의 빛을 발하게 하자

모든 아이가 항상 빛을 발할 수는 없다. '이번 주의 스타'를 뽑아보자. 예를 들어, 학교 연극에서 주인공 역할을 맡은 아이를 '이 주의 스타'로 정해서 다른 가족이 칭찬과 격려를 해주고, 다음 주에는 받아쓰기에서 100점을 받은 아이를 스타로 만든다. 형제들이 서로 경쟁을 한다고 해도 부모까지 덩달아서 그런 게임에 휘말리면 안 된다. 한 아이만 조명을 받고 다른 아이들은 그늘에 가려지게 하면 안 된다. 아이들끼리 스타를 지명하게 하자. 그러면 형제의 장점을 인정해주는 법을 배울 것이다.

한 아이가 뭔가를 잘해서 빛을 발할 때 형제들이 축하해주도록 하자. 다른 사람의 성공을 함께 기뻐하는 법을 배우는 것은 인생을 즐겁게 살 수 있는 소중한 도구다. "오늘은 우리 모두 피자를 먹으러 가서 시험을 잘 본 토니를 축하해주자"라고 말하면서 다른 아이에게 살짝 귀띔을 해줄 수도 있다. "매디슨, 오늘 저녁에 네가 '잘했어, 형!' 하고 격려해주면 형이 정말 좋아할 거야." 야구 시합에서 우승을 한 아이가 있으면 결승전 후에 축하하는 의미로 가족 모두 외식을 하는 것도 좋은 방법이다. 한 아이의 생일 파티 준비에 다른 형제들이 도와주게 하자. 함께 선물을 고르고 케이크를 만들고 장식을 하고 파티 게임을 준비하게 하는 것이다. 그리고 생일을 맞은 아이에게 다른 형제들이 생일 파티 준비에 중요한 역할을 했다는 것을 알게 해주자.

아이들에게 서로의 차이점을 존중하고 이해하며 상대방의 재능을 인정하고 지원하도록 가르치자. 이번 주에 가족들이 한 아이의 독주회를 감상하러 갔다면 다음 주에는 다른 아이의 운동 경기를 응원하러 가자. 한 아이가 특별한 재능을 갖고 있을 때 다른 아이들이 '천재'의 그늘에 가려서 시들어버리지 않게 하는 것이 중요하다. 아이들은 저마다 재능이 있다는 점을 명심하자. 단지 다른 재능을 갖고 있을 뿐이다. 모두의 재능을 축하해주자!

♥ 공평하다는 것은 똑같다는 의미가 아니다

아이들은 공평함을 엄청나게 중요시하는데 종종 그 의미를 모든 것이 정확하게 똑같아야 하는 것으로 잘못 이해한다. 우리 집 둘째 아들 밥은 형 짐이 뭔가를 할 때마다 "불공평해!"라고 말했다. 어느 날 저녁 식사에서 두 아이는 접시에 똑같은 수의 콩이 있는지 세기 시작했다. 그 후로 우리는 그들이 직접 갖다 먹게 했다. 우리가 그 게임에 동참하지 않으니까 그들은 스스로 어리석은 짓이라는 것을 깨닫고 그만두었다. 짐이 먼저 결혼했을 때도 밥이 결혼 기념 비디오 촬영에서 처음 한 말은 "불공평해!"였다.

부모들은 곧 공평함에 관련된 문제를 해결하는 방법을 배운다. 우리 집에서는 아이들이 케이크를 나누어 먹을 때 한 아이가 케이크를 자르고 다른 아이가 나누어주게 했다. 공평하게 하되, 모든 것을 똑같이 해주려고 하다가는 부모가 돌아버릴 수 있다. 모든 아이에게 언제나 똑같이 해주는 것은 불가능하다. 아이들마다 필요로 하는 것이 다르다. "왜 수지는 새 운동화를 사주고 나는 안 사주는 거죠?" 하고 매리가 투덜거리면 "수지의 운동화는 너무 작아졌고, 너는 지난 달에 새 운동화를 샀잖아"라고 이유를 설명해줘야 한다. 똑같이 해주는 것이 공평한 것은 아니라는 것을 알게 하자.

우리가 아는 어느 엄마는 세 아이들에게 수시로 말한다. "당장은 불공평한 것처럼 보여도 나중에는 모든 것이 공평해진단다." 아이들에게 각자 필요한 것을 해주되 반드시 똑같이 해줄 필요는 없다. 여덟 살짜리 아이에게 필요한 것은 열네 살짜리 아이에게 필요한 것과 다르다.

한 아이에게 다른 아이보다 좀더 관심을 기울여야 할 때도 있다. 한 아이의 무용 발표회에 참석해서 보내는 시간이 다른 아이의 야구 경기를 보면서 보내는 시간보다 적을 수 있다. 아이들마다 다른 권리가 주어지는 이유를 설명해주어야 할 때도 종종 있다. "아빠, 왜 나는 아홉 시에 자야 하는데, 에린은 열 시에 자는 거죠?" "왜냐하면 너는 한창 크는 나이고, 에린은 숙제가 더 많기 때문이지." 간단명료하게 사실대로 설명하면 불평을 막을 수 있다.

매일 혹은 매주 아이들에게 '똑같은' 기회를 주어야 하는 것은 아니다. 접시에 강낭콩을 똑같이 나누어주는 것보다 전체적인 균형을 목표로 하자. 공평함을 외치는 아이들의 주장에 넘어가면 부모가 일일이 새알 초콜릿 숫자를 세고, 팬케이크의 크기를 재고, 한 아이의 생일에 다른 아이들의 선물까지 사야 하는 궁지에 빠질 수 있다. 아이들에게 자신이 가진 것이 형제의 것과 달라도 결국 각자 필요로 하는 것을 받게 될 것이라고 안심하게 하자.

편애하지 않는다

'편애하지 마라'라는 말은 비현실적인 말이다. 편애를 하지 않을 수 있다고 생각하는 부모는 아마 아이가 한 명밖에 없을 것이다. 어떤 아이는 부모와 성격이 잘 맞고 어떤 아이는 서로 충돌한다. 어떤 아이는 수월하고 편하게 느껴지는가 하면 어떤 아이는 부모의 속을 썩인다. 따라서 각각의 아이가 어떤 부분에서 까다롭고 어떤 부분에서 수월한지를 파악해서 좀더 긍정적인 방향으로 유도하고 문제가 되는 상황은 피하는 것이 상책이다.

아이들이 부모가 편애한다고 느끼게 해서는 안 된다. 그런 불평을 들으면 주의 깊게 귀를 기울이자. 한두 번쯤 이런 질문을 받을 것이다. "나와 제이슨 중에서 누구를 더 사랑해요?" 그러면 "나는 둘 다 특별한 방식으로 사랑한단다"라고 대답하자. 우리 부부는 종종 사랑을 햇빛에 비유했다. "햇빛을 모두 함께 나누어 갖는다고 해서 각자가 덜 받는 것은 아니야. 너희들에 대한 우리 사랑은 햇빛과 같지." 각자 특별한 방식으로 사랑을 받고 있다고 느끼게 해주자. "너는 우리 맏딸이고, 아무도 너를 대신할 수 없어" "너는 특별하고 아무도 너와 같을 수 없단다."

비웃고 놀리는 것은 용납하지 않는다

형제들은 장난으로 서로에게 짓궂은 농담을 한다. 이런 농담은 가족이 나누는 즐거움이기도 하다. 하지만 선의의 농담과 신랄한 비웃음을 구분할 필요가 있다. 상대방을 깔아뭉개는 농담을 해서 자존심을 세우는 것은 비열한 짓이다. 어떤 모임이든지 모두에게 빛을 발할 기회가 주어지고 아무도 다른 사람의 험한 유머에 희생되는 일이 없어야 한다. 선의의 농담이 실제로 상대방의 기분을 상하게 하지 않도록 가르치자. '나는 지금 그대로의 너를 사랑한다'를 뜻하는 놀림과 '너는 너무 멍청하고, 나보다 훨씬 못하다'를 뜻하는 비웃음이 어떻게 다른지 설명해주자.

이미 우울해 있는 아이는 형제들이 괴롭히고 놀리면 점점 더 우울해진다. 그럴 때 놀리거나 비웃지 않고 위로해주는 법을 가르치자. 다른 아이들에게 "제시카가 연극 배역을 맡지 못해서 속이 많이 상한 것 같구나. 기분을 좋게 해줄 방법이 뭐 없을까?" 하고 물어보자. 기분이 안 좋은 아이의 기분을 좋게 해주는 방법을 모두 생각해 보게 하자. 놀리는 것은 잔인한 일이며 용납할 수 없다는 것을 주지시키자.

터울이 큰 형제 키우기

요즘은 가족의 형태가 다양해지고 늦둥이를 갖는 가정이 많아지면서 형제 터울이 점점 커지고 있다. 터울이 큰 형제들의 관계는 두세 살 터울의 형제들과는 매우 다르다. 형제간의 경쟁은 덜 하지만 친밀한 사이가 되기 어렵다. 2세 아이와 12세 아이는 흥미나 능력에서 공통점이 거의 없기 때문에 서로 어울리게 해주는 방법을 생각해볼 필요가 있다. 동생을 수시로 돌보게 하는 것은 형제를 친하게 만드는 방법이 아니다. 큰아이는 동생이 자신의 자유시간과 사생활을 방해한다고 원망할 것이다. 친구가 놀러 왔는데 '성가신 여동생'을 지켜봐야 한다면 즐거울 수가 없다. 자진해서 동생을 보살피겠다는 아이에게는 가끔 베이비시터를 시켜도 무방하지만(보수를 주면 더 잘할 것이다) 지나치게 많은 것을 요구하지는 말자. 형제애를 키워줄 수 있는 좋은 방법은 뭔가 재미있는 것을 함께 하면서 시간을 보내게 하는 것이다. 큰아이는 작은아이의 가정교사나 야구 코치 역할을 맡거나 옷 입는 법을 조언하면서 자부심을 느낄 수 있다.

우리 아이들은 오래된 장난감을 갖고 한 살 된 동생과 함께 놀아주면서 그 동안 잊고 있었던 물건에서 새로운 기쁨을 발견한다. 40대에 아기를 가지면 계속 젊어진다는 말이 있듯이, 아이들에게도 비슷한 효과가 있는 것 같다. 그들은 어린 시절로 돌아가서 나이에 관계없이 단순해지고 마냥 즐거워한다.

어느 날 밤 마사와 나는 거실에 앉아 있다가 6개월 된 에린이 침실에서 우는 소리를 들었다. 아마 낮잠을 자다가 깬 것 같았다. 침실로 달려갔을 때 우리는 영원히 기억에 남을 감동적인 광경을 보았다. 열다섯 살인 제임스가 에린 옆에 누워서 달래주고 있었다. 우리는 십대 아이의 감성을 확인하고 기뻐했다.

아이들끼리 말다툼을 해결하게 한다

부모들과의 인터뷰에서 우리는 아이들끼리 문제를 해결하도록 하라는 말을 반복해서 들었다. 아이들 스스로 타협하고 화해하는 법을 배우게 하라는 것이다. 필요할 때 부모가 도움을 주더라도 참견하지는 말자. 서로 의견이 조금 다른 것은 당연하며, 의견 차이에 대해 토론을 하다 보면 오히려 형제애가 깊어질 수 있다.

언제 개입하고 언제 지켜봐야 하는지 상황에 따라 판단해야 한다. 무엇보다 가족이 화목해야 한다는 것을 알게 해주자. 마사가 아이들의 말다툼을 중지시키는 방법은 "너희들이 나의 평화를 방해하고 있다"라고 말하는 것이다. 사소한 말다툼에는 끼어들지 말고 모른 척하자. 싸움이 커져서 어른의 감독이 필요해질 때는 좀더 요령 있게 대화할 수 있도록 중재하자. 잘잘못을 따지는 함정에 빠지지 말자. 대개의 경우 양쪽 모두 어느 정도 잘못이 있다. 어느 한쪽 편을 들면 아이들을 화해시키기보다 떼어놓는 결과가 된다. 아이들이 흥분해서 상대방의 말에 귀를 기울이지 못할 때는 '냉각기'를 갖게 하자.

우리 부부는 항상 아이들의 관계 회복을 시도하기 전에 그들이 어느 정도 진정할 때까지 기다린다. 그 다음에 한 아이가 자신의 입장을 이야기하는 동안 다른 아이는 말을 가로막지 않고 귀를 기울이게 한다. 그리고 그들이 느끼는 감정을 확인해준다. "밥, 너는 짐이 너한테 잘못했다고 생각하는 거구나." "짐, 너는 밥이 불공평하다고 느끼는구나." 그 다음에 그들끼리 해결하도록 격려한다. "너희들은 이제 다 큰 아이들이고 형제니까, 이 문제는 둘이 해결할 수 있을 것 같다. 둘이 방에 가서 이야기해보거라. 화해한 다음 방에서 나오기 바란다." 마감시간을 정해주거나 문제를 해결할 때까지 밖에 나가지 못하게 하는 방법도 있다.

우리 부모는 형제들끼리 절대 싸우지 못하게 했다. 어떤 식으로 충돌이 생기면 그들의 방식으로 문제를 대신 해결해주고 각자 방으로 들어가라고 말했다. 어른이 된 지금도 우리는 여전히 소원하게 지낸다. 우리는 서로 대화하는 법을 배우지 못했다. 나는 우리 아들들에게는 절대 그렇게 하지 않겠다고 결심했다. 옆에서 지켜보며 필요할 때 도움을 주지만 말다툼을 하도록 내버려둔다. 결국 화해하고 다시 함께 노는 것으로 끝난다.

♥ 폭력은 용납하지 않는다

어떤 아이들은 화가 나거나 실망하면 때리고 물고 욕하는 것으로 반응한다. 이것은 미성숙한 어린아이들로서는 정상적인 행동이다. 이러한 충동을 조절하는 법을 배우게 해야 한다. 아이들에게 폭력은 절대 용납되지 않는다고 가르쳐야 한다. 이 점에서는 어떤 예외도 있을 수 없다.

나는 아이들이 다른 사람의 안전을 위협하는 것은 절대 용납하지 않는다. 만일 아이가 폭행을 사용하면 자신의 행동을 보상할 방법을 찾을 때까지 격리한다.

♥ 너희들 문제니까 너희들이 해결해라

문제 해결 능력은 성공하는 인생을 위해 반드시 필요하다. 회사가 어려움을 겪고 있을 때 현명한 임원들은 '문제점이 아닌 해결책을 보여달라'라는 경영 모토를 따른다. 일찌감치 아이들에게 스스로 책임지고 문제를 해결하도록 가르치자. 부모가 형제 사이의 말다툼에 휘말려서 잘잘못(때로는 어느 정도 고려해야겠지만)을 따지지 않는다는 것을 알게 하자. "이것은 너희들 문제니까, 너희들이 알아서 해결해라" 하고 말하자. 아이들이 싸우면 그 기회에 갈등을 해결하고 사이좋게 지내는 법을 배우게 하자.

나는 두 아이가 싸우면 서로 화해할 방법을 생각해낼 때까지 손을 잡고 있도록 한다. 만일 그들이 상대방에 대해 불평을 하면 이렇게 대답했다. "아니, 미안하지만 그건 내 문제가 아니다. 너희들 문제다. 해결책이 생각나면 나에게 말해라." 그리고 태연하게 걸어나온다. 아홉 살짜리 아이가 여섯 살짜리 남동생과 손을 잡고 있는 것은 죽을 맛이다! 그들은 곧 문제를 해결한다.

아이들은 일찌감치 세상은 자애로운 곳이지만 단지 받기만 하는 것이 아니라 주기도 해야 한다는 것을 알아야 한다. 베풀고 양보하는 법을 배워야 한다. 많은 아이들이 '내가 먼저'라는 경쟁적인 생각을 갖고 사란다. 서로 사기가 잘났다고 싸우면 가정이 어떻게 되겠는가? 가족 구성원들은 양보의 미덕을 배워야 한다.

친구는 왔다가 떠나지만 가족은 영원하다

부모가 아이들의 마음에 심어주어야 하는 것이 또 있다. 반복적으로 '형제'의 의미를 일깨우는 것이다. 가족, 특히 형제의 소중함을 상기시키자. 아이들도 피가 물보다 진하다는 말의 의미를 이해한다. 형제만큼 서로를 속속들이 알고 평생 사랑하는 사람도 없을 것이다. 가족 모임에서, 전화 통화를 하면서, 어려운 일이 생겼을 때 우리 자신이 얼마나 형제를 사랑하고 필요로 하는지 본보기를 보여주자. 친구나 배우자는 왔다가 떠나기도 하지만, 형제는 영원히 내 곁에 남는 것을 알게 해주자.

6장
건강한 아이로 키우기

아이들의 성공에 필수적인 요소이며 부모들이 큰 영향을 줄 수 있는 것이 바로 건강이다. 건강한 아이들은 무럭무럭 자라고 열심히 배운다. 학교에 결석하는 일이 적고, 사회적·정서적인 성장을 위한 기회가 많을 뿐만 아니라 다른 아이들보다 상대적으로 더욱 즐겁게 생활할 수 있다. 자주 병치레를 하는 아이들은 학습 경험과 즐거움을 놓칠 수 있다.

소아과 의사로 지내면서 나는 연결된 부모들과 아이들이 더 건강하게 지낸다는 사실을 알게 되었다. 애착 양육으로 길러지는 아이들이 더 건강한 이유는 여러 가지가 있지만 그 중에서도 모유 수유를 첫 번째로 꼽을 수 있다. 부모와 확실하게 연결된 아이들은 스트레스도 덜 느낀다. 요구를 해결하기 위해 많이 울 필요가 없으며, 커서도 부모와 충돌하는 일이 드물다. 그리고 물론 스트레스를 적게 받는 아이가 더 건강하다. 애착 양육에 의해 아이에 대해 잘 알게 되면 유리한 점이 또 있다. 나는 연결된 엄마가 아이의 건강에 대해 말하면 좀더 주의를 기울이게 된다. 정확하고 세심한 관찰로 아이에 대해 정확한 진단을 내리는 데 도움을 주기 때문이다.

아이와의 연결은 아이를 건강하게 키우기 위한 첫걸음이다. 이제 아이들을 건강하게 키우기 위해 부모들이 할 수 있는 몇 가지 방법을 소개하겠다.

성공을 위한 아홉 가지 영양섭취법

히포크라테스는 "음식이 약이 되게 하라"라는 말을 했다. 오랜 세월 동안 나는 좋은 식습관을 가진 아이들이 건강한 것을 직접 눈으로 보아왔다. 그런 아이들은 공부를 더 잘하고, 행동에 문제가 적으며, 자주 아프지 않는다. 소아과 의사로 일하기 시작했을 때 나는 소위 '무공해 엄마'들을 만나면서 처음 그런 사실을 알게 되었다.

무공해 엄마들은 아이들의 마음과 몸을 오염시키는 음식을 주지 않는다. 그런 엄마의 아이들은 과일, 야채, 완전 곡물, 정제를 덜한 설탕을 섭취하고, 대부분의 미국인들보다 생선을 많이 먹고 고기는 적게 먹는다. 또한 다른 '오염물', 예를 들어 폭력적인 텔레비전 프로그램이나 장난감을 제한한다. '무공해 아이'들은 우리 병원에서 정기 검진 외에는 자주 볼 수 없다. 좀처럼 아프지 않기 때문이다. 또한 학교에 들어가면 행동문제나 학습문제가 생기는 일이 드물다. 오랫동안 무공해 엄마들과 아이들을 보면서 나는 아이들이 먹는 음식과 행동이나 학습능력 사이에 어떤 연관성이 있다고 믿게 되었다. 음식이 모든 신체적·정서적 문제나 학습문제에 대한 해답은 아니지만, 건강한 음식을 먹으면 문제가 덜 생기고 면역력이 강화된다.

최근 몇 년 사이에 나 역시 영양문제에 좀더 까다로워졌다. 훌륭한 영양이 건강과 행복의 열쇠라는 것을 알기 때문이다. 여기 성공하는 아이들의 부모들이 말하는 영양섭취 요령을 소개한다.

♥ 모유는 오래 먹일수록 좋다

모유를 먹는 아이들은 병치레를 적게 한다. 중이염·감기·배앓이에서 소아암·천식·알레르기·당뇨병·신장병에 이르기까지 모든 질병에 걸릴 확률이 낮아진다.

모유는 단지 칼로리만 공급해주는 것이 아니라 아기를 질병으로부터 보호하고 최적의 발달에 필요한 영양소를 제공하는 살아 있는 음식이다.

모유를 먹는 아이들은 나중에 비만이 될 가능성이 적고 분유를 먹은 아기들보다 평균적으로 똑똑하다. 모유는 오래 먹일수록 좋다.

나는 우리 아이들에게 모유를 먹였기 때문에 그들에게도 모유의 장점을 알려주고 싶다. 어느 날 음식점에서 우리는 엄마 품에 안겨서 우유병을 갖고 노는 귀여운 아기를 보았다. 우리 아이들은 실망스러운 표정을 지었다. "왜 그러니?" 하고 묻자 그들은 입을 모아서 "아기는 혼자 우유병을 들고 있고 엄마는 아기를 쳐다보지도 않잖아요"라고 대답했다. 열한 살과 열세 살인 우리 아이들은 아기를 어떻게 먹여야 하는지 알고 있었다.

그러면 얼마나 오래 모유를 먹여야 할까? 해답은 아이가 얼마나 건강하기를 바라는가에 있다.

미국 소아 영양 연구위원회는 "모유는 적어도 12개월 동안 먹이고 그 후에도 엄마나 아이가 원하면 계속 먹이는 것이 좋다"라고 권한다. 미국 공중 위생국 장관을 지낸 안토니아 노벨로 박사는, 모유 수유의 장점에 대한 과학적 연구를 검토한 결과 "2세가 될 때까지 모유를 계속 먹는 아이는 행운아다"라고 말했다. 모유 먹이기를 아이의 건강을 위한 최고의 투자로 생각하자. 만일 처음 몇 주일 동안 모유가 잘 나오지 않으면 도움을 받아서 해결하는 것도 방법이다. 직장에 나가야 한다면 고성능 유축기를 빌리거나 사서 모유를 짜뒀다가 먹이고 집에 돌아오면 계속 모유를 먹인다. 모유 먹이기는 투자하는 만큼 돌아온다. 모유를 먹이는 엄마는 아기에게 건강은 물론, 정서·지능 발달에 최고의 영양소를 주고 있는 것이다. 또한 아기와의 유대감이 생긴다.

나는 우리 아이들에게 충분히 오랫동안 젖을 먹일 수 있었던 것에 감사한다. 그들은 당시의 친밀감과 안정감을 기억한다.

♥ 건강식으로 입맛을 들인다

사람은 태어나서 처음 3년 동안 식습관이 형성된다. 처음에 모유를 먹이다가 신선한 이유식으로 보충해주면 아이는 계속해서 건강식을 좋아하게 된다. 짜고 기름기가 많고 조미료를 넣은 가공식품보다 건강식이 아이의 입맛에 맞게 된다. 아이의 몸이 그것에 익숙해지기 때문이다.

이 전략은 우리 집 아이들에게 효과가 있었다. 사실 몇 아이는 어릴 때 정크 푸드(junk food, 칼로리는 높으나 영양가가 낮은 스낵류의 식품이나 즉석 식품)를 전혀 먹지

몸의 지혜

'몸의 지혜'라고 불리는 영양섭취 원리는 우리 몸이 알아서 필요한 영양소를 원하는 것을 의미한다. 우리 몸에 어떤 영양소가 부족하면 그 영양소가 들어 있는 음식을 섭취하고 싶어하는 욕구가 생기는 것이다.

1920년대에, 소아과 의사인 클라라 데이비스는 '몸의 지혜'라는 개념에 대한 획기적인 연구를 했다. 그녀는 오로지 모유와 양념이나 설탕을 가미하지 않은 완전 자연식품을 이유식으로 먹인 아이들에게 열두 가지 음식을 제공했다. 그 아이들은 본능적으로 균형 잡힌 영양을 제공하는 음식들을 선택했다. 그것은 몸의 지혜로 인한 결과였다.

안타깝게도 요즘 사람들은 너무 많은 정크 푸드에 노출된 나머지 몸의 지혜를 잃어버렸다. 오랜 기간 정크 푸드를 먹음으로써 우리 몸은 그것이 정상인 줄 알고 있다. 그래서 건강식보다 정크 푸드를 더 많이 찾는다. 만일 정크 푸드를 가끔씩만 먹으면 우리 몸의 지혜가 올바른 궤도로 돌아갈 필요가 있다고 상기시켜줄 것이다. '무공해 아이들'은 매일 먹는 음식에 주의를 기울이는 '무공해 부모' 덕분에 이러한 몸의 지혜를 갖게 된 것이다.

않았다. 그들은 커서 "날 사랑한다면 정크 푸드를 주지 마세요"라고 쓴 티셔츠를 자랑스럽게 입고 다녔다. 이들 '무공해' 아이들도 생일 파티에 가거나 친구들과 패스트푸드점에 가면 감자튀김과 아이스크림을 먹었다. 하지만 그런 정크 푸드로 과식을 하지는 않았다. 그들은 정크 푸드를 먹으면 '속이 거북한 현상'을 느꼈다. 정크 푸드를 먹지 않는 우리 아이들은 '좋은 음식을 먹으면 기분이 좋아진다'라는 것을 알았다.

건강식에 입맛을 들이면 몸이 건강식을 원하게 된다. 일찍부터 건강식을 먹은 아이의 몸은 생화학적으로 좋은 음식을 원하고 나쁜 음식은 피하도록 프로그램이 된다. 다양한 건강식을 꾸준히 섭취하면 우리 몸에서 세로토닌과 엔도르핀처럼 행복감을 주는 호르몬이 분비된다. 일찌감치 이런 좋은 기분을 알게 된 아이들은 본능적으로 건강식을 원하게 된다. 부모가 어떤 음식을 주는가에 따라 아이들의 식습관이 형성된다.

♥ 군것질 거리를 준비해둔다

아이들이 여럿인 집에서는 그들이 각자 먹고 싶어하는 음식을 모두 만들어줄 여유가 없다. 오랜 경험을 통해 터득한 방법으로 우리 집에서는 영양 식품을 사서 이런저런 음식을 만들어놓고 아이들이 먹고 싶은 것을 골라서 먹게 했다. 우리 집 아이들은 먹고 난 그릇을 닦으라고 시키지 않으면 하루 종일 먹었다. 물론 세 끼 식사를 했지만 그 사이에도 수시로 주전부리를 했다. 한창 크는 아이들에게는(어른들도 마찬가지로) 세 끼를 배불리 먹는 것보다 하루 종일 조금씩 먹는 것이 생화학적으로 유익하다고 한다.

아이들은 자기 주먹만 한 작은 위를 갖고 있다. 세 살짜리 아이 앞에 접시 가득 음식을 담아놓고 아이의 주먹 크기와 음식 양을 비교해보면 왜 아이가 음식을 그렇게 많이 남기는지 알 수 있을 것이다.

주전부리를 하면 아이들의 행동이 얌전해진다. 한 번에 많은 음식을 먹으면, 특히 정제된 설탕이 많이 들어 있다면, 혈당이 급속히 높아진다. 몸 안의 센서들이 췌장에 '혈액 속에 당이 너무 많아서 내보내야겠다'라는 메시지를 보낸다. 그러면 췌장에서 인슐린을 분비해서 여분의 지방을 혈류에서 세포 속으로 내보내는데, 이때 혈당 수준도 갑자기 떨어진다. 혈당이 낮아지면 스트레스 호르몬이 분비되고, 그래서 아이들의 행동에 영향을 주고 더 많은 설탕을 원하게 만든다. 혈당과 행동은 함께 즐겁지 않은 롤러코스터를 탄다. 주전부리를 하면 이러한 혈당의 변화를 겪지 않을 수 있다.

십대들과 큰 아이들은 스스로 찾아서 먹는다(음식이 떨어진 것 같으면 아이들 방을 조사해보라). 유아들을 위해서는 제빙 용기나 빵 굽는 틀과 같은 '칸막이 그릇'을 사용해보자. 칸마다 한 잎 크기로 만든 알록달록한 영양식을 넣고 바나나 수레, 브로콜리 나무, 치즈 벽돌, 아보카도 보트, 파스타 조개와 같은 재미있는 이름으로 불러보자. 한두 칸을 남겨놓고 아이가 좋아하는 주스나 요구르트를 담는다. 그 그릇을 낮은 식탁 위나 냉장고에 넣어두면 아이들은 아침에 등교하면서 가져가서 학교에서 먹거나 가족 외출이나 쇼핑을 하다가 출출해지면 먹을 것이다. 또한 혈당 과다로 인한 우울증을 피할 수 있는 음식을 준비해두는 것도 필요하다.

주전부리를 위해서는 적은 양에 영양이 풍부한 음식이 좋다. 아이들이 좋아하는 주전부리로는 다음과 같은 것들이 있다.

- 아보카도
- 브로콜리
- 치즈
- 삶은 달걀 슬라이스
- 생선 토막(연어, 참치)
- 파스타
- 땅콩버터

- 닭고기 요리
- 고구마
- 강낭콩
- 통밀빵과 크래커
- 요구르트

♥ 비만을 예방한다

마른 사람들이 더 오래 더 건강하게 산다. 비만 아동은 정서적으로나 신체적으로 불리하다. 연구에 의하면 뚱뚱한 아이들은 열등감이 생기기 쉽고, 사회적으로 고립되며, 운동 능력이 떨어진다. 살찐 아이들은 마른 아이들보다 두 배나 감염이 잘 되는데, 아마 비만이 병원균과 싸우는 백혈구의 기능을 떨어뜨리기 때문인 것 같다. 비만아들은 성장통이 더 심하며 나중에 관절염이 생길 가능성이 더 높다. 살이 쪄서 움직이는 것이 굼떠지면, 특히 유전적 소질이 있을 경우, 제2형 당뇨병에 걸릴 확률이 높아진다.

날씬해지려고 무조건 살을 빼는 것은 좋지 않다. 우리 몸은 적절한 지방을 필요로 한다. 어떤 사람들은 거의 아무거나 먹어도 살이 찌지 않는데 어떤 사람은 아무리 적게 먹어도 살이 찌는 이유는, 서로 다른 신체 조건을 갖고 있기 때문이다.

- **신체 조건에 맞는 식사를 한다** 사람들의 신체 조건은 보통 세 유형으로 나뉜다. 나는 그 유형을 각각 바나나(크고 마른 사람), 사과(중간이거나 단단한 사람), 배(키가 작고 뚱뚱한 사람)라고 부른다. '바나나'는 칼로리를 소모하고 '사과'와 '배'는 칼로리를 비축하는 경향이 있다. 지방을 소모하거나 저장하는 체질은 유전적이다. 우리는 유전자를 바꿀 수는 없지만 식습관은 바꿀 수 있다. 사과와 배가 날씬해지려면 더 건강한 식습관을 가질 필요가 있다. 바나나가 될 수는 없지만 좀더 날씬한 사과나 배가 될 수는 있다.

그러면 어떻게 아이가 살찌지 않게 할 수 있을까? 아이가 입에 넣는 것마다 감시하면 오히려 역효과가 난다. 먹는 것을 통제하려고 하지 말자. 아이는 자신의 먹을 권리를 주장하려고 나쁜 음식을 더 먹으려들 것이다. 연구에 의하면 부모가 아이의 식습관을 강도 높게 통제하면 아이들이 점점 더 고지방 음식을 먹는다고 한다. 청소년들과 젊은이들은 먹는 것을 통제하려다가 거식증이나 다식증과 같은 섭식 장애에 걸리기도 한다.

좀더 나은 방법은 부모가 훌륭한 식습관의 본보기를 보이는 것이다. 예를 들어, 간식으로 영양분이 풍부하고 지방이 적은 음식을 먹는 것이다. 과일과 야채, 과일과 꿀을 섞어서 먹는 저지방 플레인 요구르트, 통밀빵과 시리얼 등이 그런 음식에 속한다. 고지방, 고당분 음식을 군것질 거리로 주지 말고 과식을 하지 않도록 타이르자. 아이들도 케이크나 피자를 한 쪽 더 먹으면 속이 불편해진다는 것을 알고 있다.

비만이 되지 않도록 하는 최선의 방법은 운동을 많이 시키는 것이다. 소파에 앉아서 텔레비전만 보고 게다가 군것질까지 한다면 살이 찔 수밖에 없다. 운동장에서 뛰어다니고, 수영장에서 헤엄치고, 자전거를 타고 동네를 돌면 더 많은 지방을 분해할 뿐 아니라 식욕을 조절하게 되고 군것질할 기회가 줄어든다. 아이들이 일어나서 움직이게 하자. 함께 밖으로 나가자!

♥ 머리를 좋아지게 하는 아침 식사

든든한 아침 식사는 월스트리트 중역들만을 위한 것은 아니다. 아침 식사는 '성공 식사'라고 부를 만하다. 아침 식사를 든든하게 하면 하루를 활기차게 시작할 수 있다. 단백질은 뇌의 활동을 활발하게 하고 복합 탄수화물은 뇌의 활동을 진정시킨다. 아침에 그 두 가지를 골고루 균형있게 섭취하면 오전에 학습 능률도 올라가고 집중이 잘 된다.

아침 식사로 어떤 음식이 좋을까? 다음은 단백질, 복합 탄수화물, 칼슘이 골고루 들어 있는, 머리를 좋게 해주는 아침 식사의 예다.

- 현미 시리얼, 요구르트와 과일
- 달걀, 통밀 토스트와 100퍼센트 오렌지 주스
- 통밀 팬케이크와 과일과 우유 한 잔

위의 메뉴는 현미와 통밀, 과일에 들어 있는 복합탄수화물처럼 섬유질이 많은 음식이 주를 이룬다는 사실에 유의하자. 섬유질 식품을 먹으면 소화가 천천히 되면서 생산되는 당분이 지속적으로 혈류에 흡수된다. 반면 도넛, 달콤한 시리얼, 포장된 과자는 소화가 빨리 되고 인슐린이 지나치게 분비되면서 혈당이 떨어지므로 오전의 학습 능률이 저하된다. 교사들은 하루 중에 오전 열 시에서 열한 시 사이에 학생들의 집중력이 현저하게 떨어진다고 말한다.

학설에 의하면 : 아침 식사는 아이들의 행동과 학습에 영향을 준다

다음은 머리를 좋게 하는 아침 식사에 대한 최근의 연구 결과다.

- 아침 식사를 하는 아이들은 일반적으로 성적이 더 높고, 집중을 잘하고, 복잡한 문제를 잘 해결한다.
- 아침 식사를 거르는 아이들은 하루 종일 불규칙한 식습관을 보이기 쉽다. 건강식을 먹지 않고 정크 푸드로 과식을 한다.
- 복합 탄수화물과 단백질의 칼로리가 골고루 함유된 아침 식사를 하는 아이들은 그렇지 못한 아이들보다 공부를 잘한다.
- 유제품 같은 고칼슘 음식을 아침 식사로 먹으면 행동 문제와 학습 문제가 개선된다.

지방이 적당히 함유된 식사를 주자

저지방 식사는 어린이들을 위한 것이 아니다. 미국의 성인들 대부분은 식사에서 지방의 양을 줄여야 하지만, 그렇다고 해서 아이들이 먹는 지방의 양까지 일일이 따져봐야 하는 것은 아니다. 성장기의 두뇌와 신체는 지방을 필요로 한다. 단, 몸에 좋은 지방을 먹어야 한다.

아기들은 태어나서 처음 1년 동안 지방에서 하루 칼로리의 40퍼센트 정도를 섭취해야 한다. 이것은 모유의 성분 연구를 통해 알게 된 것으로, 모유에는 에너지원의 50퍼센트가 지방이다. 아이들과 십대들은 일일 칼로리의 30퍼센트를 지방에서 얻으면 충분하다. 어른의 경우는 20~25퍼센트가 적당하다.

자라나는 몸과 두뇌에는 오메가-3 지방산이 많이 함유된 지방이 가장 좋다. 이런 지방들은 실제로 아시아 문화권에서 '건강식'으로 알려져 있다. 사실, 모유가 두뇌 발달에 도움이 되는 이유는 모유에 들어 있는 건강에 좋은 지방, 특히 DHA라고 불리는 오메가-3 지방산 때문이기도 하다. 연구에 의하면 학습과 행동에 문제가 있는 일부 아이들의 경우 오메가-3가 부족한 것으로 나타났다.

다음은 우리 몸에 좋은 지방을 함유한 식품이다.

가장 좋은 지방

- 생선(특히 연어와 참치 같은 냉수어)
- 아마유와 아마인
- 채유(올리브와 캐놀라 유)
- 씨앗(해바라기씨 호박씨)
- 콩제품(두유와 두부)
- 견과류
- 아보카도
- 땅콩버터

- 맥아
- 채소

좋은 지방(적당히 섭취)

- 요구르트
- 우유
- 달걀
- 지방이 적은 소고기와 닭고기
- 코코아 버터

나쁜 지방(영양가는 거의 없고 건강에 해로운)

- 경화 지방(또는 일부가 경화된)
- 라드유(돼지 기름)
- 동물성 기름
- 목화씨 기름
- 경화 쇼트닝

좋은 지방이 함유된 식품

- 연어와 참치 같은 생선(적어도 일주일에 두 번 먹는다)
- 캐놀라 유와 마요네즈, 삶은 달걀과 함께 만든 참치 샐러드
- 땅콩버터를 바른 통밀빵 샌드위치
- 해바라기씨(목에 걸릴 수 있으므로 3세 이상에게 먹임)
- 아마인과 견과류(목에 걸릴 수 있으므로 3세 이상에게 먹임)
- 드레싱에 채유 1티스푼
- 아마유(스무디를 넣어 만든)
- 아보카도와 요구르트
- 통밀빵이나 크래커에 바르거나 샐러드에 넣는 홈무스(병아리콩과 올리브 유로 만든 스프레드)

♥ 장 볼 때 데리고 가자

슈퍼마켓은 훌륭한 영양학 교실이다. 우리 집 아이들은 슈퍼마켓에서 영양 게임을 즐겨 했다. 아이들과 함께 쇼핑을 하면서 영양 정보를 조금씩 가르쳐주는 것이다. 우리가 좋아했던 게임은 다음과 같다.

- **색깔 게임** 아이들에게 색깔을 찾아오라는 임무를 준다. 노란색 두 가지, 초록색 세 가지, 빨간색 두 가지를 골라오게 한다. 다양한 색의 과일과 채소를 먹을수록 영양을 골고루 섭취할 수 있다. 색깔이 진할수록 더 많은 영양분이 들어 있다고 가르쳐주자. 창백한 양상추보다는 진초록의 시금치가, 흰색 자몽보다는 분홍색 자몽이 더 영양가가 높다. 녹황색 과일과 채소의 영양 가치에 대해 설명해주자.

- **제품 포장에서 나쁜 단어 찾기 게임** 우리는 아이에게 시리얼 상자에 써 있는 경화유가 건강에 나쁘다고 가르쳤다. 아이는 슈퍼마켓에서 '통과하는' 통로가 있다는 것을 알게 되었다. '건강에 나쁜 지방'으로 가득한 '경화유' 통로였다. '건강에 나쁜 식품' 통로를 걸어가면서 얼마나 많은 포장 상품에 경화유가 들어가 있는지 알아보자. 공장에서 만드는 이 지방을 제과업체가 사용하는 이유는 가격이 싸고 유통기간이 길고 아이들이 '하나 더 먹게' 만드는 바삭거리는 맛을 주기 때문이다.

십대 아이들을 위한 지방 섭취, 생선을 많이 먹고 튀긴 음식은 줄이자

몸매에 대한 스트레스와 걱정 때문에 청소년들은 종종 지방을 멀리하지만 그러다가 건강한 지방까지 멀리할 우려가 있다. 정크 푸드 세대인 십대들은 몸에 나쁜 지방을 많이 섭취하는 반면 좋은 지방의 섭취량은 부족하다.

♥ 면역체계를 강화해준다

몸에 좋은 영양소는 아이의 면역체계를 강화시키며 영양섭취가 부족하면 면역체계가 약해진다. 면역체계를 강화시켜주는 영양소에는 다음과 같은 것들이 있다.

- 비타민 C 이 영양소는 병원체와 싸우는 백혈구와 항체의 생산을 촉진한다. 비타민 C의 공급원으로는 피망, 구아바, 칠리고추, 파파야, 딸기, 키위, 오렌지 주스, 멜론, 자몽, 브로콜리가 있다. 비타민 C는 영양제로 섭취하는 것보다 음식물로 섭취하는 것이 좋다. 비타민 C 영양제를 다량으로 복용하면 대부분이 소변으로 배출된다.

- 비타민 E 주공급원으로는 해바라기씨, 채유, 아몬드, 땅콩버터, 맥아, 토마토 퓌레, 아보카도, 복숭아, 귀리 겨, 통밀 강화 시리얼이 있다.

- 베타 카로틴 녹황색 과일과 야채, 말린 살구, 고구마, 당근, 멜론, 복숭아, 단호박, 케일, 망고 등에 많이 함유되어 있다.

- 아연 아이들이 먹을 만한 최고의 공급원은 아연 강화 시리얼, 해산물(게와 굴 같은), 소고기, 칠면조, 강낭콩 등이 있다.

- 오메가-3 지방산 연어와 참치 같은 지방이 많은 생선과 아마유가 풍부한 공급원이다.

- 셀레늄 해산물, 정제하지 않은 곡류, 야채, 노른자위, 닭고기, 해바라기씨, 견과류에서 발견되는 미네랄로, 병원체와 싸우는 항체 수를 늘려준다.

- 식물영양소를 먹인다 식물영양소는 과일과 야채의 색소에 해당하는 화학 성분이다. 우리 부부는 아이들에게 식물을 건강하게 지켜주는 '식물영양소'가 우리의 몸도 건강하게 해준다고 말한다. 식물영양소는 보호 기능을 하는 효소 분비를 자극함으로써 세포의 재생을 돕는다. 식물영양소는 병원체와 싸우고 암을 예방한다. 면역성을 높여주고 모든 생명체의 건강에 기여한다. 아이들이 과일

똑똑해지는 철분

연구에 의하면 지속적인 철분 결핍으로 인한 빈혈증이 있는 아이들은 지능과 운동 능력이 떨어진다고 한다. 철분은 성장기의 신체와 두뇌에 중요한 영양소다. 철분의 주 공급원은 모유, 철분 강화 분유, 소고기와 양고기, 해산물, 렌즈콩, 강낭콩, 껍질을 벗기지 않은 감자, 단호박, 토마토 페이스트, 철분 강화 시리얼과 파스타, 자두 주스, 두부, 말린 과일(살구, 무화과, 복숭아, 건포도, 자두) 등이 있다.

과 야채를 먹어야 하는 까닭은 바로 이 식물영양소 때문이다. 때로 우리는 아이들에게 여러 가지 과일과 야채를 먹었느냐는 뜻으로 이렇게 묻는다. "오늘 식물영양소를 먹었니?" 식물영양소의 공급원으로는 콩으로 만든 음식, 블루베리, 브로콜리, 멜론, 칠리고추, 아마인, 마늘, 분홍 자몽, 붉은 자몽, 고구마, 토마토, 수박 등이 있다.

- 설탕의 과다 섭취를 피한다 설탕은 면역력을 저하시킨다. 12온스(약 340그램)의 음료수 깡통 두 개 반에 들어 있는 양인 100그램(25티스푼)의 설탕을 섭취하면 면역 반응 체계가 약화된다. 복합 탄수화물은 이런 작용을 하지 않는다.

- 스트레스를 줄인다 스트레스 호르몬 역시 면역 기능을 떨어뜨린다. 아이가 가족문제나 공부로 스트레스를 받으면 병이 나는 이유를 생각해보았는가? 집이나 학교에서 힘든 시간을 보내면 병원균과 싸워서 이겨낼 수 없다. 특히 지속적이고 풀리지 않는 스트레스를 받으면 면역체계가 약화된다.

♥건강한 식습관의 본보기를 보인다

아이들은 부모가 사오는 음식과 부모가 만들어주는 음식을 먹는다. 무엇보다, 부모가 먹는 것을 아이들이 먹는다. 부모는 아이의 첫 영양학 교사이고, 아이들은 부모를 보고 배운다. 연구에 의하면 아이들은 부모의 식습관을 금방 닮아간다고 한다.

우리 아이는 내가 싸준 도시락이 대단한 건강식이라 친구들이 서로 음식을 나눠먹지 않는다고 불평했다. 그 말은 우리 아이가 건강식에 대해 많이 배우고 있다는 증거다.

가족의 가치관을 심어줄 때 사용하는 '우리'라는 말로 건강식을 더 잘 먹도록 하는 효과를 볼 수 있다. 아이가 친구 엄마들처럼 흰쌀밥을 해주지 않는다고 불평하면 이렇게 말하자. "우리 집에서는 현미밥을 먹잖아." "우리 집은 햄버거보다 생선을 많이 먹지." 그러면 아이들은 부모가 무엇을 기대하는지, 우리 집의 기준이 무엇인지 알게 된다. 아이들이 크면 학교나 음식점이나 친구 집에 가서 정크 푸드를 먹게 되겠지만 적어도 집에서 배운 영양 기준을 염두에 두고 있다가 기회가 되면 적어도 가끔씩은 그 기준을 따를 것이다.

우리 집에서는 건강식을 '자라는 음식'이라는 말로 부르기도 했다. 아이들은 네 살 정도가 되면 '자라는 음식'이 몸에 좋고 다른 음식들은 아이들이 자라는 데 도움이 되지 않는다는 것을 이해한다. 우리 병원에 오는 엄마들 중에 아이에게 거의 정크 푸드를 먹이지 않는 무공해 엄마가 있다. 그 엄마의 네 살배기 아이가 하루는 "이웃집 친구가 걱정이에요"라고 말했다. "왜?" 하고 묻자 그 아이는 이렇게 대답했다. "아무래도 병이 나겠어요. 우리 집처럼 자라는 음식을 먹지 않거든요."

꾸준히 운동을 시킨다

요즘 아이들은 과식을 하면서 운동은 하지 않는다. 1988~1994년 실시한 국민 보건영양 조사(NHANES)에 의하면 청소년들이 과식을 하고 있으며 게다가 운동량이 부족한 것으로 나타났다. 연구자들은 운동을 하지 않는 것이 많이 먹는 것보다 아동 비만의 더 큰 원인이라고 한다. 아이들은 왜 전보다 덜 움직이는 것일까? 그 이유는 아이들이 시간을 보내는 방법이 달라졌기 때문이다. 텔레비전 시청, 비디오 게임, 인터넷은 방과후에 야구나 아르바이트를 하는 것보다 칼로리가 덜 소모된다. 사실 텔레비전은 아이들의 건강을 해치고 비만의 원인이 되는 이중의 피해를 준다. 텔레비전을 보고 있을 때는 신진대사가 느려져서 칼로리가 덜 소모된다. 게다가 아무 생각 없이 정크 푸드를 먹으면서 텔레비전을 본다. 그래서 우리 집에는 가족 텔레비전 앞에 실내 자전거와 미니 트램펄린을 갖다놓았다.

♥ 운동은 몸을 튼튼하게 해준다

그렇다면 건강한 아이들이 성공하는가? 그렇다. 당연한 결과다. '지능을 높여주는 자연의 명약'이라고 불리는 운동에는 여러 가지 부수적인 효과가 따라온다. 운동을 하면 병원체를 죽이는 '킬러 세포' 백혈구가 증가하고 병원체와 싸우는 자연 항체의 생산도 증가한다. 또한 산소를 몸과 세포에 공급해서 성장에 도움을 준다. 운동을 하면 근육이 세포에 흡수되는 산소를 더욱 효율적으로 사용한다.

운동은 비만을 예방하는 최고의 방법이다. 운동을 하면 지방이 우리 몸에 쌓이지 않고 소모된다. 자동차 엔진을 공회전시키는 것처럼, 운동을 하면 신진대사가 활발해져서 운동이 끝난 후에도 칼로리가 계속해서 소모된다.

운동을 하면 근육이 생기고 근육은 다른 조직보다 많은 칼로리를 소모한다. 따라서 살이 빠지기 시작하면 살을 빼기가 점점 더 쉬워진다. 단, 십대 아이들은 성장기의 관절과 근육을 다치지 않도록 조심하고 전문가의 감독 하에 웨이트트레이닝을 받도록 해야 한다.

소아과 의사들이 가장 우려하는 건강문제는 청소년들에게 제2형(인슐린 억제) 당뇨병이 늘어나고 있다는 것이다. 운동을 하면 인슐린의 효율성이 높아지고 체내 지방이 줄어들기 때문에 당뇨병에 걸릴 위험이 적어진다. 사실, 당뇨병에 걸릴 유전적 소질을 갖고 있어도 운동을 하면 예방할 수 있다.

♥ 운동은 두뇌활동을 활발하게 해준다

운동을 하면 육체뿐 아니라 두뇌 건강에도 도움이 된다. 그리고 기분이 좋아진다.

아이들이 훌륭하게 자라려면 무엇보다 행복해야 한다. 운동을 하면 뇌에서 기분이 좋아지는 호르몬인 엔도르핀이 분비된다. 이 천연의 기분 상승제는 긴장을 완화시켜준다. 사람들이 운동 후에 활기차고 편안하게 느끼는 것은 이 때문이다. 운동은 스트레스를 줄이는 좋은 방법이기도 하다. 건강한 아이들은 스트레스에 잘 견디고 느긋하다.

두뇌에 공급되는 혈액이 증가하면 두뇌가 생각을 하기 위해 사용하는 신경 전달물질의 분비가 활발해진다. 잠자리에서 일어나 몇 시간이 지나도록 두뇌가 깨어나지 않는다면 아마 학교에 걸어가는 것이 좋을 것이다. 20분 정도의 신체 활동이 오전의 학습 능률을 높여준다.

♥ 가족 건강 프로그램

아이들은 적어도 하루 30분은 운동을 해야 한다. 쉬는 시간과 학교 체육 시간에 그만큼 활동을 하고 있으려니 생각하면 안 된다. 정기적인 운동(적어도 하루 30분)을 하면 활동적이 되고 기분도 좋아진다. 그 다음에는 몸의 지혜가 운동을 갈구하기 시작한다. 건강식과 규칙적인 운동은 건강의 완벽한 동반자다.

아이들에게 운동하는 습관을 길러주는 최선의 방법은 부모가 자리에서 일어나 아이들과 함께 움직이는 것이다. 가족 산책을 하고, 춤을 추고, 함께 자전거를 타고, 함께 즐길 수 있는 운동을 하자. 건강하면 행복해지고 움직이는 것이 건강에 좋다는 메시지를 심어주자. 또한 우리 가족은 그런 식으로 건강을 돌본다는 것을 알게 해주자. 부모의 운동습관은 아이에게 본보기가 된다. 일어나서 움직이자.

금연은 필수!

누구나, 애연가들조차 담배가 건강에 해롭다는 것을 알고 있다. 부모가 담배를 피우면 아이들의 건강이 위험해진다.

임신 중에 담배를 피운 엄마에게서 태어난 아이들을 대상으로 조사한 결과 흡연이 태아의 두뇌 발달을 저해한다는 것이 밝혀졌다. 또한 나중에 학습 장애, 과잉 행동 등의 문제가 생기고 지능과 학습 능력이 떨어질 수 있다. 태어난 후의 두뇌 발달에 부모의 흡연이 주는 영향에 대해서는 비교할 만한 자료가 없지만 두뇌가 한창 발달하는 시기에, 특히 태어나서 몇 년 동안, 담배 연기가 해로운 영향을 줄 수 있다. 부모가 담배를 피우는 집의 아이들은 호흡기 질병과 중이염으로 병원을 찾는 횟수가 세 배에 달한다.

아이와 함께 어떤 방에 들어가려고 하는데 "주의! 이 방에는 4천여 종의 화학물질이 포함된 독가스가 있는데 그 중 어떤 물질은 암과 폐 손상을 가져올 수 있으며 특히 유아들의 성장 발달에 해롭다"라고 쓰인 표지판이 걸려 있다면, 어떤 부모라도 기겁을 하고, 이런 곳에는 우리 아이를 데리고 들어갈 수 없다면서 돌아설 것이다. 담배를 피우는 사람들과 한 방에 있는 아이는 바로 그런 위험에 노출되어 있다.

♥ '우리'라는 말을 사용한다

부모가 담배를 피운다면 끊어야 한다. 쉽지 않은 일이겠지만, 우리 자신과 아이들에게 건강이라는 선물을 줄 수 있고 아이들에게 모범을 보일 수 있다. "우리 가족은 담배를 피우지 않는다"라고 말하자. 아이가 담배를 피우는 것을 당연하게 생각하거나 매력적이고 터프하다거나 근사하다고 느끼게 해서는 안 된다. 일찌감치 아이에게 흡연자들이 악마는 아니지만 흡연이 나쁜 것이라고 가르치자. 담배를 피우는 사람들을 보면 아이들에게 담배가 주는 해악에 대해 가르치자. 언젠가 우리 가족이 음식점에 가서 '금연' 구역에 앉아 있는데(음식점의 절반을 금연 구역으로 정하는 것은 수영장의 절반만 염소 소독을 하는 것과 같지만), 사람들이 흡연석에서 담배를 피우고 있었다. 나는 그 기회에 아이들에게 흡연이 머리에서 발끝까지 우리 몸에 주는 영향에 대해 설명했다. "담배 연기는 폐를 손상시키고 부식시킨단다. 그래서 흡연자들은 기침을 많이 하고 조금만 뛰어도 숨이 가빠진단다. 결국은 암에 걸리지. 흡연은 심장에 손상을 주고 심장발작을 일으키기도 하지. 혈관을 손상시켜서 관절염이 생기면 빨리 걷거나 뛸 수가 없게 돼."

흡연이 건강에 주는 피해를 설명할 때 아이들이 하는 활동과 연관 지어 설명하면 쉽게 이해한다. 특히 청소년들은 자신이 불사신이라고 생각하므로, 먼 미래에 폐암이나 심장마비에 걸릴 가능성은 지금 당장 담배를 피하는 동기로 충분하지 않다. 흡연으로 인한 좀더 직접적인 결과, 예를 들면 운동 능력에 미치는 영향, 경제적 손실, 흡연자에게서 나는 냄새 등을 이야기하는 것이 더 효과적이다.

♥ 환경오염에 노출되지 않도록 노력한다
아이들이 자동차 매연, 재건축 공사장의 분진, 유해가스, 헤어 스프레이, 공기 중의 다른 화학 물질에 노출되는 것을 최대한 줄이자. 이러한 오염물질에 의해 호흡기 감염이 발생할 가능성이 높아진다는 것은 잘 알려져 있지만, 성장기의 두뇌에 미치는 영향에 대해서는 사람들이 잘 모르고 있다.

의사와 협력하기

부모와 소아과 의사는 아이들을 건강하게 키우는 동업자다. 의사는 영양섭취, 성장발달, 아이들이 걸리는 질병 등에 대한 유용한 정보통이 될 수 있다. 그래서 신생아 때부터 정기적으로 검진을 받는 것이 중요하다.

아기가 태어나면 처음 2년 동안 정기적으로 건강검진을 해서 운동 발달과 지능발달을 추적해야 한다. 2~5세에는 1년에 한 번, 그 후에는 적어도 2년에 한 번 자세한 검진을 받는 것이 좋다. 이 검사를 하면서 의사는 필요한 예방주사를 맞았는지 확인할 것이다. 아이의 성장 발달과 음식섭취와 건강 습관에 대해서도 상의할 수 있다. 건강 습관에 관해 아이에게 주의를 줄 때 의사 평계를 대자. "의사 선생님이 손을 자주 씻고, 섬유질을 많이 먹으라고 하셨어." "정기 건강검진 때 이 문제에 대해 의사 선생님에게 물어봐야겠다."

아이들은 계속해서 찾아갈 수 있는 주치의가 필요하다. 정기 검진을 하면 부모와 아이와 의사가 함께 협력관계를 맺을 수 있고 의사가 아이의 평소 상태에 대해 알게 되므로 아이가 아플 때 좀더 정확히 진단을 내릴 수 있다. 의사들은 건강한 아이를 키우기 위해 노력하는 부모를 인정하고 존중한다.

많은 아이들이 이런저런 문제점을 갖고 있다(실제로, 모든 아이가 특별한 만큼 제각기 다른 문제를 갖고 있나). 만일 아이의 발달에서 염려되는 점이 있으면 의사와 상의해야 한다. 의사는 아이의 문제에 도움을 줄 수 있는 기관을 추천해줄 수도 있다. 만일 아이가 학교에서 문제가 있다면 의사와 상의해보자. 자세한 정기 검진은 학습 문제나 행동문제에 대한 평가에서 필수적이다.

아이에게 건강·학습·행동의 각 부분에서 심각한 문제가 있을 때 부모는 아이를 돌보는 의사나 교육자와 한 팀이 되어야 한다. 많은 것을 알고 있는 것처럼 보이는 전문가들에게 의견을 말하기가 망설여질지 모르지만 부모보다 아이를 잘 아는 사람은 없다는 것을 기억하자. 그들은 자신의 분야에서는 전문가일지 모르지만 아이에 대해서는 부모가 전문가다. 그리고 아이에게 문제가 생겼을 때 다시 정상적인 궤도로 돌아가게 하려면 전문가들의 말에 귀를 기울이고 그들에게 질문함과 동시에 관련 정보를 제공하고 함께 해결책을 생각해야 한다. 나는 애착 양육을 하는 부모 밑에서 자라는 아이들이 어떤 힘든 도전에 부딪혀도 결국 극복해내는 것을 보아왔다.

학기말이 되었을 때 교사는 우리 딸 로렌에게 1년을 다시 다니게 하자고 제안했다. 1학년에 해야 하는 공부를 아직 끝내지 못했다는 것이 이유였다. 하지만 나는 로렌이 우리 집의 다른 아이들이 같은 나이였을 때 하던 것을 대부분 하지 못하고 있다는 것을 알았다. 그래서 아이에게 좀더 검사를 받아보게 하자고 했더니 교사와 학교 상담원은 그럴 필요까지는 없을 것 같다고 말했다. 하지만 검사 결과 로렌은 심각한 학습 장애를 갖고 있는 것으로 드러났다. 로렌은 계속해서 특수 교육을 받아야 하며 아마 글을 읽을 수 없을지도 모른다고 했다. 로렌을 '특수' 학교 버스에 태워 보내면서 나는 숨조차 쉴 수 없었다. 우리 딸은 어떻게 되는 걸까?

결론부터 이야기하자면, 로렌은 고등학교를 무사히 졸업했다. 그 동안 수영부에서 활동했고 연극부에도 참가했으며 줄곧 평균 B를 유지했다. 과외 수업을 받아야 했지만 일반 고등학교를 다녔다. SAT(학습능력적성시험)를 치르고(장애 학생들을 위한 연장 수업을 받은 후에) 두 군데 대학에서 우리 아이를 받아주었다. 지금은 대학에서 레크리에이션을 전공하고 있다.

로렌처럼 심각한 학습 장애를 가진 아이들은 대부분 많은 실패를 겪으면서 정서적인 문제가 생긴다. 애착 양육은 로렌에게 자신감을 줄 수 있는 방법을 찾는 데 도움이 되었다. 로렌은 매번 검진(21세까지 2년에 한 번씩)을 받을 때마다 정서적으로 문제가 없다는 평가를 받았다.

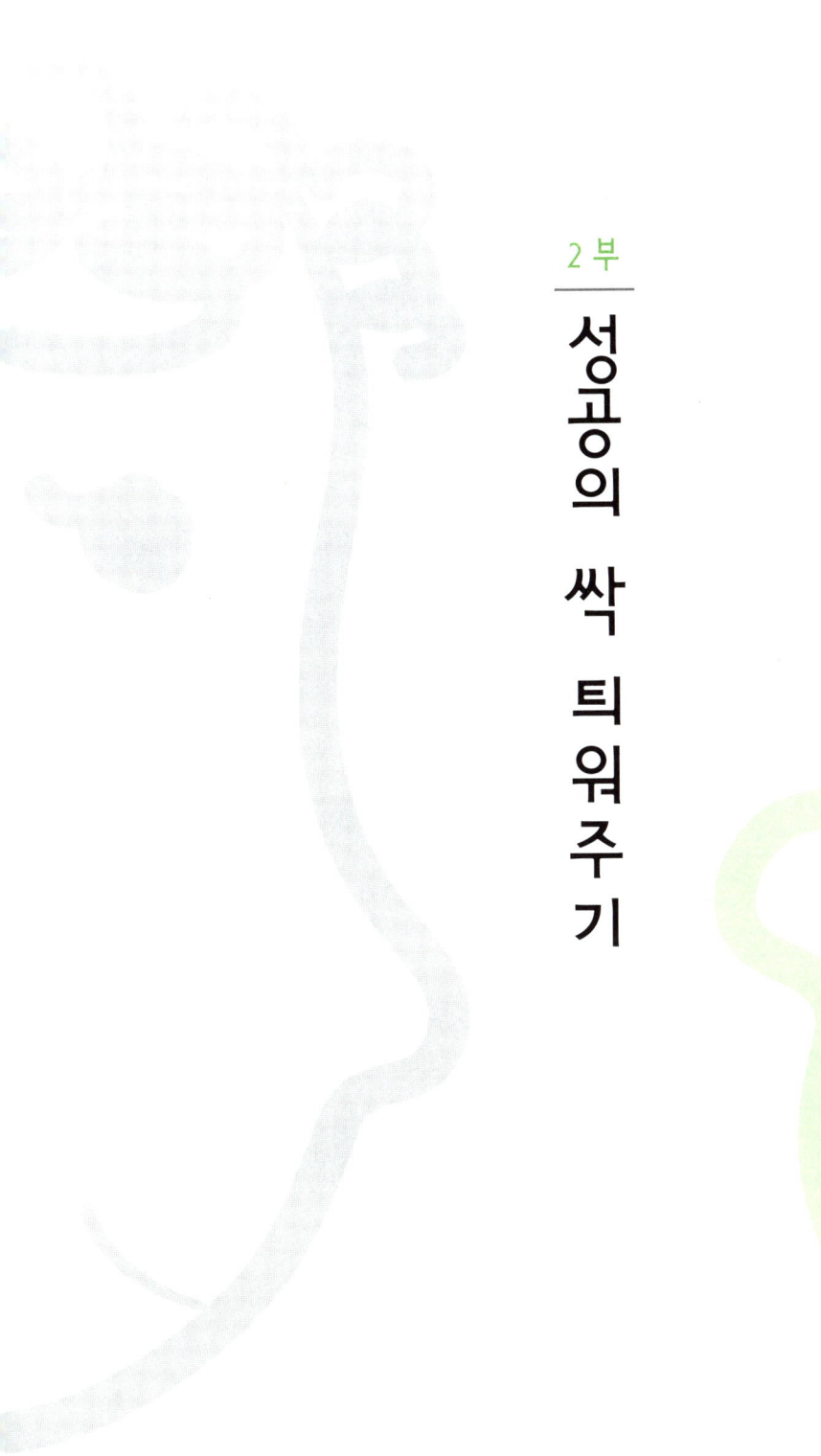

2부

성공의 싹 틔워주기

1부에서 우리는 아이와 연결하는 방법에 대해 배웠다. 연결된 관계를 형성하는 것은 아이가 인생에서 성공하기 위해 필요한 기본적인 도구다. 2부에서는 성공을 위한 추가의 도구들은 어떤 것들이 있는지, 그런 도구들을 현실에서 어떻게 사용할 수 있는지에 대해 이야기하겠다. 보호자를 신뢰하고 다른 사람들을 배려할 줄 아는 아이는 자연스럽게 이러한 추가 도구들을 사용하는 법을 배운다. 그 중에서도 감정이입이 가장 중요하다. 어떤 행동을 하기 전에 상대방의 입장을 생각할 줄 아는 아이는 다른 성공 도구들도 훨씬 능숙하게 사용할 수 있을 것이다. 그런 아이는 현명한 판단력, 도덕성, 책임감, 의사소통이 순조롭게 발달한다. 2부에서는 무엇이 옳고 그른지를 아는 지혜뿐 아니라 어떤 희생을 치르더라도 옳은 일을 실천하려는 용기를 가진 심지 굳은 아이로 키우는 법에 대해서도 이야기하겠다.

성공하는 아이가 된다는 것은 아무런 문제를 일으키지 않고 실수도 하지 않는다는 의미가 아니다. 하지만 이러한 도구들을 사용할 줄 아는 아이는 실패보다 성공을 많이 하게 될 것이다. 그리고 실패와 실수를 하더라도 거기서 가치 있는 교훈을 배울 것이다. 부모가 아이와 연결하고 서로 이해하는 방법을 찾아서 감정이입을 잘하고 의사소통에 능통하고 책임 있는 선택을 하는 아이로 키우는 일은 언제라도 시작할 수 있다. 좀더 일찍 시작하지 못해서 후회할 수도 있겠지만 걱정하지 말자. 아이들에게 인생의 성공에 필요한 도구를 주는 방법은 여러 가지가 있다. 일찍 시작하지 못했다면 지금이라도 얼마든지 만회할 수 있다.

7장
인정 많은 아이로 키우기

감정이입 가르치기 : 영아기에서 청소년기까지

> 우리는 "우리가 다른 사람들에게 바라는 대로 그들을 대하라"라는 격언을 자주 들먹인다. 아이들에게 만일 누군가 곤경에 처한 것을 보면 우리 자신도 그런 처지가 될 수 있다는 사실을 일깨워줘야 한다.

팩스·휴대전화·음성 메일·이메일·인터넷 덕분에 요즘의 의사소통은 전광석화처럼 신속하게 이루어진다. 현대의 부모들은 아이들이 그 모든 전자 도구를 이용한 정보의 공유에 익숙해지기를 바란다. 하지만 신기술 장치는 인간관계를 유지해주는 역할은 하지 못한다. 인간은 서로 연결하고 이해하면서 살아가야 하며, 그것은 단추, 발신음, 인터넷으로 할 수 있는 일이 아니다. 동정심과 감정이입을 통해서만 가능하다.

감정이입(empathy)과 동정심(compassion)이라는 영어 단어는 '함께 고통을 겪다'라는 라틴어와 그리스어에서 유래했다. 어원 그대로 감정이입이란 상대방의 눈으로 보고 그 사람의 입장이 되어서 행동하고 느끼는 방식을 이해한다는 의미다. 동정심을 느끼면 상대방의 고통을 이해하고 도와줄 수 있다. 아이들은 인간관계에 필요한 이러한 감정이입을 가정에서 배운다. 훌륭한 관계를 위해서는 상대방의 감정을 함께 느낄 뿐 아니라 이해하려는 노력이 필요하다.

교육을 많이 받고 컴퓨터를 잘 다룬다고 해서 인생에 성공하는 것은 아니다. 행복은 애정 어린 인간관계에서 온다. 지금처럼 개인주의가 만연하고 다른 사람들은 안중에도 없이 각자 자신이 원하는 것을 쟁취하도록 부추기는 사회에서 아이가 동정심을 배우기는 어려운 일이다. 이기주의는 모든 대인관계에 영향을 미친다. 우리 병원에 오는 한 엄마는 일곱 살짜리 딸이 전화를 받기 전에 전화기의 발신번호 화면을 확인한다고 말했다. "통화를 하고 싶지 않은 친구인지 확인한다는군요." 그 엄마는 자기 아이가 다른 사람들을 대하는 방법에 대해 걱정스러워했다.

요즘은 아이들이 마음에 들지 않는 친구를 쉽게 따돌리는 세상이 되어가고 있다. 그렇게 매정한 행동을 하면 교실의 계급 사회에서 위상이 올라갈지도 모른다. 어려운 처지에 있는 친구들을 도우라고 말하는 내면의 소리를 무시해버리면 좋아하는 친구들과 어울리거나 공부할 시간은 많아진다. 이런 세상에서 아이에게 연결을 가르치기는 어려운 일이다. 부모들은 그렇지 않아도 이미 신경 쓸 일들이 태산같다. 부모 자신은 동정적인 성인이 되려고 노력하고 있지만 종종 아이들에게는 그런 것을 기대할 수 없다. 이기적인 세상을 바로잡기 위해서, 그리고 아이들 자신의 미래를 위해서는 그들에게 남을 배려하는 법을 가르쳐야 한다. 세상은 우리가 베푸는 만큼 돌려준다.

♥ **목표를 정한다**

부모들은 감정이입과 동정심을 아이들에게 어떻게 가르쳐야 할지 난감해할지도 모른다. 인정이 넘치는 아이들도 때로 어처구니없이 이기적인 행동을 할 수 있다. 자의식이 발전하면서 필연적으로 자기중심적인 특성이 함께 생겨나기 때문이다. 이런 아이들에게 어떻게 하면 남에게 베푸는 것이 중요하며 보람된 일이라는 생각을 갖게 할 수 있을까?

자녀를 훌륭하게 키운 부모들과의 면담에서 우리는 그들이 동정심과 감정이입을 중요하게 생각하고 그런 능력을 아이에게 길러주고자 노력한다는 것을 알았다. 부모는 아이들에게 그러한 핵심적인 가치를 가르칠 수 있는 최초의 스승이다.

어느 엄마가 생일파티에서 일어난 일에 대해 들려준 다음 이야기를 생각해보자.

파티 도중에 우리 작은딸이 발을 헛딛는 바람에 넘어져서 이마를 다쳤다. 이마에서 피가 흘렀고 아이는 놀라서 울기 시작했다. 나는 아이를 탁자로 데려가서 안아주고 달래주었다.

다른 아이들이 하던 일을 멈추고 우리 주위로 몰려왔다. 흥미로운 사실은 그 상황에서 아이들이 제각기 다른 반응을 보였다는 것이다. 어떤 아이는 가까이 와서 우리 아이의 머리를 쓰다듬고 손을 잡아주면서 걱정스럽고 동정심 어린 표정으로 내려다보았다. 두 명은 연고와 반창고를 찾으러 달려갔다.

그들과는 대조적으로 몇 명의 아이들은 옆에 서서 무표정한 얼굴을 하고 있었다. 그들은 단지 우리 아이 이마에서 흐르는 피를 보기 위해 서로 몸싸움을 하면서 "아이, 징그러워!" 하고 소리쳤다.

아이들이 보여준 반응의 차이는 놀라웠다. 어떤 아이들은 무슨 일이 일어났는지 구경만 하고 또 어떤 아이들은 하던 일을 멈추고 어려운 친구를 도와주었다.

이 아이들이 같은 상황에서 서로 다르게 반응하게 만든 원인은 무엇일까? 그들은 이전의 어떤 경험에서 영향을 받았을까? 걱정스러워하는 반응을 보인 아이들은 부모에게서 그런 행동을 배웠을까? 아마 그럴 것이다. 그리고 그냥 서서 멍하니 구경만 하는 아이들은? 무엇이 그들을 무감각하게 만들었을까? 그들이 배우지 못한 것은 무엇이고 그들에게 어떤 정서적 능력이 부족한 것일까?

이 장에서는 감정이입을 잘하고 인정 많은 아이들로 키운 부모들에게서 우리가 배워야 할 교훈에 대해 살펴볼 것이다. 여기에 특별한 비결은 없다. 단지 아이들이 남들을 배려하도록 옆에서 도와주고 훌륭한 본보기를 보여주는 것이 중요할 뿐이다.

감정이입과 동정심 가르치기

- ♥ 아이 울음에 애정 어린 관심으로 반응한다.
- ♥ 아이가 보내는 신호를 이해하고 적절하게 반응한다.
- ♥ 아이의 특별한 개성과 기질에 맞추어 반응을 보인다.
- ♥ 아이가 놀이를 통해 생활 능력을 배운다는 것을 이해한다.
- ♥ 우리가 경험하는 일들이 서로 얼마나 비슷한지 가르쳐준다.
- ♥ 남을 배려하는 본보기를 보인다.
- ♥ 상대방이 어떻게 느끼는지에 대해 생각해보도록 한다.
- ♥ 평소 다른 사람들을 생각하도록 도와준다.
- ♥ 부당한 상황에 맞서서 올바로 처신하는 법을 가르친다.
- ♥ 예절과 친절에 관련해서 저지른 실수와 그릇된 판단을 바로잡아준다.
- ♥ 아이의 감정에 대해 감정이입과 이해심으로 반응한다.
- ♥ 외모만 보고 사람을 판단하지 않도록 한다.
- ♥ 사람마다 다른 점이 있는 반면에 얼마나 비슷한 면이 많은지 알려준다.
- ♥ 일상생활 속에서 문화적 다양성을 경험하게 한다.
- ♥ 아이들에게 세계의 시사문제에 대해 가르친다.
- ♥ 가족 모두, 특히 아이들을 자원봉사에 참여하게 한다.

남을 배려하는 마음 길러주기 : 신생아는 어떻게 감정이입을 배우는가

영아기에 감정이입의 씨앗을 심고 어린 시절을 통해 길러주고 청소년기와 성인이 되어서 그 아름다운 꽃이 피는 것을 지켜보자.

감정이입 능력은 성공하는 아이에게 필요한 다른 어떤 성향보다도 일찍 기초가 다져진다. 신생아에게 어떻게 감정이입과 동정심을 가르칠 수 있을까?

신생아는 자신이 보살핌을 받는 방식대로 남들을 보살피는 법을 배운다. 부모가 감정이입을 하는 방식이 아이에게 감정이입에 필요한 능력을 가르치는 방법이다. 아기를 마땅히 존중해야 하는 인격체로 인정해주는 것 자체가 동정적이 되는 법을 가르치는 것이다. 부모가 아기의 요구에 반응하고 스스로 자신의 감정을 이해하도록 도와줄 때 아기에게 자신의 요구와 다른 사람의 요구를 이해하는 능력이 생긴다. 감정이입 능력은 인간의 감정에 대한 이해에서 시작된다. 아기들은 엄마 아빠와의 관계에서 처음 감정에 대해 배운다. 아기가 울 때 엄마가 부드러운 손길로 다독여주면 아기는 고통 뒤에 위로가 따라오고, 슬픈 감정을 느낄 때도 있으며, 그러한 감정을 달래고 극복할 수 있다는 것을 배운다. 세상을 자애롭고 안전한 장소로 여기게 된다.

우리 막내아이 코노는 이제 두 살이지만 이미 상당한 수준의 감정이입과 동정심을 갖고 있다. 어느 날 그는 친구 크리스찬과 함께 의자 위에 올라갔다가 함께 떨어졌다. 그런데 코노가 친구 위로 떨어졌다. 크리스찬이 울기 시작하자 코노는 즉시 친구를 안아주면서 말했다. "미안해, 미안해." 나는 두 살배기 아이가 그런 동정심을 보이는 것을 본 적이 없었다. 나는 그 자신이 항상 사랑과 이해를 받아왔기에 그렇게 되었다고 믿는다. 나는 그 아이를 어두운 방에서 '울게 내버려둔' 적이 없었다. 아이가 울 때 무조건 "뚝 그쳐"라고 말한 적이 없었다. 아이가 다치거나 아프거나 두려움을 느낄 때 세심하게 달래주었다. 그렇게 그 자신이 따뜻한 배려를 받아왔기 때문에 다른 사람들을 배려할 줄 알게 된 것이다.

아기는 부모의 보살핌을 받으면서 남을 보살피는 법을 배운다. 세심한 보살핌을 받는 아이들은 감수성이 발달한다. 아기는 자신의 울음에 민감하게 반응하고, 안아주고, 이해해주는 부모를 보며 사람은 서로 도와야 한다는 것을 배운다. 그것이 세상에 대한 아기의 첫인상이 되며, 아기는 그러한 세계관을 갖게 된다. 배려하고 베풀고 귀를 기울이고 반응하는 것을 가족의 규범으로 알고 그런 사람이 된다. 이것이 부모가 아이들에게 감정이입을 가르치는 방법이다. 그러한 교훈들이 아이의 마음과 생각에 뿌리를 내려 기본적인 인격의 일부가 된다. 애착 양육을 하는 부모들은 아기와의 정서적인 조율을 통해 자연스럽게 감정이입의 본보기를 보여준다.

부모가 아기의 신호에 반응하지 않고 규칙과 시간표에 맞추려고 하면 그러한 기대에 맞추어 아기는 자신의 감정을 무시하거나 억제하게 된다. 따라서 자신의 내면에서 일어나는 감정을 이해하고 조절하는 방법을 배우지 못한다. 또한 세상은 자신의 요구에 무관심하며 다른 사람에게 먹을 것과 위안을 기대할 수 없다고 믿게 된다. 그의 생활 경험이 불친절한 세상에서 혼자 살아야 한다고 말한다. 이 아이는 다른 사람들은 아랑곳하지 말고 자기 자신을 보호하는 데 급급할 수밖에 없다. 세상에 대한 첫인상이 그에게 기대를 낮추고 이기적이 되는 법을 배우라고 가르친 것이다.

나중에 이 아이가 커서 사람들이 서로를 돕고 배려해야 한다는 원칙을 배울 수도 있지만 그때는 행동으로 옮기기가 더 어려워질 것이다. 왜냐하면 어릴 때 머릿속에 뿌리박힌 정서 유형이 그에게 자신을 먼저 돌보라고 말하기 때문이다. 그는 축구 경기를 하다가 팀원이 부상을 당해도 안타깝게 생각하지 않을 것이다. 그 일로 인해 자신에게 돌아오는 피해와 경기가 지연되고 팀이 이길 가능성이 줄어드는 것에 대해서만 걱정할 것이다.

이 아이가 어른이 되어서 사업 결정을 내리는 경우를 상상해보자. 그는 먼저 자신의 출세나 회사 수익만을 걱정하고 구조조정으로 인해 종업원들과 그들의 가족들에게 어떤 피해가 돌아가는지는 안중에도 없을 것이다. 그는 영아기에 뿌려진 이기심을 바탕으로 행동하면서 그 자신이 안전하기만 하다면 어떤 결과도 상관하지 않을 것이다. 그에게 세상은 원래부터 그런 식이었기 때문이다.

우리는 아이들을 울게 내버려두지 않았다. 아기들이 우는 이유가 심술을 부리거나 떼를 쓰는 것이 아니라 말을 하는 것이라고 생각했다. 우리는 아이들이 세상에서 안전하게 느끼도록 해주고 싶었다.

한 살이 안 된 아기들도 감정이입을 위한 기본적인 신경 경로를 갖추고 있는 듯하다. 아기들은 다른 아기가 우는 것을 보거나 들으면 따라서 울고, 엄마가 울면 아기도 같이 운다. 다정다감한 애착 양육은 실제로 한창 발달하는 아기의 두뇌에 이러한 감정이입 경로를 강화한다. 11장에서 이야기하겠지만, 도덕성은 감정이입에서 비롯된다. 범죄학자들은 일부 정신병질자(비정상적인 성격으로 말미암아 사회에 해를 입히거나 스스로 번민하는 인격을 가진 사람—역주)와 잔인한 범죄자들에게 감정이입 능력이 부족하다고 믿는다.

나는 애착 양육으로 자란 아이들이 감정이입을 얼마나 잘하는지 오랫동안 관찰

우는 아기의 입장 되어보기

아기에게 감정이입을 가르치려면 우선 부모가 아기의 눈으로 세상을 바라볼 필요가 있다. 귀에 거슬리는 아기 울음 뒤에 있는 감정을 상상해보자. 아기가 무슨 말을 하려는 것일까? 아이는 부모의 보살핌을 받으면서 다른 사람들에게 베푸는 법을 배운다. 아기의 울음에 반응하는 것은 감정이입을 가르치는 첫 수업이다.

해왔다. 우리 병원에 오는 어머니들이 애착 양육 후원회를 만들어 홀로코스트의 생존자 한 사람을 초청해서 이야기를 들은 적이 있었다. 그 초청 연사는 후원회 부모들이 자녀들을 배려하고 아이들이 서로를 배려하는 모습을 보면서 연설을 이렇게 마무리했다. "이런 아이들이 있으니 그런 비극은 다시 일어나지 않을 것입니다."

한 살에서 취학 전까지 아이들에게 감정이입 가르치기

19개월 된 우리 아이의 친구가 놀러 왔는데 대부분의 아이들이 그렇듯이 서로 장난감을 갖고 싸웠다. 우리 아들은 장난감을 빼앗은 후에 그 아이가 울자 다시 돌려주고 입맞춤을 해주었다.

♥ 나누는 법 배우기 : 감정이입의 초기 수업

"내 거야!" 아마 이 말은 아이들이 친구들과 놀면서 가장 자주 사용하는 말일 것이다. 아이들은 다른 아이의 장난감도 '내 것'이라고 말한다. '내 것'과 '남의 것'의 의미를 이해하는 것은 함께 나누어 갖기를 배우는 첫 번째 단계다.

아이들이 자신의 물건을 빼앗기지 않으려 하고 나누어 갖기를 거부하는 것은 자연스러운 반응이다. 겉으로 보기에 나누기는 예절에 관한 문제다. 하지만 좀더 깊이 들어가보면 다른 사람에 대한 배려와 관계가 있다.

어린아이는 장난감을 자신의 일부처럼 생각하므로 절대 포기하지 않는다. 다른 아이가 자기 장난감을 갖고 놀면 그 장난감이 그래도 자기 것이고 돌려받을 수 있다는 것을 모른다. 따라서 나누기 과정은 새로운 종류의 정서적이고 지적인 인식이 요구된다.

아이들은 성장 단계를 거치면서 점차 나누는 법을 배운다. 그 과정에 포함된 요소들을 살펴보자.

- **주인 의식** 어린 아이는 먼저 어떤 물건이 자기 것임을 알아야 한다. 소유 개념을 이해한 후에 비로소 나누는 연습을 시작할 수 있다.

- **의식의 확장** 아이는 자기 주위에 있는 모든 것이 자기 것이 아니라는 것을 깨닫기 시작한다. 타인에 대한 새로운 의식이 발전한다. '엄마 열쇠' '아빠 차' '언니 스케이트'와 같은 말을 따라하기 시작한다. 어떤 물건은 '내 것'이고 어떤 물건은 '내 것이 아니다'라는 것을 이해한다.

- **시간 개념의 이해** 하루가 영원한 것처럼 느껴졌던 아이는 이제 '몇 분 동안' '내가 열을 세는 동안'이라는 말을 이해한다. 시간 개념을 이해하게 된 아이는 자신의 소중한 물건을 잠시 나누어 가질 수 있다. 그 물건이 다시 자기 것이 된다는 것을 알기 때문이다.

- **친구들이 중요하다** 걸음마를 시작할 때부터 세 살까지의 아이들은 옆에 나란히 앉아서 놀면서도 함께 놀지는 않는다. 그 이후에 점차 사회성이 발달하면서 공평함, 주고받기, 옳고 그름과 같은 개념들을 포함하는 규칙들을 이해하기 시작한다. 주고받는 상호작용을 배우면서 자기 장난감으로 친구를 기쁘게 해줄 수 있다는 것을 알게 된다. 또한 그 친구가 잠시 장난감을 갖고 논 후에 다시 돌려주리라고 믿는다.

나누어 갖는 행동은 다른 사람을 인식하게 되었다는 증거다. 어릴 때 자신의 요구와 개성을 존중받으면서 자라는 아이들일수록 크면서 덜 이기적이 된다. 네 살짜리 아이는 혼자서 장난감을 갖고 노는 것보다 친구들과 함께 놀면 더 재미있다는 것을 알게 된다.

♥ 나누기를 가르친다

아이에게 나누기를 억지로 강요할 수는 없지만 관대한 태도를 격려하는 환경을 만들어줄 수는 있다. 성장 과정에서 이기심은 나누려는 마음보다 먼저 온다는 것을 명심하자. 부모는 아이가 '내 것'이라고 말하는 주장을 존중해주고 본보기를 보여주는

감정 나누기

세 살짜리 아이는 한 살배기보다 덜 자기중심적이고, 다른 사람들도 자신만큼 중요하다는 것을 이해한다. 이렇게 감수성이 발달하면 보호자가 아이에게 기대하는 바를 가르치기 쉬워진다. 두 살이 되면 부모의 감정을 이해하고 세 살에는 감정이입을 한다. 다음은 우리 아들 매튜가 세 살이었을 때 마사가 쓴 일기다.

나는 매튜에게 매일 하는 '정리하기 시간'에 나무 블록을 치우게 했다. 매튜는 우물쭈물하면서 누나가 혼자 다 하게 만들었다. 나는 화가 나서 매튜를 야단쳤다. 그러고 나서 그에게 반성할 시간이 필요하다는 것을 깨달았다. 몇 분 후에 매튜는 기꺼이 자기 일을 했다. 그가 블록을 치우면서 말했다. "그래도 날 사랑해요?" 나는 그를 안심시켰다. "네가 울고 소리 지르고 말을 안 들어도 엄마는 너를 사랑한단다." 매튜는 끈질기게 다시 물었다. "나를 좋아해요?" 나는 대답했다. "그럼, 널 좋아하지. 하지만 네가 말을 듣지 않고 도와주지 않으면 속상하지." 매튜는 일을 끝내고 와서 나를 끌어안으며 말했다. "미안해요, 엄마." 나도 그를 안고 말했다. "야단을 쳐서 미안하구나." 몇 분 후에 그가 말했다. "내가 좋아요?" 이것은 서너 살이 된 아이들에게서 볼 수 있는 감정 교류다. 아이들은 부모를 행복하게 해주고 싶어한다. 아이들에게 다른 사람을 즐겁게 해주고 그런 노력을 인정받는 기회를 자주 만들어주면 점차 말을 더 잘 들을 것이다.

것으로 나누기 위한 준비를 하게 만들 수 있다.

- 관대함의 본보기를 보여준다 원숭이들은 보는 대로 따라한다. 부모의 '장난감'을 아이와 기꺼이 나누어갖자. 엄마가 요리책을 친구와 어떻게 나누어 갖는지 말해주자. 아이에게 "내 과자 같이 먹을까?"라고 말하며 나누어 갖자.
- 나누기 게임을 한다 우리 집 아이들은 '아빠 나누기' 놀이를 좋아했다. 두 살 아이와 네 살 아이가 나의 양쪽 무릎에 앉아서 아빠를 나누어 갖는 법을 배웠

다. 여러 조각으로 나눌 수 있는 간식을 이용하는 방법도 있다. 우리는 세 살이 된 로렌에게 간식을 주고 4등분해서 오빠와 언니에게 나누어주게 했다.

- 시간 나누기　아이들이 장난감을 갖고 다투면 동정심과 공정함을 가르쳐주자. 시간을 정해주고 교대로 갖고 놀게 하면 좋다. 이때 2분 이상은 아이들이 기다리기 힘들어한다. 타이머가 울리면 다른 아이에게 장난감을 주고 같은 시간만큼 갖고 놀게 한다.

- 큰아이를 본보기로 삼자　형에게 과자를 주고 동생과 나누어 먹으라고 하자. 작은아이는 큰아이에게서 나누는 것을 배운다.

♥ 놀이를 통한 감정이입 배우기

유아들은 놀이를 하면서 인간관계에 대해 배운다. 처음에는 인형놀이(다른 두 살짜리 아이보다 훨씬 더 충실한 친구)를 하면서 남에게 베푸는 연습을 한다. 이때 부모가 아이와 함께 놀아주면서 관대한 태도를 격려해줄 수 있다. "테디 곰이 배가 고픈가 보구나. 과자를 나누어줄래?"

다른 아이들과 함께 놀기 시작하면 협력하는 법도 배운다. 아이들과 노는 상호작용을 통해 서로 주고받아야 한다는 것을 알게 된다. 항상 보스가 될 수는 없다. 만일 아이가 타고난 리더 기질이 있다면 추종자들하고만 놀게 하지 말고 다른 리더들과 함께 놀게 해주자. 그러면 내 것, 네 것, 우리 것과 같은 말을 실험하면서 남들과 함께 나누고 참고 기다리면 좋은 점도 있다는 것을 배운다. 자기 마음대로 할 수 없을 때 느끼는 실망감을 극복하는 법도 배운다.

♥ 예를 들어준다

아이들은 계속해서 다른 사람이 자신에게 반응하는 방식에서 감정이입과 동정심을 배운다(어른이 되어도 다른 사람들로부터 계속해서 배운다). 하지만 이러한 배움은 영아기에 욕구와 감정에 대해 배우는 방식과는 다르다.

아이가 세 살 정도 되면 두 가지 중요한 능력이 생기기 시작한다. 즉, 내면화와 일반화 능력이다. 내면화한다는 것은 뭔가를 자기 것으로 만든다는 뜻이다. 가족의 가치관은 아이의 행동 방식이 된다. 일반화하는 능력은 가정에서 배운 교훈을 다른 관계에 적용하는 것을 의미하기도 한다. 네 살 아이는 자신을 안아주고 이야기를 해주는 교사를 보면서 이렇게 생각한다. '엄마와 아빠도 나에게 이렇게 하는데 그들은 나를 사랑해. 그러니까 우리 선생님도 나를 사랑하는 것이 틀림없어.' 교사가 시험지를 나눠주라고 하거나 줄반장을 시키면 그는 이렇게 생각한다. '선생님은 나를 필요로 하는 거야. 엄마와 아빠가 집에서 내게 심부름을 시키는 것처럼.' 아이는 일반화하는 능력으로 부모를 믿는 것처럼 다른 보호자들을 믿는 법을 배운다.

가정은 아이들이 감정이입 능력을 연습하는 최초의 장소다. 아이는 부모가 자신에게 기대하는 태도를 자기 것으로 만든다. 아이에게 저녁상을 차리는 엄마를 도와주게 하거나, 동생이 레고를 삼키지 못하도록 치우게 하고 강아지 밥을 주게 하면, 다른 사람을 배려해야 한다는 기대를 전달하게 된다.

아이들이 싸우거나, 개를 때리거나, 가족의 규칙이 마음에 들지 않는다고 부모에게 대들어도 그냥 내버려두면 어떤 메시지를 주게 될지 생각해보자. 그럴 때는 단호하고 인자하게 올바른 행동을 가르쳐주면서 남들을 배려하는 중요성을 강조하자. 가족이 어려움에 처하면 어떻게 도와주어야 하는지 가르치자. 물론 음식 준비를 하고, 아이들을 통학시키고, 마루에 흘린 주스를 닦고, 1학년 아이에게 단어를 불러주고, 시부모와 이웃에게 걸려오는 전화를 받아야 하는 부모는 항상 동정심의 귀감이 될 수는 없다. 우리도 때로 실수를 한다. 하지만 아이들이 기본적인 태도와 실수를 처리하는 방법을 가정에서 배운다는 것을 기억하자.

♥ 다른 사람들도 감정이 있다

아이들은 다른 사람들도 감정을 갖고 있다는 것을 이해하기 시작한다. 자신이 누구이고 엄마와 아빠로부터 어떻게 분리되어 있는지 알게 되면 자기중심적인 사고에서 벗어나기 시작하고 다른 사람들도 감정을 느낀다는 것을 알게 된다.

저번날 밤에 내가 어떤 문제로 화가 났을 때 두 살 된 아들이 곁에 와서 내 팔을 다독거리며 말했다. "괜찮아. 엄마. 내가 있잖아." 아이는 분명 내가 그를 달랠 때, "괜찮아. 엄마가 여기 있잖아" 하고 말하는 것을 따라하고 있었다.

♥ "너라면 기분이 어떻겠니?"

아이가 상대방의 입장이 되어서 그 사람이 어떻게 느끼는지 상상해보게 하자. 세 살이 된 아이가 다른 아이를 떠밀고 장난감을 빼앗는다. 심판관이 되어서 "숀, 그걸 돌려주고 네 방으로 가라"라고 말하는 대신 "숀, 제이슨이 너를 떠밀고 네 장난감을 가져가면 기분이 어떨까? 화가 나서 더 이상 같이 놀고 싶지 않을 거야"라고 말해준다. 만일 놀러 온 친구가 집에 좋아하는 장난감을 두고 왔다고 울면 "네가 할머니 집에 갔을 때 인형을 두고 온 것을 알고 얼마나 슬퍼했는지 기억나니? 네 친구가 지금 바

감정이입 게임

어떤 아이들은 자연스럽게 감정이입을 하지만, 어떤 아이들은 부모의 지도가 필요하다. 다음은 다른 사람의 입장에서 생각하는 연습을 시키는 방법들이다.

- ♥ 입장을 바꿔서 생각하게 한다 하루는 짐이 동생 밥에게 "멍청이!"라고 말했다. 이때 부모가 감정이입 감독이 되자. "짐, 밥의 입장이 되어보자. 누가 너한테 '멍청이'라고 하면 기분이 어떻겠니?"
- ♥ 상상해보게 한다 아이가 직접 만든 할머니 생일카드를 보여주면 "할머니가 이 예쁜 카드를 받으시면 정말 기뻐하실 거야" 하고 말해주자.
- ♥ 함께 느낀다 아이가 다치면 함께 아파하자. "아이쿠!" 만일 동생을 때리면 주의를 준다. "저런, 정말 아프겠다!"

학설에 의하면

아이들에게 감정이입을 가르치는 연구에 따르면 부모들은 아이들에게 감정이입
을 가르치면서, 즉 아이들이 하는 행동이 다른 사람에게 어떤 영향을 주는지 가
르치면서 자신이 점점 더 감정이입을 잘하게 된다.

로 그런 기분일 거야"라는 말로 다른 사람이 느끼는 아픔을 이해하도록 도와주자.

애착 양육으로 키운 아이는 감정이입을 더 잘한다. 애리조나 주립대학 심리학
교수 낸시 아이젠버그는 부모가 아이들의 정서적 요구에 반응하면 아이가 좀더 동
정심을 갖게 되고 다른 사람들을 배려하고 도와준다고 말한다.

우리 아들 마이클은 세 살 때 처음 치과에 갔다. 대기실에서 기다리고 있는데 의사
가 나와서 마이클 나이쯤 되어 보이는 꼬마 소년을 불러서 충치 치료를 하기 위해
진찰실로 데리고 들어갔다. 그의 엄마는 손을 흔들어 보이고 대기실에 그대로 앉아
서 잡지를 읽었다. 우리는 조금 열린 문틈으로 그 아이가 겁에 질린 표정으로 울기
시작하는 것을 보았다. 마이클은 불안해졌다. 그 아이가 무서워하니까 그의 엄마가
가서 돌봐주어야 하지 않느냐고 나에게 말했다. 내가 그 말에 동의했더니 마이클은
자리에서 일어나 그 아이의 엄마에게 가서 말했다. "아줌마가 들어가서 함께 있어
주세요. 저 아이가 무서워해요." 마이클은 아주 진지한 표정으로 문 뒤의 소년을 가
리키며 말했다.

그 소년의 엄마는 "아, 괜찮아"라고 말하고 다시 잡지를 읽기 시작했다. 마이클은
더욱 초조해졌다. 그는 나에게 다시 와서 우리가 그 아이를 도와줄 수 없겠느냐고
물었다. 내가 안타까운 심정으로 "그건 안 돼"라고 말하고 부모들이 아이들을 돌보
는 방식은 서로 다르다고 설명했다. 하지만 우리 가족은 서로 힘이 되어주어야 한

다고 덧붙였다. 우리의 애착 양육법 덕분에 마이클은 인정 많은 아이가 되었다.

취학 아동에게 동정심 가르치기

우리 가족은 욕하는 것을 허락하지 않는다. 욕을 해서 다른 사람의 마음을 상하게 하면 안 된다고 설명해왔다. 우리 아들이 처음 티볼 팀에 참가했을 때 우리는 그가 어느 날 게임을 하다가 동정심을 발휘하는 것을 보았다. 한 작은 소년이 타석에서 여러 차례 헛스윙을 하자 아이들이 모두 그를 놀렸다. 그 순간 우리 아들이 큰 소리로 그들에게 그만하라고 외치며 팀원을 놀리면 안 된다고 말했다. 코치도 당황하는 것 같았다. 그때부터 아이들은 실수한 아이를 놀리는 대신 서로 응원을 해주었다.

아이들은 커가면서 점차 상대방의 입장에서 생각할 줄 알게 된다. 부모는 아이가 학교에 입학하면 좀더 관대해지고 남들이 어떻게 생각하고 느끼는지 생각해보도록 가르쳐야 한다. 이 수업을 위해 집에서 멀리 나갈 필요도 없다. 사실 아이들이 아프리카에서 기아에 시달리는 사람들이나 미국의 노숙자들을 생각하기는 어렵다. 그보다는 평소에 만나는 사람들에 대해 여러 가지 관점에서 생각해볼 수 있도록 해주자.

♥ 이해심을 길러준다

가게 점원에게서 불친절한 대접을 받았을 때 집으로 돌아가면서 아이와 함께 서비스가 엉망이라고 불평하는 대신 그 사람이 그런 식으로 행동할 수밖에 없었던 이유에 대해 생각해보고 동정심을 갖게 하는 것은 어떨까? 그 점원은 감기나 두통으로 몸이 불편하지 않았을까? 아마 지난 밤에 아픈 아이를 돌보느라고 잠을 충분히 자지 못했거나, 집에서 기르던 개가 죽었을지도 모른다. 동정하는 법을 배우면 현실에서 고통과 욕구와 고민을 가진 사람들로 가득 찬 새로운 세상이 열린다. 단, 불쾌한 행동을 항상 '변명'할 수 없다는 사실도 설명해야 한다. 그 점원은 고객 서비스에 대해 좀더 훈련을 받을 필요가 있을지도 모른다.

♥ 감정이입을 길러준다

주변에서 일어나는 일에 좀더 관심을 갖도록 해주자. 빗속에서 일하는 건설 현장의 인부들을 지나쳐 갈 때 궂은 날씨에 그런 일을 하려면 얼마나 힘들까를 함께 생각해 보고 이야기하자. 휠체어를 탄 사람이 건물에 들어가기 위해 먼 길을 돌아가는 광경을 보면 정문 가까이에 경사로가 없어서 얼마나 불편할지에 대해 언급하자. 실생활 속에서 아이가 느끼고 배우도록 가르침을 줄 수 있는 기회를 찾아보자.

아이가 집에 와서 친구와 다툰 이야기를 하면 그 친구의 입장에서 생각해보게 하자. "그 친구가 왜 그런 말을 했다고 생각하니? 왜 그 친구가 그렇게 화가 났을까?" 겉으로 드러나는 것의 이면을 볼 수 있도록 하자. "그래, 그러면 누구라도 견디기 힘들지. 다른 아이들이 자꾸 괴롭히면 그럴 수밖에 없을 거야. 어떻게 하면 그 아이의 친구가 될 수 있겠니?" 또래들 사이의 감정이입이 항상 쉽지는 않지만 한 아이가 보이는 동정심이 전체 학급의 분위기에 큰 변화를 가져올 수는 있다.

우리 아들은 열네 살인데, 모두가 그의 친구인 것 같다. 남학생이나 여학생이나 모두 그를 불러서 고민을 털어놓는다. 그는 귀를 기울이면서 모두를 이해하는 것 같다. 그가 관대하고 사려 깊은 성격이기도 하고 우리가 그를 그런 식으로 키웠기 때문이기도 하다. 나는 항상 그의 편이 되어서 이야기를 들어주려고 노력하지만 상대방에 대해서도 이야기해보라고 한다. 때로 내 친구들이 자녀의 사회생활 문제로 고민하면 나는 우리 아들의 의견을 들어본다.

지금 열일곱인 우리 아들은 보이 스카우트에 있었을 때 달리기 대회에서 상을 받은 적이 있다. 그와 같은 팀이었던 소년들은 대부분 그보다 몇 살이 아래였다. 그는 트로피를 받았을 때 2등으로 들어온 소년이 상을 받지 못해서 울고 있는 것을 보았다.

우리 아들은 미안해하면서 그 트로피를 그 소년에게 주고 싶어했다. 그는 다른 아이가 '패자'가 된 것을 알고 승리를 기뻐할 수 없었던 것이다. 물론, 그는 모든 사람에게 사랑을 받는다.

♥ 동정심을 길러준다

만일 할머니가 손에 관절염이 생겨서 고생을 한다면(또는 학교 친구가 뇌성마비라면), 장애인들이 얼마나 불편한 생활을 하고 있는지 알게 해주자. 아이의 손가락에 넓은 고무줄을 감아서 구부리기 힘들게 하고 시리얼과 숟가락을 준다. 그런 상태로 음식을 먹는 것이 얼마나 어려운지 이야기해보자. 펜과 종이를 주고 이름을 쓰거나 그림을 그리게 해보자. 이것은 거의 불가능하다! 장애인들은 그런 불편을 겪고 있다고 말해주자. 그는 곧 기회가 있을 때마다 할머니나 학교 친구를 도와줄 것이다.

나는 사람들은 서로 다르지만 존경과 애정으로 대해야 한다고 가르쳐왔다. 우리 아들 3학년이 되었을 때 한 아이가 놀림거리가 되는 것을 보고 어느 날 집에 와서 이렇게 말했다. "엄마, 말을 이상하게 한다고 놀림 받는 아이가 있어요." 그가 말을 어떻게 하느냐고 물었더니, "가끔씩 말을 잘 못해요" 하고 설명했다. 나는 말을 더듬는 사람들이 있는데 그들은 그래서 말하기가 힘들다고 가르쳐주었더니, "엄마, 나는 그 아이가 아주 좋아요. 정말 착한 아이에요. 다른 아이들이 그 아이에 대해 뭐라고 하든 나는 상관하지 않아요. 걔는 내 친구예요"라고 하면서 눈물을 글썽거렸다. 우리 아들은 모든 사람을 동정심을 갖고 대해야 한다고 생각할 뿐 아니라 굳은 실천 의지를 보여주었다.

♥ 세상에 기여하도록 격려한다

아이들은 뭔가가 잘못되었다고 느끼면 부모에게 와서 그에 대한 설명과 확인을 구한다. 부모는 아이들에게 공정하지 않다고 생각되는 상황에서 예의 바르게 개입하는 법을 가르쳐야 한다.

일곱 살인 우리 아이와 같은 반에 항상 말썽을 부리는 아이가 있었고 교사는 항상
그를 나무랐다. 어느 날 그 말썽꾸러기가 어떤 아이에게 매우 친절하게 대했다. 우
리 아이는 그 광경을 보았지만 교사는 보지 못했다. 우리 아이는 나서서 교사에게
항상 말썽을 피우는 아이가 좋은 일을 했다는 것을 알려주었다.

가치관에 대한 다른 교훈들과 마찬가지로 이것 역시 처음에 가정에서 부모의
본보기를 보고 배운다. 부모가 아이의 잘못을 부드럽게 바로잡아주고, 실수를 하거
나 판단을 잘못했을 때 관대함과 예의를 보여주면 아이도 상대방이 기분 나쁘지 않
게 실수를 지적해주는 방법을 배운다. 또한 우리가 다른 사람들과의 관계에서 어떻
게 처신하는지 아이들이 듣고 보고 있다는 것을 기억하자. 만일 부모가 어떤 사람을
비하하는 농담을 듣고 웃는 것을 보면 아이는 그래도 되는 줄 안다. 반면에 다른 사
람들을 변호해주는 부모를 보면 아이들도 친구들에게 같은 식으로 대한다.

♥ 장애인에 대해 이야기할 때

아이가 어떤 사람의 장애를 보고 이야기할 때 그것을 학습 기회로 삼자. 딸을 데리
고 슈퍼마켓에 갔는데 아이가 "저 사람은 다리가 하나뿐이네" 하고 말한다고 하자.
무조건 처다보지 못하게 하지 말고 아이가 본 것을 인정해주고 의견을 나누자. "그
렇구나. 그래서 휠체어를 타고 다니는구나. 사야 할 물건이 많으면 장보기가 무척
힘들겠다"라고 말하고, 아이의 두려움을 달래주자. 다리를 잃어버리는 것은 흔히 일
어나는 일이 아니라고 안심을 시키자. 수용력과 감정이입을 가르치자. 장애인도 다
른 사람들과 똑같고 단지 생활하기가 불편할 뿐이라고 가르치자.

우리가 '장애인'에 대해 이야기하는 방식은 아이의 사고방식에 영향을 준다. 무
엇보다 장애인들도 똑같은 사람이라고 가르치자. 장애를 가진 사람들을 '지진아'나

'맹인'으로 부르는 대신 '다운 증후군이 있는 아이'나 '앞을 못 보는 사람' 등으로 부르자.

장애인과 이야기하는 요령

아이들은 장애인을 불편하게 느끼기 쉽다. 왜냐하면 실례가 되는 말이나 행동을 하게 될까 봐 두렵기 때문이다. 다음은 《장애 인식을 위한 요령》이라는 책자에서 장애인들과 대화할 때의 요령을 설명한 것이다.

- 장애인에게 이야기할 때 동행인을 통해 하지 말고 직접 하자.
- 장애인에게 무심코 '나중에 봅시다' '서둘러 뛰어야겠네요'라는 표현을 사용해도 당황하지 말자.
- 청각 장애가 있는 사람의 주의를 끌 때는 어깨를 두드리거나 손을 흔든다. 입술을 읽을 수 있도록 똑바로 쳐다보고 분명하고 천천히 풍부한 표정으로 말한다. 환한 쪽을 바라보면서 말을 하고, 손으로 입을 가리거나 음식을 입에 넣고 말하지 않는다. 큰 소리를 지르는 것은 도움이 되지 않는다. 못 알아들으면 글로 써서 보여주자.
- 휠체어를 탄 사람과 몇 분 이상 이야기할 때는 그 사람의 눈높이로 몸을 낮추면 두 사람 모두 목이 뻣뻣해지는 것을 피할 수 있다.
- 시각 장애를 가진 사람과 인사할 때는 항상 함께 있는 사람들이 누군지 밝힌다. 예를 들어 "내 오른쪽에는 아무개가 있습니다"라고 말한다. 여럿이 대화할 때는 누구에게 먼저 이야기를 할 것인지 지명을 한다. 정상적인 어조로 이야기하고 자리를 옮길 때는 양해를 구한다.
- 언어 장애가 있는 사람과 이야기할 때는 서두르지 말고 완전히 집중한다. 말을 수정해주기보다 격려하는 태도를 보인다. 대신 말을 해주지 않는다. 간단히 대답하거나 머리를 끄덕이거나 손을 흔들어서 대답할 수 있는 질문을 한다. 이해하지 못하면서도 알아들은 척하지 말자. 이해한 내용을 반복해서 말해주자.

우리 아들 벤저민은 열한 살이다. 그는 만화영화와 아이스크림과 컴퓨터 게임을 좋아한다. 그는 금발에 푸른 눈, 뇌성마비를 갖고 있다. 그의 생활에서 장애는 단지 작은 일부분에 지나지 않는다. 나는 사람들에게 나 자신을 소개할 때 "나는 발레리나가 될 수 없습니다"라고 말하지는 않는다. 내가 할 수 없는 것이 아니라 내가 잘하는 것, 나의 장점에 대해 이야기한다. 여러분도 그러지 않는가? 당연히 나는 "우리 아들은 연필로는 글을 쓰지 못합니다"라고 말하지 않는다. "우리 아들은 컴퓨터로 숙제를 합니다"라고 말한다. "우리 아들은 걷지 못합니다"라고 말하지 않고 "우리 아들은 보행기와 휠체어를 이용합니다"라고 말한다. 그리고 벤저민은 '휠체어'에 묶여 있는 것이 아니다. 휠체어를 타고 그는 자신이 가고 싶은 곳에 언제라도 갈 수 있는 자유가 있다.

연결된 아이들은 장애인의 마음을 더 잘 이해한다. 그런 아이들은 신체적인 조건을 별로 개의치 않으며 포용력이 있어서 다양한 사람을 수용한다.

♥ 감정이입과 동정심의 본보기를 보인다

아이들은 부모가 다른 사람들, 특히 자녀들에게 하는 것을 보면서 사람들을 보살피는 법을 배운다. 어느 날 우리 막내딸 로렌이 세 살이었을 때 여섯 살이 된 오빠 스티븐과 놀다가 손가락을 다쳤다. 정확히 말하자면, 다쳤다고 생각했다. 로렌은 실제로 다친 것보다 훨씬 엄살을 부렸다. 손가락을 들고 나에게 달려와서 "아빠, 호 해주세요!" 하고 말했다. 나는 손가락이 문제가 아니라는 것을 알았다. 손가락은 아무렇지도 않았다. "아니, 넌 다치지 않았어"라는 말이 나오려고 했지만, 자신이 다친 줄 알고 있는 아이의 기분을 인정해주어야 한다는 생각이 들었다. "자, 어디가 다쳤나 보자." 나는 아이의 눈을 들여다보면서 이렇게 말한 다음 조심스럽게 손가락을 검사했다.

스티븐은 의아한 표정으로 이 광경을 지켜보았다. 그는 로렌이 다치지 않았는데 엄살을 부리는 것을 알고 있었다. 그는 내가 동생을 위로하고 동정적으로 반응하는 것을 지켜보면서 다친 사람이나 다쳤다고 느끼는 사람에게 어떻게 해야 하는지를 배웠다. 우리는 로렌을 놀리거나 '아기'라고 부르지 않았다. 상처는 보이지 않았지만 로렌의 감정은 실재했기 때문이다. "어디 안 아프게 해보자." 나는 로렌과 부엌으로 가서 냉동실에서 얼음 주머니를 꺼냈다. 스티븐이 따라와서 도와주었다.

♥ 선택에는 결과가 따라온다

아이들은 종종 자기중심적이 되어서 자신의 행동이 다른 사람에게 영향을 준다는 것을 이해하지 못한다. 특히 아무 생각 없이 행동하는 충동적인 아이들이 그렇다.

어느 날 우리 아들을 데리고 뒤뜰에 나갔다가 이웃에 사는 소년 두 명이 둔덕 위에 앉아서 지나가는 자동차에 물풍선을 던지려는 것을 보았다. 나는 그들이 장난을 시작하기 전에 붙잡아서 앉혀놓고 대화를 했다. 나는 그들에게 차를 운전하다가 갑자기 앞 유리창에 물풍선이 터지면 어떨지 상상해보라고 했다.

"제이슨, 물풍선이 차에 부딪치면 어떻게 되겠니?"

"차 위에서 터지겠죠."

"네가 운전자라고 상상해봐라. 어떻게 느낄 것 같니?"

제이슨은 우물쭈물하더니 "모르겠어요"라고 대답했다.

"깜짝 놀라지 않겠니?" 내가 추궁했다.

"네, 그럴 거예요." 제이슨이 인정했다.

"너무 놀라서 차를 운전할 수 없을지도 몰라. 그래서 사고가 나거나 사람을 들이받을 수도 있지. 안 그러니?"

"그럴 거예요."

"그런 일이 일어나면 너도 기분이 아주 나쁘겠지, 그렇지?"

나는 그 아이들이 물풍선을 던지기에 좋은 다른 목표를 찾게 해주고 다른 사람의 입장에서 그들의 행동을 생각해보게 했다. 그들은 당장의 재미에 빠져서 자신들이 표적으로 삼은 자동차에 사람들이 타고 있다는 사실은 잊고 있었다.

지나가는 운전자들을 보호하는 것 외에도 내가 개입한 이유가 또 있었다. 나는 그들 나이에 똑같이 무책임한 장난을 시도한 적이 있었다. 그런데 한 운전자가 차를 세우고 여덟 살 아이의 머리에 무모한 행동 때문에 발생할 수 있는 결과를 각인시켜 주었다. 그가 시간을 내서 나의 장난이 어리석다는 사실을 깨우쳐주었기 때문에 나도 이웃 아이들에게 그렇게 해야 한다고 생각했다.

♥ 귀 기울이기의 본보기를 보인다

귀를 기울이는 것은 감정이입의 중요한 요소다. 종종 사람들이 기쁠 때나 슬플 때나 화가 날 때 가장 필요로 하는 것은, 단지 누군가 옆에서 이야기를 들어주는 것이다. 귀 기울이기는 수동적인 행위가 아니다. 귀를 기울여 듣는 사람들은 이심전심이 된다. 그리고 질문을 해서 화자가 이야기하는 의미를 좀더 분명히 이해한다. 때로 유용한 조언을 해주기도 하지만 대화를 주도하거나, 충고를 하거나, 문제를 대신 해결해주려고 하지 않는다.

♥ 화를 내면 감정이입이 되지 않는다

사람이 화를 낼 때는 분노 신경계가 감정이입 신경계를 짓밟는다. 따라서 두 사람 사이에 감정이 오갈 수 있게 하려면 우선 분노를 진정시켜야 한다.

아이가 감정을 분출할 때 나이도 많고 더 현명하고 경험이 풍부한 부모가 그냥 듣고만 있는 것이 쉽지는 않을 것이다. 하지만 귀를 기울이면서 아이의 생각을 존중한다는 것을 보여주어야 한다. 종종 아이가 하고 싶은 말을 실컷 하고 나면 진정이 되고 스스로 어리석은 생각에서 벗어난다. 그 전에는 아마 어떤 조언도 들리지 않을 것이다.

우리는 언젠가 가족 여행을 하면서 열한 살짜리 딸 에린을 비행기 안에서 영화가 잘 보이는 자리에 앉혀주기로 했다. 그런데 에린은 우리와 떨어져서 앉기 싫다고 불평하기 시작했다. 에린은 잔뜩 화가 난 것 같았다. 마사와 나는 아무 말도 하지 않고 주의 깊게 귀를 기울였다. 아이가 진정되었을 때 우리는 차근차근 말했다. "네가 있는 자리에서 영화가 더 잘 보이지만, 원하면 우리가 자리를 바꿔줄게." 에린은 선택할 기회가 주어지자 원래의 자리에 그냥 앉기로 했다. 에린은 억지로 강요하지 않으니까 오히려 우리의 제안을 순순히 받아들였다.

이런 식으로 아이들의 감정 조절을 도와주자. 아이가 하고 싶은 말을 속 시원히 털어놓을 기회를 주자. 귀를 기울이면서 아이가 하는 말 뒤에 숨은 감정에 주목하자. 서둘러 조언을 하거나 나무라지 말자. 아이가 이야기하는 동안 대답할 말을 속으로 생각하느라고 바쁘다면 아이는 부모가 자기 말을 듣고 있지 않다는 것을 금방 눈치 챌 것이다. 귀를 기울이면서 침묵하는 것도 필요하다. 부모가 귀를 기울여주는 모습에서 아이들이 다른 사람에게 귀 기울이는 법을 배우게 하자.

♥ 불편한 감정을 애써 숨기지 않는다

어느 날 에린의 토끼가 죽었다. 에린이 상심한 표정으로 그 비극적인 소식을 알려주었을 때 나는 한창 바쁘게 일하던 중이었다. "다른 토끼를 사줄게"라는 대답은 에린의 슬픔을 위로해주기에 부족했다. 나는 신속한 해결책을 제시하고 하던 일로 돌아갔다. 나중에 나는 마사로부터 에린이 토끼가 죽어서 슬픈 것 외에도 먹을 물이 없어서 죽었기 때문에 죄책감을 느끼고 있다는 것을 알았다. 토끼에게 물을 주는 것은 에린의 책임이었다. 나는 그렇게 힘든 상황에 처해 있던 에린을 도와주지 못한 것이었다. 나는 나중에 따로 시간을 내서 에린의 슬픔을 달래주었다.

대부분의 부모들은 아이들과 다양한 주제에 대해 충분히 이야기하지 않는다. 죽음·섹스·이혼·돈 등에 대한 화제는 피하려고 한다. 하지만 아이들은 어려운 문제라도 함께 의논할 수 있고, 해야 한다는 것을 배우는 것이 중요하다. 다른 사람을 배려하는 아이로 키우려면 즐거운 감정뿐 아니라 고통스러운 감정을 경험해봐야 한다. 게다가 부모가 경제적 문제나 부부문제나 건강문제로 고민하면 아이들은 눈치를 채고 무슨 일이 있는지 궁금하고 불안할 것이다. 아이가 슬픔·죄책감·분노를 느끼고 있을 때 모른 척하지 말자. 그런다고 그런 감정이 사라지지는 않는다.

　　아이가 느끼는 슬픔과 고민을 털어놓게 하고 주의 깊게 귀를 기울이자. 마찬가지로 부모가 분노나 불안을 느낄 때 아이가 알아들을 수 있는 말로 설명을 해주자.

♥설명하기 전에 감정이입을 시도한다

감정이입은 상대방의 관점에서 문제를 바라보는 것이다. 감정이입을 할 때는 상대방의 감정을 인성해야 한다. 먼저 감정을 인정해주고 아이의 믿음을 얻는 것으로 대화를 시작하자.

소품 이용하기

우리가 "기분이 어떠니?" 하고 물었을 때 아이들이 솔직하고 분명하게 대답할 수 있다면 좋겠지만 현실적으로 아이들은 종종 두려움과 같은 부정적인 감정에 대해 입을 다물어버린다.

어린아이들은 좋아하는 인형, 완구나 상상 친구에게 비밀을 털어놓는다. 그런 매개물을 이용해보자. 인형 놀이를 하면서 아이에게 인형 목소리로 걱정되고 두려운 것이 무엇이냐고 물어보자. 아이는 직접 말할 수 없는 감정을 놀이에서 표현할 수도 있다.

8장
현명한 판단력 길러주기

♡ ♡ ♡

"해리, 우리가 하는 선택은 우리의 능력보다도 우리가 정말 어떤 사람인지를 보여준단다."

—《해리포터와 마법사의 돌》에서 덤블도어 교장이 해리포터에게

호그와트의 교장은 단순한 마법사 이상으로 현명하다. 선택, 특히 올바른 선택은 인생의 행복과 성공을 결정하며, 인격은 우리가 하는 선택들로 이루어진 결정체다. 분주하고 신속하게 확장되는 사회에서 생활하는 우리는 엄청나게 많은 선택 앞에 놓이게 된다. 우리는 알게 모르게 많은 선택을 하고 있다. 우리가 느끼는 행복은 대체로 우리가 하는 선택과 우리에게 선택권이 있다는 믿음에 달려 있다. 반면 우리가 느끼는 슬픔은 대부분 잘못된 선택을 했거나 다른 선택이 없다는 무력감에서 비롯된다. 우리가 아이에게 줄 수 있는 가장 소중한 선물 중 하나는 현명한 선택을 하는 능력이다.

아이들 역시 매일 중요한 선택과 일부는 잘못된 선택을 하고 있다는 사실을 다음의 놀라운 통계가 보여주고 있다.

- 15~24세 젊은이들의 가장 많은 사망 원인은 자동차 차고, 살인, 자살이다.
- 1999년의 한 연구 결과, 8학년(우리의 중학교 2학년)의 22퍼센트와 12학년(고 등학교 3학년)의 50퍼센트가 마리화나를 복용하고 있다.
- 8학년의 52퍼센트와 12학년의 80퍼센트는 술을 마신 적이 있다.
- 8학년의 44퍼센트와 12학년의 64퍼센트는 담배를 피우고 있다.
- 미국 청소년의 3분의 2 가량이 고등학교 졸업 전에 성관계를 갖는다.

현명한 선택, 어리석은 선택, 그리고 아마 많은 경우 아무 생각 없이 하는 선택이 아이의 생활, 학습, 대인관계에 영향을 주며 미래를 결정한다. 선택은 지금 우리가 어떤 사람인지를 보여주고 미래에 어떤 사람이 될지를 결정한다. 게다가 우리 각자의 선택이 모여서 우리가 살고 있는 사회를 결정한다. 이 장에서는 우리 아이들이 건전한 선택을 할 수 있도록 도와주는 방법에 대해 알아보겠다.

연령별 판단력

아이들은 다음과 같은 단계를 거쳐서 판단력을 배운다.

- 선택할 수 있다는 것을 알게 되고 선택을 하면서 자긍심을 느낀다.
- 선택을 잘못 했을 때의 결과를 알게 된다.
- 자유에는 현명한 선택을 해야 하는 책임이 따른다는 것을 알게 된다.

아이들의 이러한 능력을 일상적인 결정에 적용해보자. 스스로 선택할 수 있는 능력이 있다는 사실을 아는 것만으로도 훌륭한 결정을 내리는 데 도움이 된다. 두 살 아이에게 두 가지를 보여주면서 물어보자. "빨간 셔츠를 입을까, 파란 셔츠를 입을까?" 이 나이의 아이들은 대부분 충동적으로 결정하고 금방 마음이 바뀐다. 사실 아직은 판단력이 없지만 지금 연습하고 있는 중이고 커가면서 점차 스스로 결정을 내릴 수 있게 될 것이다. 아이에게 훌륭한 판단력을 키워주기 위해 부모들이 할 수 있는 일들이 있다.

♥ 아기의 첫 선택을 존중한다

태어난 지 며칠밖에 안 된 아기도 자신이 좋아하는 것을 표현할 수 있다. 젖을 먹고 싶은지, 아기 침대에 누워 있기보다 엄마 품에 안겨 있고 싶은지 알고 있다. 이런 선택을 존중해주면 아기는 필요한 것을 알리는 자신의 능력을 믿게 된다. 또한 자신에게 일어나는 일을 스스로 통제할 수 있다는 것을 알게 된다.

엄마가 아기에게 이유식을 주는 광경을 생각해보자. 엄마는 작고 예쁜 그릇에 쌀죽을 담고 또 다른 그릇에 으깬 바나나를 담아서 아기에게 준다. 아기가 바나나를 열심히 먹으면 그것을 좋아한다고 말하는 것이다. 만일 쌀죽을 내밀었을 때 고개를 돌리거나 뱉어내면 아기가 할 수 있는 방식으로 "고맙지만, 사양하겠어요"라고 말하는 것이다. 선택을 잘못했다고 나무라지 말자. 아기가 좋아하는 것을 결정하는 권리를 존중해주자.

놀이시간은 아기에게 선택의 기회를 준다. 엄마가 장난감을 골라 아기 손에 쥐어주는 대신, 두 개의 다른 장난감을 보여주자. 아기의 얼굴 표정을 보고, 아기의 눈길이 어느 쪽에 머무는지, 어느 장난감을 보고 미소를 띠는지 살펴보자. 너무 어려서 손으로 장난감을 잡지 못하는 아기도 자신이 좋아하는 것을 표현한다. 아기와 함께 놀면서 여러 가지 선택의 기회를 주자.

♥ 아이의 선택을 존중한다

아이는 활동 범위가 확대되면서 독립을 주장하기 시작한다. 아직은 엄마나 아빠가 결정권을 갖고 있지만 점차 옷, 음식, 취침 전에 읽는 이야기책이 아이의 취향을 따라가게 된다. 아이는 어떤 벌레를 쫓아갈 것인지, 공을 어떤 방향으로 찰 것인지 결정하기 시작한다. 아이는 자라면서 점점 더 많은 일을 결정하고 자유 의지를 시험한다. 현명한 부모는 아이에게 단순한 결정들을 허락해서 점차 발전하는 독립심을 충족시켜준다. 아이들에게 선택의 기회를 줄 수 있는 일들은 얼마든지 있다. 우유를 줄까, 주스를 줄까? 토스트 줄까, 시리얼 줄까? 빨간 잠옷 입을까, 파란 잠옷 입을까? 네가 지퍼를 잠글래, 내가 잠가줄까?《잘 자요, 달님》을 읽을까,《물고기 한 마리, 물고기 두 마리》를 읽을까? 블록을 줄까, 자동차를 줄까? 미끄럼을 탈까, 그네를 탈까? 걸어갈까, 뛰어갈까? 작은 일상적 사건에서 선택권을 주면 아이가 자신의 행동에 대해 비판적으로 생각하는 법을 배울 수 있다. 어릴 때 연습을 많이 할수록 나중에 좀더 중요한 선택을 할 수 있다.

어린아이들에게 선택의 기회를 주어야 하는 이유는 또 있다. 아이들은 선택을 좋아한다! 어른들과 마찬가지로 아이들도 스스로 통제할 수 있다고 느끼는 환경 속에서 한껏 발전하고 자긍심과 자신감이 생긴다. 세 살짜리 아이라도 자신의 생활을 스스로 통제하고 싶어한다. 자신에게 일어나는 일에 대해, 특히 배변 훈련과 같은 신체 기능에서 발언권을 원한다.

♥ 아이 스스로 선택할 수 있을 때까지

물론 어린아이에게 모든 것을 맡길 수는 없다. 쌀죽을 뱉어내는 것은 어쩔 수 없지만 약을 뱉어내면 문제가 된다. 하지만 부모가 대신 결정을 내려야 할 때 아이가 배울 수 있도록 그런 결정을 내리는 이유를 설명해주자. 아직 말을 하지 못하는 아이에게도 차분하지만 단호하고 부드럽게 설명하면 결정을 내릴 때 신중해야 한다는 의미가 전달된다. 아이들은 현명한 선택을 하도록 도와주는 믿음직한 책임자가 있으면 정서적으로 안정을 느낀다. 자유가 너무 많이 주어지면 부담을 느끼고 훌륭한 판단력을 배울 수 없다. 부모가 경계를 정해주고 간단한 설명을 해주면 아이는 무엇이 옳고 그른지, 무엇이 현명하고 어리석은지 알게 된다. 아이가 허용된 범위 내에서 선택할 수 있도록 해주자. 처음에는 부모가 대신 결정해주고 그 다음에는 아이와 함께 하면서 어떤 식으로 결정을 내려야 하는지 가르쳐주자.

우리 부부가 아이들이 현명한 선택을 할 수 있도록 유도하기 위해 사용한 방법이 있다. 길에서 벗어난 아이에게 환기를 시켜서 올바른 궤도로 돌아오게 하는 것이다. '철 좀 들어라'라는 의미의 표정을 짓거나 부드러운 말로 "그 자전거 누구 거니?"라고 일깨워주면 아이는 자신의 행동을 돌아보게 된다. 이 일깨우기 방법이 아이의 마음속에 일종의 연상 패턴으로 자리를 잡으면 외부의 도움이 없이도 아이 스스로 자신을 일깨울 수 있게 된다.

♥ 작은 아이, 큰 생각

아이들이 독립적인 존재가 되기를 원한다면 그들이 하는 선택을 존중해주어야 한다. 터무니없다거나 어리석은 생각을 한다고 놀리면 아이는 사기가 꺾여서 창의적인 시도를 망설이게 된다. 아무리 엉뚱한 생각이라도 진지한 반응을 보여주면 창의성과 사고력을 길러줄 수 있다. 또한 자신이 주변 세상에 영향을 줄 수 있다는 믿음이 생긴다. 미래에 훌륭한 결정을 내리기 위해서는 그런 믿음이 필요하다.

토머스는 겨우 세 살이지만 논리적으로 생각한다. 우리는 그런 점을 칭찬해준다. 종종 그는 "엄마, 나한테 계획이 있어요!"라고 하면서 이야기를 하는데 대개는 아주 그럴듯하다. 만일 터무니없는 생각이라고 해도 존중하고 칭찬해준다.

♥ 선택의 자유를 준다

아이들이 스스로 선택할 수 있는 일들은 많이 있다. 음식·의복·놀이활동 등 사소한 일상적인 문제들은 모두 판단력을 연습할 수 있는 좋은 기회다. 그런 문제에 대한 선택권을 주자. 처음에는 허용 가능한 두 가지 선택조건을 제시하자. "시리얼을 먹을래, 토스트를 먹을래?" "숙제를 먼저 하겠니, 아니면 간식을 먼저 먹겠니?" "점심을 먹기 전에 청소를 하겠니, 아니면 먹고 나서 하겠니?"

아이들의 판단력을 길러주기 위해 우리는 항상 선택의 자유를 준다. 그들은 어떤 친구를 사귈지, 방과후 활동으로 무엇을 할지, 집에서 어떤 식으로 공부를 할지 등등 많은 것을 스스로 결정한다. 우리는 항상 가능한 결과에 대해 토론하고 우리의 의견을 말해준다. 하지만 결국 결정은 그들이 내린다. 그리고 그 결과에서 배우는 것도 그들의 몫이다.

♥ 사소한 것들은 무시하고 좀더 큰 일에 집중한다

아이들에게 선택의 자유를 주면 당연히 문제가 생길 수 있다. 이런 질문을 해보자. 아이가 선택을 잘못했을 때 일어날 수 있는 최악의 상황은 무엇인가? 만일 그 결과가 그다지 심각하지 않은 것이라면 아이 스스로 결정하게 해주자. 예를 들어, 만일 아이가 학교에 입고 가는 옷을 스스로 선택했을 때 일어날 수 있는 최악의 상황은 무엇인가? 아마 비가 오고 추운 날에 짧은 바지와 윗도리를 입고 갈지도 모른다. 그러면 어떤 결과가 나타나는가? 학교에서 집에 오는 길에 감기에 걸릴 수 있다. 그 정도의 대가는 치를 만하다고 생각되면 아이에게 옷에 대한 선택권을 주자. 잘못된 선택의 결과가 그다지 크지 않다면 아이에게 "네가 결정해"라고 말하자.

만일 아이들이 이상한 머리 모양을 하겠다고 하면 그냥 내버려두자. 머리는 다시 자란다. 방에 더러운 양말이 있다고 죽지는 않는다. 더러운 양말을 신고 학교에 가보면 다음 번에는 빨래 바구니에 넣을 것이다. 용돈을 헤프게 쓰면 좋은 교훈을 얻는다(이때 돈을 더 주지 말자). 이런 일들로 생명이 위협을 받지는 않는다. 지금 배우지 못하면 나중에 어른이 되어서 올바른 판단을 못 내릴 수 있다.

우리 부부가 제정신을 유지하고 살 수 있었던 한 가지 비결은, 구태여 노심초사할 가치가 없는 사소한 문제와 아이들 자신은 물론 다른 사람을 다치게 하거나 무례하게 행동하는 좀더 큰 문제를 구분한 것이었다. 그래서 아이가 크면서 저절로 고쳐지는 사소한 문제들은 스스로 해결하도록 내버려두었다. 그리고 실질적인 결과가 따라오는 좀더 큰 문제에 집중적으로 부모의 권위를 사용했다. 아이들이 어릴 때 일으키는 사소한 문제에 대해 모른 척하는 연습을 해두면 그들이 십대가 되었을 때 단정치 못한 옷차림, 괴상한 헤어 스타일, 시끄러운 음악, 변덕, 전화를 늘 귀에 붙이고 있는 모습을 보면서 잔소리를 하지 않고 참을 수 있다. 다른 면에서 훌륭한 아이라면 이런 것들은 사소한 일이다.

분별력 길러주기

아이들은 커가면서 자유의지에는 막중한 책임이 따른다는 것을 알게 된다. 자유는 근사한 것이지만 현명하게 사용해야 한다. 따라서 훌륭한 판단력을 연습하는 것이 필요하다. 어릴 때부터 판단력을 연습하면 대학, 진로, 배우자 선택과 같은 좀더 중요한 문제에서 훌륭한 결정을 할 수 있는 준비가 된다. 그리고 십대와 젊은이들 사이에서 문제가 되는 알코올·마약·섹스에 빠지지 않게 된다.

아이들이 배우는 중이라는 것을 이해하는 것이 중요하다. 그들은 인생에 대해 배워야 할 것이 많으며, 그러한 교훈 중에는 저절로 터득할 수 없는 것들이 있다. 따라서 성장기의 아이들을 적절한 방향으로 이끌어주는 것은 어른들에게 달려 있다. 또한 아이들이 자신의 행동을 평가해서 최선의 선택을 하고 있는지 판단하도록 가르치는 것도 어른들의 몫이다.

다음은 우리가 이 책을 쓰면서 인터뷰한 부모들이 제시한 아이들에게 현명한 판단력을 가르치는 방법에 대한 내용이다.

우리는 아이들이 자신이 한 행동을 돌아보고 그 경험에서 배우도록 하기 위해 '멈춤-진행(stop-go)' 이라는 방법을 사용한다. 만일 아이의 잘못된 행동을 보면 우리는 위쪽에 '멈춤'이라는 제목을 쓴 종이를 내밀고 잘못한 일을 쓰게 한다. 그 아래쪽에 있는 '진행'이라는 제목에는 앞으로 어떻게 행동해야 하는지를 쓰게 한다. 이런 연습을 하다 보면 아이의 행동이 개선된다.

우리는 아이들에게 왼손으로는 부정적인 결과를 꼽아보고 오른손으로는 긍정적인 결과를 꼽아본 후에 둘을 비교해서 판단하라고 가르쳤다.

나는 항상 우리 딸에게 이것저것 따져보고 선택하게 한다. 중학교 시절은 또래 압력이 많기 때문에 훌륭한 연습 기회가 되었다. 많은 여학생들이 멋을 부리고 비싼 옷을 입고 다녔다. 우리 집은 최근 유행을 모두 따라갈 수 있을 만큼 풍족하지 않았다. 나는 우리 딸에게 옷을 살 수 있는 한도를 정해주고, 아주 비싼 진바지를 사서 그 하나로 만족하든가, 아니면 덜 비싼 진바지 두 벌에 셔츠 두 벌까지 사든가 선택하게 했다. 아이는 곧 자신이 가진 돈으로 어떻게 하면 옷을 더 잘 입을 수 있는지 판단했다. 우리는 아이에게 항상 긍정적인 면과 부정적인 면에 대해 지적해주고 선택을 하게 했다. 때로 잘못된 선택을 하는 경우도 있었지만, 지금 스물두 살이 된 우

'모의' 선택

아이들이 중요한 문제의 결정을 내리지 못하고 고민할 때 도와주는 방법이 있다. 어떤 식으로 결정을 내렸다는 '가정' 하에 한동안 그 결정에 따라 지내는 것처럼 상상해보도록 하는 것이다. 그리고 2, 3일이 지난 후에 그 결정이 옳고 잘했다는 생각이 들지 않으면 다른 선택을 생각해보게 하자.

예를 들어, 아이가 여름 방학에 축구를 할 것인지, 야구를 할 것인지 결정을 못 내리고 있다면 '축구를 선택했다'는 가정 하에 축구 연습 및 경기와 다른 즐거움들, 의무에 대해 상상해보도록 하자. 다음 주가 되어도 여전히 그 선택에 만족한다면 마지막 결정을 내리기가 쉬울 것이다.

리 아이를 보면 훌륭한 판단력을 배웠다는 것을 알 수 있다.

♥ 문제 해결 과정을 가르친다

아이가 어떤 장애물을 만나거나 중요한 결정을 앞두고 있을 때 문제 해결 과정을 가르치는 기회로 삼자. 부모가 해결책을 제공하면 훨씬 쉽고 빠르겠지만, 아이와 함께 방법을 강구하면서 중요한 생활 능력을 가르칠 수 있다.

- 방해를 받지 않는 조용한 장소에 아이와 함께 앉는다. 수첩, 펜, 간식과 마실 것을 준비하자.
- 가능하면 구체적이고 논리적으로 문제를 정의하는 것으로 시작한다.
- 브레인스토밍을 하고 되도록 많은 방법을 생각해본다. 터무니없는 방법이라도 모두 적어보자.
- 선택 사항을 살펴보면서 각각의 잠재적 결과에 대해 이야기해본다.
- 최고의 방법을 함께 결정하고 계획을 세운다.
- 계획을 실행에 옮기고 바라는 대로 순조롭게 진행되도록 점검한다.

아이들이 어떤 곤경에 처하면 우리는 문제점에 대해 상의하고 어떤 선택을 하면 어떤 결과가 오는지 예를 들어서 설명해준다. 최종 결정을 내리기 전에 모든 선택 사항을 검토해보게 한다. 또한 삶이 항상 공정하지 않으며 때로는 뜻대로 되지 않는 일이 있다는 것을 이해하고 결과를 받아들이는 수용력을 기르도록 도와준다.

♥ 질문을 장려한다

아이들은 이런저런 경험을 하면서 보고 듣는 것에 의문을 갖게 된다. 부모가 질문을 장려하고 성실하게 답변해주면 아이들은 훌륭한 판단에 필요한 정보를 얻는다.

허무맹랑하거나 하찮은 질문도 퍼즐의 조각을 맞추고 있는 아이들에게는 분명 어떤 의미가 있다. 엄마나 아빠가 "좋은 질문이다"라고 격려해주면 아이는 자신감이 생기고 올바른 궤도에 들어왔다고 느끼면서 더욱 신중해진다. 아이가 알아들을 수 있는 말로 솔직하게 아이의 자료 은행에 추가할 수 있는 사실들을 알려주자. 아이는 삶의 모든 작은 조각을 맞추어서 자기 자신과 세상에 대한 그림을 그린다. 정보를 많이 흡수할수록 더 나은 판단을 할 수 있을 것이다.

♥ 사고 과정을 들려준다

때로 아이가 어떤 질문을 하면 부모는 곰곰이 생각한 후에 결정을 내린다. 이때 그러한 결정을 내리면서 사고 과정을 말로 표현해주자. 예를 들어, 열 살 아이가 "오늘 저녁에 외식하면 안 돼요?" 하고 물을 때 엄마는 "글쎄다. 생각 좀 해보자. 바로 어제 점심에 외식을 했고, 햄버거를 사다가 냉장고에 넣어두었는데, 우리가 오늘 저녁에 외식을 하면 그 햄버거는 못 먹게 되고, 그러면 돈을 낭비하는 거지. 하지만 만일 그것을 냉동고에 넣어두면 목요일에 먹을 수 있을 거다. 음, 그런데 목요일에 할머니가 저녁을 드시러 오시면 아무래도 음식이 모자랄 것 같구나. 밖에 나간 김에 가게에 들러서 햄버거를 좀더 사다놓으면 되겠다. 좋아. 오늘 저녁 외식을 하자."

아이는 이 독백을 듣고 결정을 내리는 과정에 대해 많이 배울 것이다.

♥ 심사숙고한다

이 말은 우리 인생에서 가장 소중한 교훈 가운데 하나다. 충동은 훌륭한 판단의 적이고 대부분의 아이들은 충동적이다(적어도 가끔씩). "돌다리도 두드려보고 건너라"라고 가르치는 것은 충동적인 행동을 예방하는 경보장치를 설치하는 것과 같다. 처음에 아이들은 오로지 유혹될 만한 면만 본다. 성냥불을 켜서 종이에 불을 붙이거나, 선반에 있는 과자를 꺼내려고 기어 올라가거나, 울퉁불퉁한 보도가 아닌 매끄러운 찻길에서 자전거를 달리려고 한다. 그런 행동이 가져올 수 있는 결과에 대해 생각하지 않는다. 여덟 살 아이가 끌 수 없는 큰 불이 날 수 있고, 선반에 올라가다가 바닥으로 굴러떨어질 수 있고, 찻길에서 뛰는 아이를 자동차가 못 볼 수도 있다. 하지만 부모가 언제나 옆에서 그런 행동을 감시할 수는 없으므로 그들 스스로 행동하기 전에 생각하는 능력을 길러주어야 한다. "어떤 결정을 내리기 전에 생각을 하게 해주는 '멈춤 버튼'을 눌러라"라고 가르치자.

저녁 만찬을 위해 촛불을 켜거나 바비큐에 불을 붙일 때 성냥을 갖고 노는 것의 위험성에 대해 이야기하자. 무조건 하지 못하게 반대하지 말고 불장난을 하면 안 되는 이유를 설명해주자. 우리 자신과 집을 화재에서 지키기 위해 어떻게 해야 하는지, 성냥이나 라이터를 잘못 사용하면 어떻게 되는지 말해주자. 아마 조금 큰 아이라면 생일 케이크에 조심스럽게 촛불을 붙여보는 연습을 시킬 수 있다. 그러면 언젠가 다른 아이들이 성냥으로 불장난을 하자고 유혹할 때 부모가 한 이야기를 기억하고 거절할 것이다.

우리 아이들이 그릇된 결정을 내리려고 하면 나는 이렇게 묻는다. "네가 그러면 어떤 일이 일어나겠니?" 그들이 대답하면 나는 계속 묻는다. "그렇게 되면 좋으니, 나쁘니?" "그러면 그렇게 해야겠니, 하지 말아야겠니?" 요즘은 많은 사람이 아무 생각 없이 행동하는 것처럼 보인다. 우리 아이들은 그러지 말았으면 좋겠다.

♥ 선택에는 결과가 따라온다

잘못된 선택에 대한 지속적인 면역력을 길러주는 방법 가운데 하나는 행동에 따라오는 결과를 경험하게 하는 것이다. 경험은 최고의 스승이다. 조심하지 않으면 넘어진다. 아무 데나 자전거를 세워두면 도난을 당한다. 숙제를 끝내지 않으면 좋아하는 텔레비전 쇼를 볼 수 없다. 현명한 부모는 지나친 과보호를 하지 않고 아이 스스로 어리석은 행동에 따라오는 결과를 배우게 한다.

나는 아이가 하는 선택을 보강해주고 다르게 행동할 수 있는 부분을 지적해준다.

예를 들어, 아이가 카펫에 물을 흘리면, "다음에는 욕실에서 물을 채우고 뚜껑을 닫아 가지고 나와라. 그러면 흘리지 않을 거야"라고 말해준다. 적절한 행동은 칭찬하고 어떻게 잘했는지 이야기해준다.

아이들은 책임 있는 어른이 되는 과정에서 현명하지 못한 선택을 할 수 있다. 그들은 어른과 마찬가지로 자신이 한 행동의 결과를 경험하면서 배운다. 어느 정도 범위 내에서 탐험하고, 넘어지고, 부딪히면서 아이들 스스로 배우게 하자. 약간 긁히고 멍이 드는 것은 어쩔 수 없고 교육적이기도 하다. 어질러놓은 것을 치우게 하자. 제시간에 숙제를 끝내지 못해서 벌을 받게 되어도 참견하지 말자. 인과응보를 경험하는 것은 훌륭한 선택의 중요성을 배우는 효과적인 방법이다. 결국 자신의 행동에 책임을 지게 된다. 아이들이 작은 인과관계를 계속 경험하면서 선택에 신중해지는 법을 배우게 하자.

아이들은 부모의 잔소리보다는 실수를 통해 더 많이 배운다. 사소한 실수에서 소중한 교훈을 배워두면 나중에 좀더 큰 일에서 현명한 선택을 할 수 있다. 청소년이 되면 그릇된 선택에 따라오는 결과가 좀더 심각해진다. 8세에 실수를 하면서 배운 아이는 16세에 좀더 현명한 판단을 하게 된다. 어른들의 조언에도 좀더 귀를 기울일 것이다. 부모는 아이를 과보호하는 것과 방치하는 것 사이에서, 아이를 이끌어주는 것과 독립적이 되게 하는 것 사이에서 균형을 잡아야 한다.

부모가 과보호를 하면 청소년기에 좌절과 갈등을 감당하지 못하고 선택을 두려워하게 된다. 많은 부모가 아이가 잘못된 선택을 하지 않도록 보호하고 싶은 마음에 모든 것을 대신 결정한다. 그러면 아이는 결정하는 연습을 할 수 없다. 결국 바깥 세상에 나가 중요한 결정을 내려야 하는 일이 생기면 종종 실수하게 된다.

반면에 부모가 너무 방치하는 아이들은 안하무인이 된다. 부모로서 가장 현명한 태도는 어느 정도 의견과 지침을 제시하고 뒤로 물러나서 결과를 지켜보는 것이다.

♥ 학습 기회를 최대한 이용한다

아이가 그릇된 선택을 했을 때 그 경험을 학습 기회로 바꾸자. 현실 경험은 앞으로 필요한 교훈을 배우는 좋은 기회다. 경험을 통해 배우는 것은 뼛속 깊이 새겨진다. 부모는 옆에서 그 교훈이 아이에게 확실하게 각인되도록 도와줄 수 있다.

학습 기회를 어떻게 활용해야 할까? 우선 나무라지 말자. "그러게 내가 뭐라고 했니?" "내 말만 들었어도……"라고 비난하고 싶은 충동을 자제하자. 그런 식으로 야단치면 아이가 입을 다물어버릴 것이다. 대신 공감을 표시하고 현재의 상황에 대해 이야기하면서 넌지시 대안을 제안해보자.

우리 집에서는 아이들이 잘못된 결정을 할 때 '되감기'나 '재생' 놀이를 한다. 예를 들어, 미끄러운 빗길에서 뛰지 말라고 주의를 주었는데도 아이가 말을 듣지 않고 뛰다가 넘어져서 엉덩이와 자존심에 멍이 든다면 아이의 손을 잡고 "우리 뒤로 돌아가보자!"라고 하거나 "잠깐! 되감기!" 하고 부드럽게 말한다(아이들은 비디오 버튼의 '재생'과 '되감기'의 개념을 알고 있다). 그 다음에 아이의 손을 잡고 다시 돌아가서 천천히 물웅덩이를 돌아서 걸어온다. 그래서 아이가 선택한 행동의 결과를 현명한 연장자가 권하는 선택의 결과와 비교할 기회를 준다. 아이는 다음에는 어떻게 해야 하는지 깨달을 것이다.

어떤 상황에서는 결과를 통해 배우도록 하는 것이 최선이다. 아이가 소다수를 흘려도 소다수는 더 있다. 바깥 기온이 20도가 넘는 날 고집을 부리고 자기가 좋아하는 스웨터를 입고 나갔다가 더워서 불편을 겪는다. 어떤 친구를 무시했다가 그 아이에게 오히려 무시를 당한다. 우리가 잔소리를 하지 않아도 아이들은 이런 결과에서 교훈을 배운다.

긍정적인 결과 역시 교훈을 준다. 물려받은 자전거를 잘 간수한 아이는 생일에 새로운 자전거를 받는다. 숙제를 제시간에 끝낸 아이는 별표를 받는다. 적절하고 긍정적인 보상을 해주자. 보통 긍정적인 결과가 주는 교훈은 부정적인 결과에서 배우는 것보다 그 효과가 오래 지속된다. 어쨌든 아이들은 좋고 나쁜 결과를 모두 경험

선택 대 통제

통제하는 부모는 아이의 선택 능력을 무시해버린다. 아이에게 결정하는 능력을 키워주지 않는 것은 조종키가 없는 배에 태워서 바다에 내보내는 것과 같다. 현명한 부모는 아이들을 통제하는 대신 행동을 바로잡아준다. 그 차이를 이해하기 위해 이렇게 생각해보자.

현명한 부모는 정원사와 같다. 정원사는 성원에서 식물들의 색이나 꽃이 피는 시기와 같은 특성들을 통제할 수 없다. 하지만 잡초를 뽑아주고 가지를 쳐주고 비료를 주고 아름다운 꽃을 피우도록 도와줄 수 있다. 모든 아이의 기질과 성격에는 꽃도 있고 잡초도 있다.

부모가 통제를 하는 가정의 아이들은 처벌을 피하려고 얌전해질지도 모른다. 하지만 스스로 통제력을 배우지는 못한다. 이런 아이들은 부모의 감시가 소홀해지면 고삐 풀린 망아지가 된다.

통제하는 부모는 종종 좀더 감성적인 가정교육을 '통제력을 잃는다'라거나 '아이에게 휘둘린다'라고 느낀다. 아니면 '부모의 권위를 포기하는 것'이라고 말한다. 이런 부모들은 아이들을 책임지는 것과 통제하는 것을 혼동한다. 반면, 현명한 부모들은 통제를 하는 대신 아이 스스로 통제하는 법을 배울 수 있는 상황을 만들어준다.

신문기사에서 자주 보는 '통제 불능 아이들'이라는 문구는 부모들이 아이들을 통제하지 않는다는 의미가 아니라 아이들이 자신을 통제하는 법을 배우지 못했다는 뜻이다. 현명한 부모들은 아이를 통제하는 것이 아니라 아이가 할 수 있는 선택을 '통제'하거나 제한하는 한편, 아이가 마지막 선택을 하게 한다. 아이에게 현명한 선택 목록을 주고 나머지는 아이에게 맡긴다. 이것이 윈윈 전략이다.

하면서 점차 책임 있는 행동을 하게 된다.

♥ 매스컴을 학습 기회로 이용한다

매스컴이 다 나쁘지는 않다. 사실 신문·텔레비전·잡지는 아이들에게 현명한 선택과 어리석은 선택의 결과에 대해 가르칠 기회와 재료를 제공한다. 흥미로운 기사를 읽으면 아이와 함께 그 문제에 대해 이야기하자. 텔레비전에서 사람들이 하는 선택에 대해, 왜 그런 선택을 했으며 만일 다른 선택을 했다면 그 결과가 어떻게 될지 이야기해보자.

우리는 잘못된 선택이 가져온 결과를 보여주는 뉴스나 잡지 기사에 대해 이야기한다. 그리고 선택이 사람의 일생에 어떤 영향을 주는지 이야기한다. 나는 아이들이 잘못된 선택의 장기적인 영향을 이해해서 비슷한 상황을 만나기 전에 미리 배워두기를 바란다. 우리는 아이들이 어릴 때부터 현실에 대해 가르쳤다. 현실에서는 때로 소외되고 잊히고 무시당하고 상을 못 타고 꼴찌가 되기도 한다. 한편 미래를 바라보게 하고 언제라도 기회는 또다시 온다고 가르친다.

♥ 판단을 잘못해도 세상이 끝나는 것은 아니다

아무리 현명하고 분별력 있는 사람이라고 해도 때로 잘못된 결정을 한다. 누구나 살다 보면 문제에 부딪힌다. 아이들이 잘못된 선택을 하고 나서 사기가 꺾이지 않도록 해야 한다. 사람은 누구나 실수를 할 수 있으며 그러한 실수를 통해 성숙하고 배울 수 있다고 가르치자.

나는 우리 아이들에게 선택을 하기 전에 신중하게 생각해야 하지만 어떤 선택을 하든지 경험이 된다고 가르친다. 인격은 경험을 통해 성숙한다. 최선을 다해 살기 위해서는 기꺼이 변화를 받아들이고 중요한 선택을 해야 한다. 우리는 아이들에게 모든 가능성에 대해 열린 마음을 유지하면서 서둘러 판단하지 말라고 가르쳤다. 또한 아이가 어떤 문제에 부딪힐 때마다 잠재적인 위험에 대해 경고를 하고, 올바른 선택이라고 느끼면 실행하라고 격려했다. 아이가 실수했을 때 우리가 하는 역할은 그가 사태를 수습하고 다시 시작하도록 도와주는 것이었다. 언제라도 필요할 때 도움을 주면서 아이 혼자 힘으로 문제를 해결하도록 했다. 그들은 지금 같은 방식으로 다음 세대를 키우고 있다.

아이가 실수를 했을 때 "왜 그렇게 덤벙거리니?"라든지 "그러면 안 된다고 그랬지?"라고 나무라는 것은 실수가 나쁜 것이며 절대 실수하면 안 된다고 말하는 것이다. 반면에 아이에게 실수를 인정하고 해결책을 찾아서 앞으로 전진하라고 격려하면 좀더 건설적인 메시지를 주게 된다. 우리는 누구나 말과 행동으로 실수를 하며 실수를 통해 미래에 도움이 되는 소중한 교훈을 배운다는 것을 아이들에게 보여주자.

나는 어떤 어려운 일이 생겨도 아이들에게 꿋꿋한 모습을 보여주려고 노력한다. "삶이 우리에게 레몬을 주면 레모네이드를 만들자" "문이 닫혀 있으면 창문이 열려 있다"라고 말한다. 미소를 짓고 고민을 떨쳐버리라고 가르친다. 지금 우리 아이들은 실망스러운 일이 생겨도 비가 온다고 불평을 하기보다 무지개를 기다린다.

♥선택은 특권이다

사람들은 선택을 당연하게 여긴다. 우리는 아이들에게 우리가 가진 선택의 자유에 대해 감사하게 생각하도록 가르쳐야 한다.

나는 심각한 장애를 가진 아이의 어머니로서 선택이 특권이라는 것을 알고 있다. 모두가 선택을 할 수 있는 것은 아니다. 장애를 가진 아이들에게는 선택이 제한되어 있다.

도덕심을 가르친다

자녀를 훌륭하게 키운 부모들은 아이들을 통제하지 않았다고 말한다. 그보다는 어릴 때부터 가능한 선택과 결과에 대해 평가하고, 그들 자신과 다른 사람에게 미치는 영향을 생각하도록 가르쳤다고 한다. 어떤 결정을 내릴 때 '양심의 소리'에 귀를 기울이게 했다.

♥ '양심의 소리'를 가르친다

우리 마음속에는 우리 자신의 행동과 선택에 영향을 주는 양심이라는 것이 있다. 때로 우리는 그러한 내면의 소리에 귀를 기울이기도 하고 때로는 무시해버리기도 하지만, 어쨌든 그것은 그 자리에 있다. 이러한 양심이 발달하기 시작하는 나이의 아이들에게는 도움이 필요하다. 부모와 주변 사람들은 아이가 그러한 내면의 소리에 귀를 기울이도록 도와줄 수 있다. 그 소리를 의식하는 아이는 자신이 잘못된 방향으로 가고 있다는 것을 깨닫는다. 배가 아프거나 식은땀이 나거나 왠지 모르게 '조마조마한' 느낌이 들기도 한다. 아이들은 어떤 상황에서도 양심이 전하는 중요한 메시지에 기초해서 선택하는 법을 배워야 한다.

♥ 즉각적인 만족을 유보한다

우리는 즉각적인 만족을 부추기는 세상에서 살고 있다. 패스트푸드, 컴퓨터, 신속한 교통수단, 쉬운 답변 등등. 아이가 결정을 내리지 못하고 머뭇거릴 때 부모가 옆에서 조바심을 내면 본의 아니게 재촉하는 결과가 된다. 아이의 장래를 생각한다면 신중한 결정을 내리는 법을 배우게 해야 한다. 성급하고 충동적인 선택은 종종 비참한 결과를 가져온다. 장기적으로 돌아오는 이익에 비하면 백화점 장난감 가게에서 10분 정도 더 보내는 것은 아무것도 아니다. 아이에게 돌다리도 두드려보는 법을 가르치면 즉흥적인 행동으로 커다란 대가를 치르는 일을 막을 수 있다.

우리 딸은 다섯 살이 되는 생일날 할머니에게서 선물로 돈을 받았다. 나는 당장에 그 돈을 쓰고 싶어하는 아이를 데리고 가게에 갔다. 몇 가지 식료품을 사고 계산을 하려고 보니까 아이 손에 아무것도 들려 있지 않았다. 나는 "아무것도 안 살 거니?"라고 물었다. 아이가 "사고 싶은 게 없어요"라고 힘없이 대답했다. 내가 도와주려고 "이 캔디바는 어떠니?"라고 제안했다. 아이는 좋아라 하며 사탕을 집어들었다. 하지만 다음 순간 매우 신중한 표정이 떠올랐다. 갑자기 아이는 눈을 반짝이더니 막대 사탕을 제자리에 내려놓고 "금방 올게요!"라고 말하면서 어디론가 달려갔다. 곧 아이는 싱글벙글하며 돌아와서 자신이 고른 책을 자랑스럽게 보여주었다. "왜 캔디바 대신 책으로 결정했니?" 하고 내가 물었더니 아이가 설명했다. "음, 막대 사탕을 먹고 싶긴 하지만 금방 없어지잖아요. 오래 두고 볼 수 있는 것을 갖고 싶었어요." 나는 아이를 끌어안으면서 내 딸이 진정한 행복이 무엇인지 이해하고 있다고 생각했다. 우리 딸은 지금 열다섯 살인데 언제나 훌륭한 선택을 하고 있다.

♥ 다른 사람에게 미치는 영향을 고려한다

아이들은 자신의 결정으로 다른 사람들에게 어떤 영향이 미치는지 생각할 줄 알아야 한다. 이 능력은 앞서도 이야기했듯이 감정이입에서 시작된다. 선택을 하면서 대부분의 사람들, 특히 어린이들은 처음에 그 선택이 자신에게 어떤 영향을 줄지 생각한다. 하지만 양심적인 결정이란, 그 결정이 다른 사람에게 어떤 영향을 주는지에 대해서도 생각하는 것이다. 다른 사람의 감정을 생각하고 이해하는 능력인 감정이입이 발달하면 자연히 다른 사람에게 자신의 선택이 미치는 영향에 대해 생각하게 된다. 이 능력은 개인적으로나 사회적으로 성공하기 위해 반드시 필요하다.

♥ 외부의 영향을 모니터한다

아이들은 친구들의 의견에 큰 의미를 두지만 사실 많은 아이들이 그릇된 결정을 내린다. 많은 가정의 아이들이 텔레비전에서 종종 근사하게 묘사되는 그릇된 행동을 보면서 쉽사리 영향을 받는다. 따라서 '다른 사람들이 모두' 한다고 해서 그릇된 행동이 정당화될 수 없다는 것을 가르쳐야 한다. 주관을 갖고 세상 사람들이 하고 있는 것과는 상관없이 올바른 결정을 내릴 수 있도록 해야 한다. 현명한 결정을 내리면 칭찬해주자. 올바른 결정을 내리기 위해서는 때로 용기가 필요하며 맹목적으로 군중 심리를 따라가거나 유행을 좇는 것은 어리석다고 가르치자.

15세인 우리 아들이 친구 집에 놀러갔다가 내게 전화를 했다. 그는 뭔가 매우 곤란한 상황에 빠져 있는 것 같았다. 그는 나더러 지금 집에 가고 싶지 않은데 왜 자꾸 오라고 하느냐고 말했다. 나는 그런 말을 하지 않았으므로 뭔가 이상하다는 생각이 들어서 곧바로 차를 타고 아이를 데리러 갔다. 집으로 돌아오는 길에 아이는 친구 부모님이 집에 안 계시며 몇 명이 차고에서 맥주를 찾아내서 마시고 있다고 말했다. 나는 그가 기지를 발휘해서 그 상황에서 빠져나올 수 있었고 자신의 가치관을 지켰다는 것을 알고 감동을 받았다. 우리는 도중에 아이스크림 집에 들러서 그의 현명한 결정을 축하했다.

아이들이 하는 결정을 보면 그들의 가치관을 알 수 있다. 자라는 아이들에게 세상은 정글이고 도덕성은 정글을 헤치고 나가기 위해 필요한 칼이다. 그 도구는 들고 다니기가 쉽지 않다. 도덕심은 현명한 판단을 하기 위해 필요한 도구다. 위험한 선택으로 가득 찬 세상에 아이들을 내보내면서 마지막 순간에 몇 가지 지침과 몇 마디 경고를 해주는 것만으로는 충분하지 않다. 그들이 올바른 선택을 하기 바란다면 무엇이 옳고 그른지 판단하는 법을 가르쳐야 한다. 아이들에게 도덕심을 길러주는 것은 부모의 책임이다.

떠나 보내기

엘리자베스 이야기 : 우리 아들 데이비드가 다섯 살이었던 어느 날 저녁 나는 매일 하던 대로 말했다. "데이비드, 가서 잘 준비해야지." 10분 후에 보니 그는 아직 자기

방에서 레고 성을 쌓고 있었다. 나는 부드럽게 타일렀다. "애야, 잠옷 입고 이를 닦아라."

20분이 지났지만 데이비드는 잘 준비를 하기는커녕 할머니 방에 가서 그날 있었던 일에 대해 수다를 떨고 있었다. 나는 큰 소리로 애원했다. "가서 잘 준비 해!" 그는 자기 방으로 달려갔고 나는 내 방으로 갔다. 내가 잠옷을 입고 보니 그가 방문 앞에 서 있었다. 그의 표정은 5년을 살면서 키워온 자신감으로 가득 차 있었다. 그는 양손을 허리에 얹고 심호흡을 하더니 진지하고 엄숙한 목소리로 선언했다. "엄마, 할말이 있어요. 나한테 이래라저래라 하지 말아요. 내가 알아서 할래요."

놀란 마음을 진정시키고 보니 데이비드 뒤에 어머니가 서 있었다. 어머니도 역시 놀라기도 하고 기가 막히기도 한 표정을 짓고 있었다. 어머니는 나보다 빨리 제정신을 차리고 (아마 나보다 경험이 많은 덕분에) 아이를 타일렀다. "데이비드, 네가 잘 하는 줄은 알지만 엄마 말을 들어야 할 때가 있단다. 네가 하고 싶지 않아도 해야 하는 일이 있는 거야."

'지당하신 말씀!' 나는 속으로 생각했다. 데이비드가 "그게 어떤 건데요?" 하고 물었다. 어머니는 "음" 하고 잠시 생각하더니 예를 들어서 설명했다. "네가 자전거를 탈 때 길을 가다가 갑자기 절벽을 만난다면 멈추어 서야 하는 것처럼 말이다."

데이비드는 잠시 얼굴을 찡그리고 생각을 하다가 갑자기 뭔가 좋은 생각이 떠올랐는지 표정이 환해졌다. "아니에요, 할머니. 난 절벽을 올라갈래요."

다섯 살의 데이비드가 분명히 선언했듯이 아무리 우리 스스로가 일관성 있고 유능한 부모라고 생각해도 아이는 독립적인 존재다. 결국 그는 스스로 결정을 내릴 것이다. 우리가 부모로서 할 수 있는 일은 모든 기회를 이용해서 아이들에게 훌륭한 선택을 해야 하는 이유와 방법을 가르치는 것이다. 아이들이 현명하고 책임감이 강한 사람이 되도록 안내하는 양심의 목소리를 키워주는 것은 부모의 중요한 역할 중 하나다. 신중하고 현명하게 선택하는 능력은 성숙한 어른이 되기 위한 열쇠다. 그리고 많은 부모가 아이들에게 현명한 판단력을 키워주는 비결은 존중과 사랑이라고 말했다. 아이들은 자신의 미래를 결정하고 다른 사람들의 미래에도 영향을 준다. 자기 자신을 사랑하고 존중하는 아이는 훌륭한 선택을 한다.

♥ 앞을 멀리 내다본다

당장의 평화를 위한 '임시방편'은 위험하다. 일시적인 해결책은 결국 도움이 되지 못한다. 점심을 먹기 직전에 배고픈 아이에게 과자를 주면 당장은 떼를 쓰지 않을 것이다. 하지만 장기적으로 볼 때 좀더 나은 결정은 아이에게 왜 먼저 점심을 먹어야 하는지, 어떤 음식이 과자보다 건강에 좋은지 가르치는 것이다. 아이의 불평을 참아내야겠지만 부모가 일관성을 보이면 아이는 어려운 상황에서도 올바르게 결정하는 법을 배운다.

아이들에게 성공에 필요한 기술을 가르칠 시간은 그리 많지 않다. 약 18년 동안 (십대 아이들이 부모의 조언을 듣지 않는 것을 감안하면 그 햇수는 더 줄어든다) 현명한 판단력을 가르쳐야 한다. 억지로 뭔가를 강요할 수는 없지만 어떤 행동이 좀더 바람직한지 스스로 판단하도록 가르칠 수는 있다. 그러고 나서 아이가 절벽을 넘어가겠다는 결정을 내리지는 않기를 바라는 수밖에 없다.

운명은 우연이 아닌 선택이다. 기다리는 것이 아니라 성취하는 것이다.

— 윌리엄 제닝스 브라이언

9장
대화 기술 가르치기

부모들이라면 다 알고 있듯이, 아이들과의 의사소통이 항상 쉽지는 않다. 아이가 귀를 기울이는 것처럼 보여도 나중에 물어보면 전혀 기억하지 못할 때도 있다. 끊임없이 조잘거리면서 자신이 하는 말을 듣지 않는다고 비난하기도 한다. 아이들은 발달 단계에 따라 의사소통하는 방식도 달라진다. 5세에는 못 말리는 수다쟁이였지만 14세가 되면 묻는 말에만 간신히 대답한다. "요즘 어떻게 지내니?" 하고 물으면, "좋아요"라고 한마디하거나 "오늘 친구 집에서 어땠니?" 하고 물으면, "그저 그랬어요"라고 무뚝뚝하게 대답한다.

우리 집에는 아주 활발한 아이도 있고 조금 내성적인 아이도 있다. 그들의 부모로서 우리는 어느 가정이나 가족들 간에 대화의 간극이 있다는 것을 알고 있다. 아이들은 감정을 숨김없이 드러낼 때도 있고, 혼자 속으로 생각과 감정을 간직할 때도 있다. 하지만 아이들과의 대화는 언제나 중요하다. 부모-자식 간에 연결을 유지하는 것은 대화에 달려 있다.

의사소통을 잘하는 아이들은 성공할 가능성이 높다. 그들은 대화를 하고 귀 기울이면서 친구관계, 학교·직장·결혼 생활을 성공적으로 꾸려나간다. 어려운 문제도 타협으로 해결하고 진솔한 인간관계를 맺는다. 정보 교환을 잘하면 학교 성적을 올릴 수 있고, 친구들을 사귀고 우정을 유지할 수 있으며, 거래를 성사시키거나 상대방을 설득할 수 있다.

부모가 아이들과 대화하고 귀를 기울이는 방식은 아이들이 다른 사람과 의사소통하는 방식에 큰 영향을 준다. 자녀를 훌륭하게 키우는 부모들은 보통 아이들과의 의사소통이 원활하다. 애착 양육이 된 아이들은 진실하고 다정다감한 방식으로 자신의 의사를 전달한다. 그들이 말하는 내용뿐 아니라 태도와 신체언어에서도 그렇게 느껴진다. 그들은 자연스럽게 상대방과 시선을 맞추고 상대방이 하는 말에 진지하게 관심을 보인다.

이런 아이들은 거의 본능적으로 의사소통이 단순한 말 이상의 의미가 있다는 것을 알고 있다. 의사소통에는 말과 함께 하는 신체언어가 포함된다. 또한 언제 말을 하고 언제 침묵해야 하는지 알아야 한다. 우리가 하는 말이 상대방에게 어떻게 들릴지 생각할 줄 알아야 한다. 의사소통 능력은 아이들이 훌륭하게 자라는 데 필요한 자긍심·감정이입·감수성·친절과 같은 특성들과 관련이 있다.

대화하는 방식은 대체로 기질과 성격에 따라 좌우된다. 어떤 사람들은 손짓 발짓을 하면서 온몸으로 이야기한다. 어떤 사람들은 끊임없이 친구들과 수다를 떨고, 어떤 사람들은 좀더 과묵하다. 대화 방식은 제각기 달라도 실제로 훌륭한 의사소통을 위해 필요한 요소들은 있다. 의사소통을 잘하는 사람들은 다음과 같은 특징이 있다.

대화의 황금률

아이들에게 이야기할 때에는 우리가 다른 사람들에게 바라는 방식으로 하라.

- 귀를 기울인다.
- 감정이입을 하면서 듣는다.
- 말하기 전에 생각한다.
- 신체언어를 사용한다.
- 적절하고 재치 있게 이야기한다.
- 말조심을 한다.

이 장에서 우리는 연결된 아이들이 이런 능력들을 어떻게 배우는지에 대해 이야기하겠다. 다른 대인 기술과 마찬가지로 의사소통 능력은 갓난아기 때부터 부모와의 관계를 통해 습득된다.

의사표현을 도와준다

유아를 의미하는 영어의 'infant'는 '아직 말을 못하는 아이'라는 의미의 라틴어에서 유래했다. 하지만 아기들은 말을 하기 훨씬 전부터 의사소통에 대해 배운다. 애착양육은 일찍부터 원활한 의사소통의 기초를 다지는 데 도움이 된다. 처음 1년 동안 아기들은 부모의 품에서 양방향 의사소통을 배운다. 애착 양육이 아기가 인간의 복잡한 의사소통을 이해하는 데 어떻게 도움이 되는지 알아보자.

♥ 아기 울음의 의미 이해하기

아기의 울음은 최초의 의사소통 수단이다. 보호자가 아기 울음에 반응을 보이면 아기는 자신이 보내는 신호에 의미가 있다는 것을 알게 된다. 아기는 의사소통의 기본 방식, 즉 '내가 신호를 보내면 누군가 반응을 보인다'라는 것을 알고 다시 의사전달을 시도하게 된다.

그렇다면 부모가 아기 울음에 대답하면 아기가 더 많이 우는 것은 아닐까? 아니다. 아기는 좀더 적절하게 우는 법을 배운다. 아기는 절박하고 시끄럽게 울지 않아도 반응이 온다는 것을 알고 좀더 섬세한 신호, 즉 다른 소리, 몸동작, 눈맞춤 등으로 자신이 필요한 것을 표현하기 시작한다. 엄마 아빠가 주의를 기울이고 미세한 신호에도 반응을 보이면 아기의 의사전달 방식은 점점 더 다양해지고, 따라서 부모가 반응하는 방식 역시 다양해진다. 이런 식으로 아기는 말을 사용하기 전에 보호자와 주고받는, 다양하고 흥미로운 언어를 개발한다. 그러면 부모는 아기와 있는 것이 즐거워지고 계속해서 아기의 요구에 반응하게 된다.

아기 울음에 반응하면 더 많이 운다고 믿는 부모들이 있다. '울다가 그치게' 하라는 조언자들은 아기의 의사소통 능력을 믿지 않는다. 울음을 무시당하는 아기들은 결국 덜 울고 '얌전한' 아기가 될지도 모르지만 의사소통 기술을 배우지는 못한다. 신호를 보내도 소용이 없다고 생각해서 입을 다물어버리는 것이다. 만일 강인한 성격을 타고났다면 계속해서 더 크게 울지도 모르지만 그럴수록 보호자는 짜증이 나서 점점 더 아기의 입을 막으려고 한다. 이런 아기들은 양방향 의사소통을 배우지 못한다. 결국 감정을 표현하는 대신 안으로 억누르게 된다.

엘리자베스 이야기 : 넷째 아이 콜리턴이 태어났을 때 우리 가족은 앞다투어 그의 부름에 달려가곤 했다. 콜리턴이 갓난아기였을 때 어느 날 나는 그를 요람에 눕히고 낮잠을 재웠다. 몇 분 후에 열세 살인 누나 안젤라가 내 방으로 그를 안고 들어왔다. "아기가 울었니?" 내가 물었다. "아니요, 왠지 행복해 보이지 않았어요" 하고 안젤라가 대답했다. 요즘 걸음마를 시작한 콜리턴은 여간해서 울지 않는다. 낮잠을 자다가 깨도 울지 않는다. 그는 누가 나타날 때까지 엄마, 아빠, 누나 등 가족들을 부른다. 언제나 누군가 자신에게 반응한다는 것을 알기 때문에 참을성 있게 기다릴 수 있는 것이다.

울음, 옹알이, 칭얼거림 같은 아기의 신호에 반응하면 아이는 그러한 소리로 자신의 감정을 전달할 수 있다는 것을 알게 된다.

- 아기가 운다 → 안아준다
- 보챈다 → 달래준다
- 옹알이를 한다 → 미소를 짓는다
- 칭얼거린다 → 잠이 들 때까지 안아준다

엄마들은 아기와 자연스럽게 의사소통을 하고 자신도 모르게 쾌활한 어조와 밝은 표정을 짓는다. 억양을 높이고 천천히 말하면서 얼굴 표정도 풍부해진다. 그러면 아기는 엄마가 하는 말에 좀더 집중한다.

남들이 보면 독백을 하는 것처럼 보이지만 엄마들은 아기와 대화를 나눈다. 엄마와 아기의 의사소통을 비디오로 분석해보면 엄마는 마치 아기의 '대답'을 듣는 것처럼 행동한다. 말을 짧게 하고, 특히 질문 형식으로 이야기하면서 아기의 대답을 듣는 것처럼 중간에 쉬었다가 계속한다. 이러한 대화 방식에서 아기는 듣고 대답하는 패턴을 저장해두었다가 미래의 의사소통에 사용한다.

♥ 정지 신호 관찰하기

아기에게 말할 때는 '귀를 기울이는' 것도 중요하다. 아기에게 귀를 기울이라는 의미는 아기가 내는 소리뿐 아니라 표정과 신체언어를 이해하라는 것이다. 태어난 지 이틀 된 아기도 거부 의사를 표시한다. 눈을 감거나 시선을 피하는 것으로 부담스러운 감각에서 자신을 보호하는 것이다. 아기의 표정이 멍해지거나 머리를 돌리면 더 이상 자극을 주지 말고 휴식을 취하도록 해야 한다.

♥ 안고 다니기

하루 몇 시간씩 엄마 품에 안겨서 아기가 보고 듣는 모든 것을 상상해보자. 아기는 엄마가 하는 말을 듣고 엄마의 입이 움직이고 표정이 변하는 것을 본다. 엄마가 가족이나 친구들과 이야기할 때 아기는 엄마 품에 안겨서 마치 테니스 경기를 관람하는 것처럼 고개를 돌리며 그들을 쳐다본다. 그러면서 대화는 번갈아 말을 하고 귀를 기울이는 것이라고 배운다. 아기를 띠에 안고 다니는 엄마들은 슈퍼마켓에 가서 무슨 음식을 사는지, 세탁물을 정리하면서 어떤 옷이 누구 옷인지 아기에게 이야기할 수도 있다.

언어 병리학자인 나는 애착 양육, 특히 아기를 띠에 안고 다니는 것이 아기의 의사소통 발달에 큰 도움이 된다고 믿는다. 아기는 엄마 품에 안겨서 어른들이 서로 번갈아가며 대화하는 것을 지켜본다. 화자의 목소리에서 행복 · 슬픔 · 실망과 같은 감정 표현을 배운다. 화자의 입술이 열리고 닫히는 것을 보면서 정확한 발음을 위한 정확한 입술의 움직임을 배운다. 우리 아이들은 일찍부터 단어와 소리를 연습하기 시작했다. 언어가 일찍 발달할수록 어린 시절의 기억을 더 많이 저장할 수 있다. 우리 아이들이 언어 능력이 뛰어난 것은 내가 아기를 안고 다닌 덕분이라고 생각한다. 여섯 살인 우리 아이는 2개 국어를 하는데 한 가지 언어를 더 배우고 싶어한다. '더 많은 사람들과 대화'를 하고 싶어서 프랑스 어를 배우겠다고 한다.

♥ 모유 먹이기

모유 수유를 하는 엄마는 아기의 신체언어를 보고 배가 고픈지 위안이 필요한지 판단하면서 아기를 점점 더 잘 이해하게 된다.

모유 수유는 언어와 의사소통의 발달과 관련이 있다. 중이염을 자주 앓은 아이들이 종종 말이 늦는 이유는 말을 배우는 중요한 시기에 많이 듣지 못하기 때문이다. 모유를 먹는 아기들은 중이염에 잘 걸리지 않는다. 아기가 모유를 먹으려면 우유병으로 먹을 때보다 좀더 많은 근육을 사용해야 하므로 얼굴 근육, 턱과 입의 발달에 도움이 된다. 우유병으로 먹는 아기들은 분유의 흐름을 조절하기 위해 혀를 내

아기의 의사표현

- ♥ 울음으로 두려움 · 슬픔 · 고통 · 불편함 · 외로움 · 배고픔을 표현한다.
- ♥ 웃음으로 행복 · 만족감 · 기쁨 · 쾌감을 표현한다.
- ♥ 옹알이로 감정과 생각을 표현한다.
- ♥ 어떤 음식이 싫거나 배가 부르면 입을 열지 않는다.
- ♥ 하품을 하거나 칭얼거림으로써 피곤하고 휴식을 원한다는 것을 알린다.
- ♥ 팔을 벌려서 도움이 필요하다거나 안아달라는 것을 표현한다.
- ♥ 칭얼거리는 것으로 지루함과 피곤함을 표현한다.
- ♥ 울기 직전의 신호(입을 오물거리며 먹을 것을 찾거나 찡그린 표정을 지어서)로 욕구 불만을 표현한다.

미는 버릇이 생겨서 말을 배울 때 문제가 생길 수도 있다. 모유를 먹는 아기들은 듣기를 잘할 뿐 아니라 말도 더 잘한다.

♥ 의사소통 능력의 발달 관찰하기

아기들의 언어 능력은 하루가 다르게 발전한다. 이해력은 표현력보다 먼저 발달한다. 18개월에서 2년 사이에는 말은 잘 못해도 많은 단어를 이해한다. 따라서 아기에게 무슨 일이 일어날지 이야기하고 다음과 같이 협조를 구할 수 있다. "이제 목욕을 해야 해" "밖이 추우니까 코트를 입자."

18개월이면 평균적으로 50개 정도의 단어를 말할 수 있다. 24개월에는 200여 개의 단어를 말하고 두 단어 이상을 연결해서 문장을 만들기 시작한다. 3세에는 500여 개의 단어를 말하며 대강 알아들을 수 있게 말을 한다. 4~5세가 되면 몇 가지 발음이 분명하지 않을 수도 있지만 또박또박 정확한 문장으로 표현한다.

아이가 표현력이 발달하면서 요구 사항을 말로 하기 시작하면 부모가 훨씬 수월해진다. 하지만 아직 알아들을 수 없는 말들이 있다. 인내심을 갖고 이해하도록 노력하자. 아이가 무슨 말을 하려는 것인지 상상해보고 신체언어를 관찰하자. 아이와 눈높이를 맞추고 눈을 들여다보자. 귀를 기울이면서 고개를 끄덕이고 시선을 맞추자. 잘못 알아들으면 "다시 한번 말해볼래?" 하고 격려하자. 아이가 하는 말을 이해하려고 노력하면 아이도 좀더 정확하게 표현하려고 노력한다.

말하기를 배우려면 감정을 표현하는 여러 가지 소리와 억양을 시험해봐야 한다. 아이들은 비명을 지르고 끽끽거리고 고함을 지르고 재잘거린다. 때로 그런 소리가 재미있기도 하지만 귀에 거슬리기도 한다. 그런가 하면 고분고분하던 아이가 언제부턴가 "싫어"라는 말을 하기 시작한다. "오, 네가 화가 났구나"라는 말을 해줌으로써 아이가 감정을 말로 표현할 수 있게 도와주자.

♥ 단순한 지시 내리기

아이가 말을 듣지 않으면 부모는 종종 이렇게 생각한다. '이 아이가 고집이 센 건가, 아니면 일부러 나를 무시하는 건가?' 평균적으로 15개월이 되면 "공 잡아라" "책 가

질문하기

어떤 질문이라도 아이들은 흔히 한마디로 대답한다. 하지만 질문을 어떻게 하느냐에 따라 한마디로 끝날 수도 있고 즐거운 대화로 이어질 수도 있다. 대화를 하려면 아이가 흥미를 가진 화제로 시작하자. 단답형 이상을 요구하는 질문을 하자. 구체적으로 질문하자. "오늘 학교에서 잘 지냈니?"가 아니라 "오늘 무슨 재미있는 일이 있었니?"라고 해보자. 아니면 우리가 이미 알고 있는 것에 대해 질문하는 방법도 있다. 아이의 생활에 대한 관심과 흥미를 보여주면 좀더 이야기를 들을 수 있다. "오늘 미술 시간에 찰흙 만들기를 끝냈니?"처럼 알고 있는 화제에서 출발하면 이어서 다른 이야기도 나올 것이다.

져와라"와 같은 단순한 지시를 알아듣기 시작한다. 아이들은 "안 돼"나 "그만"이라는 말의 의미를 분명하게 이해할 수 있지만 이런 말로 아이를 저지하기는 힘들다. 위험한 행동을 할 때는 나서서 막아야 한다. 그리고 왜 그런 행동을 하면 안 되는지 설명해주자. 아이가 뜨거운 커피잔에 손을 내밀면 "안 돼! 그러면 덴다"라고 말하면서 아이의 손을 잡고 커피잔을 치워야 한다. 아이들에게는 같은 말을 여러 번 반복해야 한다. 두 살이 안 된 아이들은 규칙을 기억하고 다른 상황에 적용하지 못한다. 집에서 아이에게 목욕물이 뜨겁다고 이야기했어도 할머니 댁에 가서는 다시 주의를 주어야 한다.

대화 기술의 본보기를 보인다

의사소통 기술은 보면서 배우는 경우가 많다. 아이들은 세상에서 최고의 흉내쟁이고 모방자다. 그들은 듣는 대로 말하고 보는 대로 따라한다. 우리 입에서 나온 말, 손동작, 얼굴 표정, 어조는 아이의 의사소통 능력에 큰 영향을 준다. 부모는 아이의 최초이자 가장 중요한 언어 교사다.

♥ 일상생활을 서술한다

의사소통을 잘하는 아이로 키우려면 아이에게 이해력이 생기기 전부터 이야기를 들려주자. 기저귀를 갈면서 이야기를 하자. 평소에 하는 일에 대해 이야기하면서 아기가 듣고 있다고 상상하자. "자, 아빠가 기저귀를 빼낼 거야. ……엉덩이를 토닥거려줘야지. …… 이제 깨끗한 기저귀를 채워줄게."

대답을 못 하는 아기에게 말을 하는 것이 바보처럼 느껴질 수 있지만 곧 아기가 그런 이야기를 즐기고 이해한다는 것을 알게 될 것이다.

그날 어떤 계획이 있는지, 산책을 하면서 어떤 광경이 보이는지, 저녁에 어떤 요리를 할 것인지, 철물점에 가서 무엇을 찾고 있는지 이야기하자. 아이가 커갈수록 대화는 점점 다양해지고 흥미로워진다. 새 담임 선생님에 대해, 방학에 어디를 가고 싶은지에 대해 물어보자. 아이를 키우는 재미 가운데 하나는 즐거운 말동무가 있다는 것이다. 아이와 대화를 나누고 귀를 기울이자. 이런 대화를 통해 아이는 자신의 세계를 넓혀간다. 아이들이 부모와 비슷하게 말한다고 느껴본 적이 있을 것이다. 어른스럽게 말하는 아이들은 부모와 함께 대화를 많이 하는 아이들이다.

♥ 간단명료하게 말한다

아이가 어릴수록 짧은 문장으로 말하자. 한 문장으로 압축해보자. 첫 문장에 요점을 말하면 아이가 귀를 기울인다. 두서없이 이야기하면 아이는 한 귀로 듣고 한 귀로 흘려버린다.

오래 전에 나는 텔레비전에 출연할 준비를 하면서 대화 기술에 대한 일일 수업을 받았다. 그 수업은 간단명료하게 말하는 것을 강조했다. 수업을 마치고 나서 나는 '이건 아이들과 대화하는 것 같군' 하고 생각했다. 아이가 기억을 잘하도록 하기 위해서는 간단명료하게 이야기를 해야 한다. 요점을 간단히 말하고 아이에게 반복해보게 하자. 만일 아이가 따라하지 못하면 너무 길거나 복잡한 것이다.

♥ 편안하게 말하는 것이 정확하게 말하는 것보다 중요하다

아이가 대화를 즐거운 것으로 느끼게 하자. 어린아이들은 되는 대로 아무렇게나 말한다. 요령 있게 문법에 맞는 문장을 구사하는 것은 한참 후에 기대할 수 있다. 문법이나 표현을 고쳐주겠다고 아이가 하는 말을 가로막지 말자. 아이들은 저절로 말을 배운다. 그리고 예의 바르게 말하는 법을 배우게 하려면 가르치기보다 본보기를 보여야 한다. 단, 아이에게 대답할 때는 '어른 말'로 하자. 지나치게 일찍부터 완벽한 문법을 사용하도록 강요하면 말을 더듬는 것 같은 언어문제가 생기거나 대화를 꺼리게 만들 수 있다.

♥ 아이를 관찰한다

아이에게 귀를 기울이면서 몸동작, 시선, 끄덕임, 표정 같은 특별한 대화 방식을 관찰해보자. 어떤 사람들은 손을 상대방의 어깨에 올리고 눈을 똑바로 보면서 대화한다. 또 어떤 사람들은 멀찌감치 떨어져서 편안하게 대화한다. 아이에게 어떤 규칙을 정해주기보다는 개성에 따라 자연스러운 대화 방식을 개발하고 다듬어갈 수 있게 하자. 아이를 관찰하면 말과 태도 뒤에 숨은 감정과 의미를 이해할 수 있다.

아이들은 대화 기술을 연마해가는 도중에 몸을 흔들거나 비틀거나 다른 이상한 태도를 보이기도 한다. 아이들은 원래 그런 법이다! 만일 고질적이 될 수 있는 버릇이 생기면 부모가 모범을 보이는 것으로 그런 습관에서 벗어나게 도와주자. "있잖아"라든가 "어"라고 말하는 버릇을 자꾸 지적하고 주의를 주면 사람 앞에 나서기 꺼리는 아이로 만들 뿐이다.

♥ 이름을 부른다

본보기가 될 만한 훌륭한 대화 습관으로는 상대방의 이름을 불러주는 방법이 있다. 아이에게 뭔가를 부탁할 때 "로렌, 부탁이 있는데……"처럼 이름을 부르는 것으로 시작하자. 다른 사람에게 말을 걸 때도 대화 시작이나 중간에 상대방의 이름을 부른다. 그러면 한 말을 다시 되풀이하지 않을 수 있다. 처음에 이름을 말하면 상대방이 자신에게 하는 말인 줄 알고 귀를 기울이기 때문이다.

어릴 때 우리 할아버지는 대화를 하면서 이름을 불러주는 것은 관심과 존경을 전달하는 방법이라고 가르쳐주었다. 그 조언은 오랜 세월이 흐른 뒤, 내가 당시 의대 등록금을 벌기 위해 여름 방학에 홍차 회사의 판매 사원으로 지원했을 때 도움이 되었다. 열 명이 넘는 지원자들은 대부분 경영학과 학생들이었다. 나중에 나는 면접관에게 왜 의예과 학생인 나를 판매사원으로 뽑았는지 물었더니 그가 이렇게 말했다. "자네가 면접을 할 때 우리 이름을 말했기 때문이었네. 그게 좋은 인상을 주었지."

누군가의 이름을 말하면 그를 기억하고 중요하게 생각한다는 의미를 전달할 수 있다. 이것은 사람들과 연결하는 좋은 방법이다. 또한 "미안합니다. 성함이 뭐라고 하셨죠?"처럼 상대방의 이름을 정중하게 물어보는 법도 가르치자.

♥ 주고받는 연습을 한다

가족들과의 대화는 아이들이 각자 자신의 의견을 말하고 주장하는 연습장이 된다. 어떤 가족들은 이런 대화를 말다툼이라고 부르지만 우리 집에서는 지칠 때까지 계속한다. 우리는 아이들에게 안전한 대화의 시험장을 제공해야 한다고 믿는다. 아이들은 가족과의 대화에서 자기 주장을 하면서 개인적인 믿음을 시험하고 상대방을 설득시키는 법을 배운다. 하지만 아이들이 자신의 견해를 피력하더라도 반드시 그대로 행동하게 허락할 수는 없다. 그런 경우 우리가 허락해줄 수 없는 충분한 이유를 제시해야 한다. 또한 의견을 말하는 것은 좋지만 정중하게 말하는 법을 가르치자. 단어 선택과 어조에 따라 의견 교환이 말다툼처럼 들리기도 한다.

♥ 가족 외의 사람들이 주는 영향을 모니터한다

대화 방식은 전염된다는 것을 기억하자. 아이들은 부모뿐 아니라 다른 주변 사람들도 따라한다. 아이들에게 훌륭한 본보기를 보여줄 뿐 아니라 또래 아이들, 교사, 코치 등으로부터 어떤 것을 배우는지 관찰하자. '그 사람이 보여주는 태도와 대화법이 우리 아이에게 도움이 될 것인가?'를 생각해보자. 비판적인 말, 크고 화난 목소리, 조롱하는 말을 종종 듣는 아이들은 모든 사람이 그런 식으로 말하는 줄 안다. 좀더 나은 역할 모델을 만나게 해주고 잘못된 태도에 대해서는 지적해주자.

♥ 바람직하지 못한 언어 사용에 대해 이야기한다

아이 입에서 나오는 불쾌한 말이나 표현을 들으면 우선 "그런 식으로 말하지 마라!" 하고 야단을 치게 된다. 아이들이 밖에 나가서 바람직하지 못한 언어 습관을 배우는 것은 불가피하다. 그런 문제는 두 가지 방식으로 해결할 수 있다. '우리'라는 말을 사용해서 그런 말투가 정상이 아니며 우리 집에서는 허용되지 않는다는 것을 깨닫게 해주자.

또 다른 전략은 불쾌한 말을 들었을 때 아이에게 가르치는 기회로 삼는 것이다. "저 사람이 하는 말이 듣기 좋니? 저런 말을 들으면 기분이 어때? 저런 사람을 어떻게 생각하니?" 하고 물어보자.

긍정적인 메시지로 바꾸기

비난조의 말은 아이를 방어적으로 만들어서 말대꾸를 하거나 협조를 거부하게 하는 원인이 된다. "방청소를 하기 전에는 밖에 나갈 생각도 하지 마라"라고 말하는 대신 "먼저 방청소를 하고 나가 놀아라" 하고 말해보자. "너는 문을 닫는 적이 없어"가 아니라 "문 닫는 것을 잊지 말아라"라고 말해보자.

'우리'라는 말은 부모가 기대하는 행동이 선택 사항이 아니라 가족의 규칙이라는 의미를 전달한다. "식탁을 닦아라" 하고 말하는 대신 "우리 식사가 끝나면 식탁을 닦자"라고 말하자. "마룻바닥에 코트를 던져놓지 말아라" 대신에 "우리 항상 코트를 걸어놓자"라고 말하자.

부정적인 메시지를 긍정적으로 바꾸는 또 다른 방법은 아이에게 어떤 생각을 던져주고 나머지를 완성하게 하는 것이다. "마룻바닥에 축구 장비를 놓아두지 마라"라고 말하는 대신 "축구 장비를 어디에 두면 좋겠니?" 하고 물어보자.

신체언어 이해하기

신체언어는 사실 말보다 더 많은 이야기를 한다. 얼굴 표정, 몸의 긴장, 자세, 숨쉬기까지 모두 어떤 의미를 전달한다. 신체언어는 말을 보강해줄 수도 있고 말과 모순될 수도 있다. 신체언어는 메시지 뒤에 숨은 감정을 보여주는, 의사소통에서 중요한 역할을 하는 요소다.

가족들은 모든 종류의 신호, 움직임, 미소, 몸동작을 사용해서 서로에게 사랑과 애정을 표현한다. 불신·혐오·분노를 표현하는 신호와 동작도 있다. 또한 상황에 따라 의미가 달라질 수 있다. 그러므로 엉뚱한 자리에서 웃으면, 예를 들어 배우자와의 열띤 논쟁 도중에 웃으면 웃어야 할 때 웃지 않는 것만큼 상대방의 감정을 상하게 할 수 있다.

연결된 부모와 아이들은 보통 상대방의 신체언어를 보고 화가 났는지, 두려워하는지, 아니면 걱정하거나 흥분하고 있는지 직관적으로 알아차린다. 다음은 부모와 아이가 서로에게서 느끼는 신호들이다.

- 눈을 내리깐다.
- 입을 꼭 다문다.
- 시선을 맞추거나 피한다.
- 어깨를 축 늘어트린다.
- 안절부절못한다.
- 아랫입술을 내민다.
- 주먹을 쥔다.
- 싱글벙글한다.
- 양팔을 크게 내젓는다.
- 머리를 한쪽으로 기울인다.
- 몸을 앞으로 숙인다.
- 움츠러든다.

신체언어는 관심을 가질수록 더 많이 눈에 들어온다. 《의사소통 기술》의 저자인 앨버트 메라비언은 사람들이 의사소통을 통해 받아들이는 정보에서 언어는 7퍼

유아와의 대화

우리는 보통 신체언어를 의식하지 않고 말을 한다. 하지만 아이들은 어른을 금방 따라하기 때문에 부모가 본보기를 보여야 한다. 여기 우리 자신의 신체언어를 개선하고 아이들에게 좋은 본보기를 보여주는 몇 가지 방법이 있다.

♥ **베이비 사인을 가르친다** 유아들은 종종 말하고 싶은 것을 이해 가능한 단어나 개념으로 표현하기 위해 필요한 소리를 내지 못한다. 아기에게 몇 가지 단순하고 실용적인 신호를 가르치자. 예를 들어, 한 살 정도의 아기가 배가 고프거나 목이 마를 때 사용할 수 있는 신체언어로 마시거나(컵을 입술에 대고 기울이는 흉내를 낸다) 먹는(손을 입에 갖다댄다) 사인을 가르칠 수 있다. 그러면 아이가 신체언어에 대해 배우게 되고, 좀더 성숙한 느낌을 가질 것이다. 아기들과 사인 주고받기는 재미있다.

♥ **지시하기 전에 연결한다** 아이들에게 지시를 내리기 전에 눈높이를 아이에게 맞추고 마주본다. 그러면 아이가 주목을 하고 앞으로 듣게 될 말이 중요하다는 것을 알게 된다. 아이가 집중하도록, "트리샤, 귀 좀 빌려줄래?" 하고 말한다. 아이가 하는 이야기를 들을 때도 같은 식으로 시선을 맞춘다. 말할 때, 특히 들을 때, 가끔씩 시선을 돌렸다가 다시 쳐다본다. 상대방에게서 잠시도 눈을 떼지 않으면 연결하기보다 제압하는 느낌을 줄 수 있다.

♥ **몸을 움직이고 나서 말을 한다** 부엌에서 "텔레비전 끄고 저녁 먹자!"라고 소리를 지르는 대신에 거실로 걸어가서 잠시 아이가 하는 활동에 참여하고 아이에게 텔레비전을 끄게 한다. 그렇게 하면 그 요구가 진지하며 또한 아이가 하는 것을 존중하는 마음을 전달할 수 있다. 다른 방에서 소리를 치면 연결이 되지 않는다.

♥ **신체언어로 연결한다** 어깨에 손을 얹거나 허리에 팔을 둘러서 애정을 표시하자. 분명한 관심을 보여주고 아이가 편안하게 하고 싶은 말을 할 수 있도록 해주자.

♥ **미소를 보여준다** 아이에게 말할 때 표정에 주의하자. 미소가 항상 적절하지는 않지만 대부분의 부모는 미소가 부족하다. 찌푸린 얼굴로 잔소리하기 바쁘다. 미소는 아이와 함께 하는 기쁨을 전달해서 아이들의 기분을 좋게 해준다.

센트에 불과하며 55퍼센트는 신체언어, 38퍼센트는 어조를 통해 전달된다고 말했다. 아이들이 부모, 형제, 다른 주변 사람들의 기분과 태도에 의해 커다란 영향을 받는 것도 이 때문이다. '힘든 하루'를 보내고 지친 표정을 지으면 본의 아니게 아이들을 불안하게 만들 수 있다.

신체언어가 다른 사람에게 어떤 메시지를 주는지에 대해 아이와 함께 이야기해보자. 서 있거나 앉아 있는 자세, 몸짓, 미소 등이 상대방에게 어떤 인상을 줄 수 있는지 설명해주자. 태도가 나쁘면 대화에 흥미가 없는 것처럼 보인다. 너무 가까이 다가가면 상대방이 불편하게 느낄 수 있다. 표정은 자신감이나 망설임이나 확신을 반영한다. 상냥하고 친절한 표정은 의사소통에서 커다란 장점이 될 수 있다. 하지만 신체언어를 항상 조절할 수는 없으며 보여주고 싶지 않은 감정이 드러날 때도 있다. 그렇다고 해도 신체언어를 함께 사용하면 자신을 최대한 표현할 수 있다.

♥ 감정 표현

아이들에게 감정을 표현할 시간 · 공간 · 자유를 주는 것은 장기적으로 수익성이 높은 투자다. 만일 일찍부터 아이가 시시콜콜 조잘대는 이야기를 들어주면 커서도 계속해서 고민 상담을 하러 찾아올 것이다. 지금은 아이가 사소한 문제로 우리 시간을 빼앗는 것처럼 느낄지 모르지만, 그러다 보면 나중에 정말 부모의 조언이 필요한 중요한 문제를 들고 오게 된다. 아이들과의 대화는 인내심과 창의성을 요구한다. 하지만 정말 골치 아프고 애가 타는 것은 십대가 되어서 부모에게 자기 감정을 숨기는 것이다. 결국 부모는 아이에게 무슨 문제가 있는지 몰라서 걱정을 하게 되고 아이는 부모의 도움을 받지 못한다. 만일 일찍부터 아이의 감정을 좀더 잘 받아준다면 나중에 큰 문제를 피할 수 있을 것이다.

감정에 대해 대화를 나누는 것은 쉽지 않다. 잘못하면 아이가 차라리 혼자만 알고 있을 걸 그랬다고 후회하게 만들 수 있다. 아이가 감정을 드러낼 때 화를 내거나 비판하거나 어른의 논리로 대답하면 아이는 우리가 이해하지 못한다고 생각하고 입을 다물어버린다. 아이가 죽은 금붕어가 떠 있는 어항을 안고 온다고 가정하자. 여기 두 가지 대답이 있다.

- "그러게 내가 뭐라고 했니? 두 주일이나 어항 청소를 하지 않았으니 당연하지."
- "이런 가엾어라. 금붕어가 죽어서 정말 슬프겠구나!"

어떻게 대답하면 아이가 자신의 감정을 좀더 이야기할까? 아이의 감정 표현을 유도하는 말과 가로막는 말의 예를 들어보면, 다음 표와 같다.

감정 표현을 유도하는 말	감정 표현을 가로막는 말
• 무섭니? • 속상했겠다. 나라도 울었을 거야. • 화가 날 만도 하구나. • 오늘 외로운 기분이 드니? • 얼마나 실망했니. • 아주 신이 났겠구나. • 저런! 정말 아프겠다.	• 너는 다 컸어. • 네 투정을 받아줄 기분이 아니다. • 너는 목이 마른 것이 아니야(배가 고프거나 춥거나 등등). 이제 가서 자라. • 방정 떨지 말고 조용히 해라. • 넌 내 도움이 필요하지 않다. • 울지 마라. 넌 다치지 않았어.

여성들은 남성들보다 좀더 편안하게 감정 표현을 하는 경향이 있다. 여성들은 친구와 커피를 마시면서 고민을 털어놓지만 남성들은 고민이 있으면 축구 경기를 보러 가거나 체육관에 가서 운동을 한다. 그래서 아이들과 감정에 대해 대화할 때는 엄마가 더 유리하다.

마사와 나는 처음에 아이들의 감정 폭발에 서로 다르게 반응했다. 아이가 타박상을 입고 달려오면 나는 즉시 의사가 되어서 아이가 얼마나 다쳤는지 객관적으로 관찰했다. 하지만 그 방법은 아이가 느끼는 고통을 덜어주고 눈물을 그치게 하는 효과가 없었다. 반면 마사는 아이의 감정을 먼저 보살폈다. 아이가 느끼는 고통이 심하면 마사도 그만큼 감정적으로 반응했다. 그녀는 아이와 똑같이 느끼고 나서 그 다음에 아이를 진정시켰다. 마사의 반응이 누그러지면 아이도 마음의 안정을 되찾고 그 상처가 대수롭지 않다는 것을 깨달았다.

논리적인 대답은 아이들의 감정을 진정시키는 효과가 없다. 아이들은 논리적이지 못하다. 옷장 속에 괴물 같은 것은 없다고 아무리 말해도 아이가 거기 괴물이 있다고 생각하는 한 소용없다. 우선 감정을 해결하고 나면 아이는 부모의 논리적인 지혜에 좀더 귀를 기울인다.

건강한 가정의 아이들은 표현해야 하는 감정과 다스려야 하는 감정의 균형을 맞추는 법을 배운다. 모든 감정을 똑같이 살피고 인정해줄 필요는 없지만 중요한 문

대화를 가로막는 말

다음과 같은 말이나 태도는 대화를 차단한다. 만일 이런 말이 우리 입에서 나오면 잠시 중단하고 다시 생각해보자.

• 부정적인 생각	너는 그것을 할 수 없다.
• 개인적 편견	이것이 유일한 해결책이다.
• 단정	너는 항상 잊어버린다.
• 의견 충돌	내 생각이 최선이다.
• 완고한 기대와 규칙	그러면 절대 안 된다.
• 무의미한 질문	몇 번이나 말해야 알아듣겠니?
• 자동적인 생각	충분히 들었으니 이제 그만해라.
• 판단 · 비판 · 비난	너는 왜 늘 그런 식으로 행동하니?
• 최악의 상황을 가정한다	너희 둘은 결코 잘 지낼 수 없다.
• 설교	그러게 내가 뭐라고 했니?
• 위협	만일 또다시 그런 말을 하면…….
• 조롱	네 말은 들어보나마나 뻔하다.
• 회피	더 이상 이야기하고 싶지 않다.

제에 대해서는 함께 이야기해야 한다. 가정이 제대로 움직이지 못하고 있다는 한 가지 신호는 심각한 문제가 생겨도 서로 대화하지 않는다는 것이다. 아이들이 가족문제나 자신이 겪는 어려움에서 느끼는 감정을 억누르면 나쁜 일들이 일어난다. 쓸데없이 자책을 하거나, 자신의 감정과의 접촉을 잃어버리거나, 불안과 두려움과 외로움을 느낀다.

남편이 요즘 우울증에 시달리는 바람에 우리 아이들이 힘들어하고 있다. 아빠가 '다시 이상하게 행동하는' 것에 대해 아이들이 의아해하거나 불평을 하면 나는 조심스럽게 그런 감정들을 표현하게 해준다. 남편은 어릴 때 부정적인 감정을 표현하면 야단을 맞았기 때문에 어른이 되어서도 자기 감정을 이해하지 못한다. 우리 아이들은 분노나 슬픔을 자연스러운 감정으로 받아들였으면 좋겠다. 다행히 그들은 내가 자신들의 감정과 의견을 존중해준다는 것을 알고 어려운 시기에도 정서적 안정을 유지할 수 있었다. 애착 양육은 단지 완벽한 가정을 위한 것이 아니라 가정에 문제가 생겼을 때 가족들을 구원해주는 방법이다.

아이들은 감정을 어떻게 표현해야 할지 모를 수 있다. 아이가 발을 구르거나 방에 들어가서 울 때 무슨 문제가 있는지 알아내려면 참을성이 필요하다.

작은아이가 "불공평해요. 나도 나가서 놀래요" 하고 소리친다.
아빠가 묻는다. "어디에 가고 싶은데?"
"몰라요. 아무 데나요."
"형이 친구 집에서 놀고 있는데 너도 거기 가서 놀고 싶니?"
"싫어요. 형들은 바보예요!" 아이가 울기 시작한다.
"그러면 여기 혼자 있을 거니?"
"네. 할일이 없어요!"

"외롭지 않니? 형이 보고 싶지 않아?"

작은아이가 흐느끼는 소리로 말한다. "보고 싶어요. 형이 있어야 자동차를 같이 갖고 놀 텐데……."

"아, 그럼 나랑 같이 자동차 놀이를 할래?"

"싫어요. 아빠는 어떻게 하는지 몰라요."

"그럼 밖에 나가서 공놀이 할까? 그건 우리가 같이 할 수 있지."

아이가 훌쩍거리며 말한다. "좋아요. 난 혼자 놀기 싫어요."

이 아이가 "불공평해요"라고 소리칠 때 아빠는 "너도 친구 집에 가서 놀지 않았느냐?"라고 따질 수도 있었다. 형을 '바보'라고 부른다고 야단칠 수도 있었다. 하지만 그는 계속 물어보면서 아이의 입장에서 생각해보려고 노력했다. 아이의 감정을 부정하는 대신 아이 스스로 자신의 외롭고 소외당한 느낌을 인식하도록 도와주었다. 아이들이 자신의 감정을 분명하게 표현하지 못할 때는 부모가 그들의 머리와 가슴에서 일어나는 것을 이해하도록 도와줄 필요가 있다.

♥ 자긍심은 자기표현에 도움이 된다

훌륭한 의사소통은 자긍심에서 출발한다. 아이들이 자신을 표현하게 하려면 자신이 중요한 존재이며 자신이 하는 말이 가치가 있다고 느끼도록 해주어야 한다. 아이들이 자신의 생각과 감정을 표현하도록 도와주는 가장 좋은 방법은 우리가 그들을 사랑하고 존중한다는 것을 알게 해주는 것이다. 그들 자신이 누군가에게 중요한 존재라고 느끼게 해야 한다. 우리 병원에 오는 한 젊은 엄마는 아이들을 '어엿한 사람'으로 대접해주는 것으로 자긍심을 높여줄 수 있다고 이야기한다.

나는 여섯 명의 아이들을 돌볼 준비를 하고 일찍 놀이모임에 갔다. 네 살짜리 아이가 할머니와 함께 방에 들어왔다.

"안녕." 내가 먼저 인사했다. 그러자 할머니가 손녀를 팔꿈치로 찌르면서 말했다. "'안녕하세요'라고 해야지, 크리스틴." 크리스틴은 겁먹은 표정으로 서 있었고 나는 계속해서 말을 시켰다.

내가 "탁자 위에 퍼즐을 올려놓게 도와주겠니?"라고 물었다. 다시 할머니가 대신 대답했다. "아, 그럼요. 크리스틴은 아주 잘 합니다." 크리스틴은 퍼즐 상자를 열고 각각의 장소에 하나씩 올려놓았다. 나는 한 번 더 말을 시켜보기로 했다. 나는 아이의 눈을 똑바로 바라보면서 말했다. "크리스틴! 오늘 친구와 나눠어 가질 것을 가져왔니?" 그러자 다시 한번 할머니가 끼어들었다. "아이고, 안 가져왔습니다. 깜박했네요." 그때 크리스틴이 얼굴을 환하게 빛내면서 말했다. "가져왔어요!" 아이는 주머니에 손을 넣어서 작은 보라색 꽃들을 꺼내 탁자 위에 올려놓았다. 그러더니 할머니를 바라보며 말했다. "할머니, 우리 선생님은 나를 진짜 사람으로 생각해요."

♥ 아이의 의견을 존중한다

《자긍심이 먼저다》의 저자 스탠리 쿠퍼스미스 박사의 연구는 자긍심이 높은 아이들의 부모를 보면 언제라도 아이의 이야기를 들어주고 비판하지 않으며 귀를 기울이고 존중해준다고 말한다. 사실 아이의 의견에 우리가 동의하는지의 여부는 중요하지 않다. 조언이나 다른 의견을 제시하기 전에 먼저 아이의 이야기를 들어보자. 잠시 우리가 어떤 사람들과 대화하고 싶은지 생각해보자. 서로 의견이 달라도 상대방을 존중하고 귀를 기울여주는 사람, 귀를 기울이고 고개를 끄덕이면서 상대방의 의견을 인정해주는 사람과 대화하고 싶을 것이다. 또한 상대방이 그렇게 해주면 우리도 그의 의견을 존중하고 이해하게 된다. 아이의 감정을 존중하고 그 감정을 출발점으로 이용해서 조언을 한다면 아이의 마음을 바꾸기가 좀더 쉬울 것이다.

♥ 말조심하도록 가르친다

아이들이 자연스럽고 솔직하게 감정 표현을 하는 것은 좋지만 동시에 말조심을 해야 할 필요가 있다. 상대방의 기분을 상하게 하는 말은 하지 말아야 한다. 아이들은 여러 가지 상황을 고려하지 않고 생각나는 대로 말하기 쉽다. 말을 꺼내기 전에 잠시 생각할 수 있는 5~7세의 아이들에게는 다른 사람의 감정을 생각해보도록 하자. 예를 들면 "네가 살을 빼려고 열심히 노력하고 있는데 남들이 뚱뚱하다고 놀리면 어떤 기분이 들겠니?" 하는 말로 감정이입을 유도할 수 있다. 아이들은 감정이입을 배우면서 자연스럽게 말조심하는 법을 배운다. 아이들에게 시간과 장소에 따라 듣는 사람의 기분을 상하지 않게 자신의 감정과 생각을 표현하도록 가르치자.

듣기 요령

듣기는 의사소통에서 가장 중요한 부분이다. 혼자서만 떠들면 새로운 것을 배울 수 없다. 부모와 아이가 대화를 하면서 서로에 대해 배워야 한다. 적어도 아이에게 요구하는 만큼 귀를 기울여주어야 한다. 아이는 부모를 보면서 상대방의 말에 귀 기울이는 법을 배운다.

♥ 주의 깊게 듣는다.
딴 생각을 하지 말고 대화에 관심을 집중하자. 아이를 쳐다보고 들으면서 머리를 적당히 끄덕이자. 아이가 웃으면 함께 웃자. 풍부한 얼굴 표정을 통해 아이가 하는 말을 이해하며 마음속에 새기고 있다는 것을 보여주자.

♥ 이심전심으로 귀를 기울인다
다음과 같은 말로 맞장구를 치면서 동감을 표시한다. "그렇겠지" "와! 설마!" "정말 화가 나겠구나" "대단하다."

♥ 참을성 있게 귀를 기울인다

아이들은 우리가 정말 귀를 기울이고 있는지, 아니면 건성으로 듣고 있는지 감지한다.

♥ 말을 가로막지 않는다

아이가 대답을 원할 때까지 기다리자. 아이가 직접 질문을 하거나 대답을 들을 준비가 된 것처럼 보이면 그때 이야기하자.

♥ 요점을 파악한다

머릿속으로 메시지의 요점에 밑줄을 긋는다. '진짜 문제는 무엇인가? 문제점은 무엇인가? 내가 도와줄 수 있는가?' 특히 아이가 두서없이 말을 해서 무슨 이야기를 하고 있는지 모를 때가 있다. 아이에게서 들은 말을 요약해서 말해보자. "그러니까 네가 가장 걱정하는 것은……" 요점을 이해한다는 것을 보여주면 점수를 딸 수 있다.

♥ 하고 싶은 말을 속시원히 털어놓게 한다

아이가 잘못한 것이 분명하고 야단을 치고 싶어도 우선 귀를 기울이고 공감하면서, 참을성 있게, 종종 말없이, 아이가 마음껏 감정을 발산하고 모든 것을 털어놓을 때까지 기다리자. 화가 풀릴 때까지 법석을 떨게 내버려두자. 감정적으로 격한 상태에서는 무슨 말을 해도 들리지 않는 법이다. 실컷 울다 보면 생각과 감정을 정리하게 된다. 야단치지 말고 역성을 들어주면 이야기를 털어놓을 것이다.

　　아이가 흥분해서 소리를 지를 때 조용하게 대답하자. 차분한 태도로 아이 스스로 감정을 진정시키도록 도와주는 것이 중요하다. 때로 아이들은 횡설수설하다가 스스로 어리석은 생각에서 벗어나기도 한다. 화가 나 있는 아이에게는 지혜로운 말보다 부드러운 손길과 다정한 목소리가 필요하다. 우선 감정이 누그러지면 다른 의견을 제시할 수 있다. 아이의 감정이 격해 있을 때는 무슨 말을 해도 귀에 들어오지 않는다.

신체접촉을 통한 대화

연구에 의하면 신체접촉이 성장발달에 중요하다는 것을 보여준다. 1940년대에 연구자들은 시설에서 자라는 고아들이 잘 먹는데도 몸이 약한 것은 사람들과의 접촉이 부족하기 때문이라는 것을 알아냈다.

접촉은 애정을 느끼게 해준다. 특히 아이가 미운 짓을 할 때 다독여주고 안아주면 마음으로 메시지가 전달된다. 어깨를 토닥이거나, 포옹이나 굳은 악수와 같은 접촉 역시 종종 말보다 더 강한 사랑과 관심을 전달할 수 있다. 접촉과 포옹은 즐거운 신체언어다.

- 아이를 꾸짖은 후에는 안아주자. 포옹을 하면서 부드러운 애정 표현을 하다 보면 아이에게 화난 감정이 누그러진다.
- 어떤 아이들은 포옹으로부터 '달아나려고' 한다. 하지만 계속해서 애정 표현을 주고받으면 진실한 감정과 연결될 수 있다. 시간이 날 때마다 아이를 꼭 안아주자. 안아서 번쩍 들어올리자. 사랑하는 사람끼리 안아주는 것을 자연스럽게 느끼도록 하자.
- 아이가 학교에 갈 때, 집에 돌아왔을 때, 자기 전에, 수시로 아이에게 뽀뽀를 하고 안아주자. 이런 의식들은 생활이 바쁘고 아이가 점점 자란다고 해도 연결을 유지할 수 있게 해준다.
- 여러 가지 신체접촉을 하자. 간지럼 태우기, 씨름, 등 긁어주기, 머리 쓰다듬기 등등. 소파에 바짝 붙어 앉아서 텔레비전을 보거나 함께 책을 읽는다.
- 아이가 커서 선뜻 포옹을 하지 않으려고 해도 여럿이 껴안기나 가족 포옹은 모두를 하나로 만들어준다.

'좋은 접촉과 나쁜 접촉'에 대한 규칙을 이야기하자. 사적인 신체 부위(수영복을 입었을 때 가려지는 부분)는 아무도 만지게 해서는 안 된다고 가르쳐야 한다. 특히 아이를 다른 사람에게 맡길 때는 이 점을 분명히 이야기해줄 필요가 있다. 이런 문제에 대해 아이가 언제라도 부모에게 편안하게 이야기할 수 있도록 하자.

아이들의 불평 다루기

한창 바쁠 때 아이가 투정을 부리고 불평을 하면 짜증이 난다. 하지만 아이가 항상 불평을 하는 것이 아니라면 관대해지자. 아이들은 누구나 불평을 한다. 아이들은 종종 무력하게 느낀다. 그들은 집에서는 형제들과, 학교에서는 친구들과 어른의 사랑을 받으려고 경쟁을 해야 한다. 불평할 기회가 없어서 원망과 적개심이 안으로 쌓이면 부모와의 의사소통에 방해가 된다. 아이의 불평을 좀더 효과적인 대화로 바꾸는 방법에 대해 알아보자.

● **아이가 불평할 때 평정을 유지한다** 아이가 와서 교사나 형제, 부모에 대해 불평을 할 때 평정을 유지하자(폭발할 지경이라고 해도). 지나친 반응을 보이거나 감정에 치우치지 말자. 아이는 지금 배우는 중이라는 사실을 잊지 말자. 아이가 자기주장을 한다는 것은 자신감이 생겼다는 증거다. '나는 중요하고, 나에게도 권리가 있다'라고 생각하고 싶어하는 것이다.

● **불평의 원인을 이해한다** 아이가 불평을 하는 근본적인 이유를 알아보는 것이 중요하다. 새로 태어난 동생에 대해 쌓여 있던 적개심을 분출하는 것인지, 아니면 누나가 독단적인 태도를 바꾸기를 바라는지, 친구들과 놀면서 마음대로 하지 못해서 불만인지…… 아마 학교 공부가 힘들고 교사가 너무 엄격해서 부담을 느끼고 있을지도 모른다.

● **불평을 표현하는 법을 가르친다** 불평을 분노로 표현하기보다 자전거를 타거나 뒤뜰에서 공을 차면서 적당히 발산하는 방법을 가르치자. 하지만 진짜 문제가 있다면 아이가 필요로 하는 것이 무엇인지 귀를 기울이자. 듣는 사람을 불편하게 만들거나 방어적인 태도를 보이지 않으면서 필요한 이야기를 하는 법을 가르치자. 동감을 표시해주면 불평하는 아이의 태도를 바꿀 수 있다. 어떤 근본적인 불만이 있는가? 집에서 소외감을 느끼는가? 친구들에게 무시를 당하

거나 불안을 느끼는가? 공부가 너무 어려운가? 근본적인 문제점을 알면 불평은 저절로 사라질 것이다.

♥ 대화의 황금률을 사용한다 아이들에게 의사소통에 대해 가르칠 때 "다른 사람들에게 바라는 대로 그들에게 베풀어라"라는 대화의 황금률을 기억하자. 아이가 어떤 감정을 느끼고 있으며 무엇 때문에 불평을 하는지 알면 역할놀이를 하면서 좀더 바람직한 대화 방법을 가르치자. 대화의 황금률에 따라 불평을 다시 표현해보게 하자. 부모에게 어떤 식으로 말하면 좋을까? 형제에게는? 친구들에게는? 선생님에게는? 듣는 사람의 감정을 상하지 않게 하려면 어떻게 말해야 할까? "왜 내가 먹고 싶은 반찬은 안 주는 거예요?"라고 불평하는 대신 "나는 스파게티가 먹고 싶어요. 내일 저녁에는 스파게티를 해주세요"라고 말하게 가르치자.

불만을 긍정적으로 표현하는 연습을 한 후에는 타협을 가르칠 시간이다. 다른 사람의 기분을 상하게 하거나 위협하는 식으로 말하면 요구를 들어주지 않겠다는 규칙을 정해서 실천하자. 아이가 불평을 하면 "누군가를 비웃거나 화나게 만들지 않고 다시 말할 수 있겠니?" 하고 주의를 주자.

참을성과 타협하는 방법을 배우게 하면 언젠가 아이는 자신이 요구하는 것을 기분 좋게, 상대방을 위협하지 않고, 요령 있게 표현할 수 있을 것이다.

10장
책임감 강한 아이로 키우기

우리 아들이 책임감 강한 청년으로 성장한 것을 보면 매우 대견하다. 그는 대학에서 열심히 공부하면서 아르바이트를 성실하게 하고 동네 초등학교에서 자원봉사로 아이들을 가르치고 훌륭한 처녀와 데이트를 한다. 평생 그를 지도해야 할 것 같았지만 어느새 더 이상 내 도움이 필요하지 않게 되었다. 그는 훌륭한 어른으로 성장하고 있다.

책임 있는 행동이란 어떤 것인가?
- 누가 시키지 않아도 스스로 할일을 하는 것.
- 모든 선택 사항을 가늠해본 후에 현명한 결정을 내리는 것.
- 자신의 행동에 스스로 책임을 지는 것.
- 사회에 기여하는 일원으로서 주인 의식을 갖는 것.
- 독립심과 자립심을 갖는 것(책임감의 일부는 독립심이다).
- 다른 사람들의 지도가 없어도 스스로 결정을 내릴 수 있는 자신감.

이런 것들이 모든 부모가 자녀에게 바라는 것이 아닐까? 현명한 부모는 아이들이 작은 일에서부터 책임감을 배우며 건강한 독립심은 어린 시절에 시작된다는 것을 알고 있다. 아이들에게 감당할 수 없는 것을 요구하지 말고 시간을 두고 점차적으로 책임감을 가르치자. 다음은 우리가 책임감이 강한 아이들을 키운 부모들에게서 배운 것이다.

책임 있는 출발

책임감이 강한 사람이란 믿을 만한 사람, 자신의 의무를 다하는 사람을 말한다. 어떻게 하면 아이들에게 책임감을 배우게 할 수 있을까? 아이들은 자신을 정성껏 보살피는 부모에게서 다른 사람들을 책임져야 한다는 것을 배운다. 다시 말해 성공하는 아이를 키우는 열쇠는 부모의 반응에 있다.

나는 아기를 안고 다니면서 울 때마다 즉시 반응을 보여주었다. 아이들을 응석받이로 만든다는 말을 많이 들었지만 지금 그들은 책임감이 강하고 독립적이라는 칭찬을 듣고 있다. 내가 항상 그들의 요구를 들어주었기 때문에 안심하고 부모에게서 떨어질 수 있게 된 것이라고 생각한다. 우리 아이들은 자아가 매우 강하다. 이래라저래라 강요하지 않고 믿음을 갖고 대하면 각자 개성을 활짝 꽃피울 수 있을 것이다.

아이들은 기본적인 욕구가 충족되면 자신이 안전하며 사랑받고 있다는 확신을 갖게 된다. 그러한 믿음을 기초로 아이는 밖으로 나가서 주변 세상을 탐험하고 자기 속도로 독립심과 책임감을 배운다.

처음 몇 달 동안 거의 끊임없는 보살핌을 요구하는 아기에게서는 책임감이나 독립심을 전혀 찾아볼 수 없다. 이런 아기의 의존성이 어떻게 미래의 자립을 위한 바탕이 되는지 의아스러울 것이다. 게다가 우리 주변에는 "아기를 혼자 재워야 한다"라고 하거나 "하루 종일 안고 다니면 안 된다. 응석받이가 돼서 부모에게 의존하게 된다"라고 말하는 사람들이 있다. 하지만 아기가 보내는 신호와 울음에 반응을 보여주면 아기는 자신의 감정과 요구를 믿을 수 있게 되고 이러한 믿음이 자신감으로 발전한다. 또한 자신의 행동이 환경에 영향을 준다는 것, 자신이 무기력하지 않으며 뭔가를 이루어낼 수 있는 존재라는 것을 알게 된다.

♥ 자립심

"내가 할래!" 아이가 이 말을 하기 시작하면 자신이 독립된 개체이며 스스로 자신을 돌볼 수 있는 능력을 인식했다는 신호다. 현명한 부모들은 아이의 이런 자립 의지를 이용해서 안전한 환경 속에서 여러 가지 새로운 기술을 연습할 수 있게 해준다. 부모의 역할은 옆에서 아이가 뭔가를 할 수 있는 상황을 만들어주는 것이다.

> 우리는 아이들에게 새로운 일들을 시도해보게 하면서 걱정스러운 내색을 하지 않았다. 만일 아이가 높은 미끄럼틀을 타보고 싶어하면 층계를 올라가도록 격려했다. 우리는 옆에서 언제라도 달려갈 준비를 하고 아이들의 모험을 지켜보았다. 꼭대기에 올라가서 망설이면 용기를 북돋워주고 그래도 안 되면 같이 올라가서 함께 미끄럼을 타고 내려왔다. 그리고 다시 처음부터 시작했다! 그들이 '할 수 있다'는 태도를 갖게 되기를 바랐다. 우리 아이들은 체육교사, 모험가, 암벽 등산가가 되었고 한 아이는 스카이다이버가 되는 것이 꿈이다!

아이에게 새로운 것을 시도하고 넘어져도 다시 일어나서 해보도록 격려하는 것은 책임감을 가르치는 일이다. 그러면서 아이는 자신의 행동에 결과가 따라온다는 것을 배운다. 아이가 충동적으로 기어오르다가 떨어졌을 때 다시 해보도록 격려하면 결국 좀더 안전하고 민첩하게 기어오르는 법을 배운다. 함부로 올라가다가 떨어져서 엉덩방아를 찧는 시행착오를 통해 그런 일이 일어나지 않도록 조심하게 된다.

아이들은 신체기능이 발달하면서 책임감과 독립심이 장족의 발전을 한다. 혼자서 앉고 기고 걷고 뛰고 먹는 법을 배운다. 옷을 입거나 벗고, 이를 닦고, 변기를 사용하게 된다. 이런 기술들을 억지로 가르치기보다 스스로 배울 수 있는 환경을 만들어주자. 연습할 기회를 주고 적절한 기대를 걸고 새로운 기술을 터득할 때마다 칭찬해주자. 그러는 동안 많은 실수를 할 것이다. 주스를 흘리고 잠옷에 치약을 칠해놓고 벌거벗고 집안을 뛰어다니며 몇 번 '실례'를 할 것이다. 훌륭하게 자란 아이들의 부모는 아이들의 발달 과정을 흥미로운 여행으로 생각하고, 아이들이 책임감과 독립심의 가는 사다리를 타고 올라가는 매 단계를 즐긴다.

가사 가르치기

아이들에게 가사를 시켜서 책임감을 가르쳐주자. 우리가 부모들에게 책임감을 가르치는 방법에 대해 물었을 때 그들은 거의 대부분 가사를 시키라고 조언했다. 아이들에게 가사를 돕게 하는 것은 취학 전에 시작할 수 있다. 아이들에게 가사를 시키면 자신감을 키워주고 책임감을 가르칠 수 있다. 다음은 우리가 수집한 여러 가지 예들이다.

아이들이 어릴 때 우리는 식탁에서 각자 사용한 그릇을 식기 세척기에 넣는다거나 더러워진 옷을 세탁 바구니에 넣는 것처럼 간단한 일을 시키기 시작했다.

우리는 아이들이 두 살 정도가 되면 자기가 먹은 그릇을 개수대에 넣게 하는 것으로 시작했다. 아이는 손이 닿지 않았으므로 개수대 앞의 조리대 가장자리에 올려놓고 밀어넣었다! 깨질 염려가 없는 것은 아이들이 스스로 치우게 했다.

나는 항상 아이들이 장난감 통에서 장난감을 꺼낼 수 있으면 다시 넣을 수도 있다고 생각했다.

아이들에게 가사에 대한 긍정적인 태도를 심어주자. 일찍부터 가사를 일상생활의 일부로 생각하면 기꺼이 부모를 도와주게 된다. "먹은 그릇은 개수대에 갖다놓아라." "장난감을 갖고 놀면 치워두어라." 이런 식으로 집안일들을 당연히 해야 하는 일로 여기도록 기르치자.

각자 가정을 꾸려가는 일을 도와야 할 책임이 있다.

가족 수가 많고 바쁜 가정에서 아이들에게 가사를 시키는 것은 생존 전략이기도 하다. 아이들이 가사는 선택이 아니라 당연히 해야 하는 가정생활의 일부로 여기게 하자. 사용한 그릇을 치우는 것은 당연하다. 모든 행동에는 책임이 따른다. 장난감을 갖고 놀면 치워야 한다. 그림을 그리면 붓을 씻어야 한다. 잠옷을 갈아입으면 입고 있던 옷을 바구니에 넣어야 한다. 이런 일들이 습관이 되게 하자. 먹은 다음에 치우는 것을 당연하게 생각할 때까지 계속 이야기하자. 안 그러면 아이들은 누군가 자신의 뒤처리를 해줄 거라고 생각한다.

어느 날 나는 근처 병원에 갔다가 의사들이 수술 후에 옷을 갈아입고 있는 것을 보았다. 어떤 사람은 자연스럽게 세탁 바구니에 자신이 입었던 수술복을 넣었지만 어떤 사람들은 그냥 바닥에 놓고 나갔다. 누군가 더 이상 참을 수가 없었는지 어느 날 라커룸 문에 이런 표지판이 붙었다. "당신 어머니는 여기 살지 않습니다."

♥ **아이들이 할 수 있는 가사**
아이의 특기를 살려서 가사에 활용하도록 하면 성취감·협동심·자신감을 길러줄 수 있다.

우리 딸은 세 살인데 아직 색을 잘 구별하지 못한다. 양말을 정리하라고 주면 공중에 던지고 발로 밟으면서 논다. 세탁실은 분명 우리 딸이 책임감을 배우기에 적당한 장소가 아니다. 대신 우리 아이는 여러 가지 모양에 관심이 있다. 그래서 매일 수저 정리하는 일을 시킨다. 수저를 분류하면서 무슨 소리가 나는지 들어보기도 하고 사용법에 대해 이야기하기도 한다.

아이가 노는 모습을 관찰하면서 발달 단계에 맞는 가사를 시키자. 장난감 정리를 잘하는 아이는 그릇을 정리할 수 있다. 뭔가를 만지고 조작하는 것을 좋아하는 아이는 물건에 쌓인 먼지를 닦을 수 있다. 그들의 능력을 현실생활에서 계발해주자.

나는 아이들이 나이와 발달 단계에 따라 어떤 것을 할 수 있고 할 수 없는지 알아보는 것이 매우 중요하다고 생각한다. 일찍이 아이들의 능력이 어느 정도인지 아는 것이 문제를 예방하는 최선책이라는 것을 깨달은 후로 나는 아이가 할 수 없는 것을 기대하지 않는다. 부모는 아이를 변화시키기 전에 아이에 대해 배우는 것이 중요하다.

아이들은 스스로 뭔가를 해서 독립심을 표현하려는 욕구를 갖고 있다. 그런 욕구를 채워주면 아이는 점점 더 잘하게 되고 책임감을 갖게 된다. 그리고 점차 어려운 과제를 해결해가면서 할 수 있다는 자신감이 생긴다.

우리 아들은 여섯 살 때 부엌에서 달걀·간장·케첩 등의 모든 양념을 모두 섞으면서 놀았다. 그는 이것저것 섞어서 뭔가를 만들기를 좋아했다. 그래서 쉬운 요리책을 사다주고 우리 가족을 위해 요리를 하게 했다. 그는 창의적인 욕구를 해결했을 뿐 아니라 요리법까지 배웠다!

가사가 주는 다섯 가지 혜택

♥ 투자한 만큼 돌아온다

아이들에게 가사를 시키는 것은 일종의 투자다. 가사를 하다 보면 집에 애착을 느끼게 된다. 설거지를 하고 방을 청소하고 하수구를 청소하다 보면 그들이 사는 장소에 대해 진정한 주인 의식과 소중함을 깨닫게 된다. 현관을 청소해본 아이들은 흙 묻은 신을 신고 들어오지 않는다.

> 우리는 아이들이 여덟 살이 되어서야 가사를 시켰는데 너무 늦게 시작한 것 같다. 좀더 일찍 좀더 다양한 일을 시켰어야 했다. 뒤늦게 아이들에게 가사를 시키려고 하니까 아주 힘들었다. 아이들은 도와달라고 하면 마치 자신들이 혹사당하는 것처럼 생각했다. 그들은 부모가 모든 것을 해야 하는 줄 알고 우리가 그들을 위해 하는 것에 대해 고마운 줄을 몰랐다. 그들이 가사를 좀더 즐거운 마음으로 하기까지 한참이 걸렸지만 어쨌든 지금은 기꺼이 도와주고 있다.

♥ 특기를 길러준다

아이들에게 점차적으로 좀더 많이 좀더 어려운 가사를 시키자. 아이들은 이런저런 일들을 터득하면서 다른 생활 부문에 도움이 되는 새로운 기술들을 배운다.

> 우리 딸은 야채밭을 가꾼다. 몇 년 전에 처음 시작할 때는 우리가 약간의 도움을 주었지만 그 동안 아주 많이 배워서 지금은 혼자서 모든 것을 하고 있다. 그리고 그 일을 좋아한다.

부모가 이것저것 가르치는 동안 아이들은 뭔가를 배우는 법을 터득한다. 그들은 자신이 여러 가지 새로운 일들을 잘할 수 있다는 것을 알게 된다. 식기 세척기 작동하는 법을 배우면 그 지식을 세탁기에 응용할 수 있다. 옷의 솔기가 터진 것을 꿰매는 법을 배우면 청바지 길이도 줄일 수 있다. 과자를 만드는 법을 배우면 라자니아도 만들 수 있다.

우리는 아이가 새로운 일을 배울 때 함께 했다. 그 다음에는 계속해서 감독하고 가르쳤다. 말로만 "가서 네 방을 청소해라"라고 해서는 안 된다. 가르치지 않으면 어떻게 하는지 모른다. 그래서 아이들보다 못한 어른들이 있는 것이다.

♥ 성취감을 느끼게 한다

아이들은 잘한 일을 돌아보면서 성취감을 느낀다. 새로 깎은 잔디, 쟁반 가득 구워 낸 쿠키, 반짝이는 마룻바닥 등 노동의 열매는 실로 달콤하다. 시간과 에너지를 들인 보람을 느끼면 더 많은 것을 하고 싶어진다. 현명한 부모들은 아이들에게 결과가 눈에 드러나는 일을 시키고 그 결과에 대해 칭찬해준다.

나는 우리 아이들이 놀고 난 후에 장난감을 치우는 것을 도와주고 함께 장난감 통에 넣는다. 그 다음에 깨끗한 방을 보여주면서 안아주고 칭찬해준다. 그렇게 몇 달이 지나면 아이가 스스로 장난감을 치우기 시작한다. 우리는 아이들이 가사를 도우면서 개인적인 가치를 느낀다고 생각한다. 그들은 자신이 가족에게 중요한 존재이며 많은 일을 할 수 있다는 자신감을 갖게 된다.

♥ 자신감을 길러준다

많은 격려와 칭찬이 중요하다. 아이들은 새로운 일을 배우기까지 오랜 시간이 걸릴 수 있고, 그 결과가 그다지 만족스럽지 않을 수도 있다. 하지만 시간과 연습과 격려가 주어지면 계속해서 새로운 기술을 터득할 것이다. 또한 부모의 칭찬을 듣고 자신감을 얻는다.

나는 혼자 일할 때보다 시간이 두 배가 걸려도 뭐든지 우리 딸과 함께 했다.

♥ 화목한 가정을 위해 모두가 노력해야 한다

가사를 돕는다고 아이들에게 돈을 주다가는 엉뚱한 결과를 낳을 수 있다. 돈을 원하지 않으면 일을 하지 않아도 된다는 생각을 갖게 되는 것이다. 가사는 선택이 아니라 가정에 대한 의무가 되어야 한다. 가족의 구성원이 되는 것은 몇 푼의 용돈보다 훨씬 더 가치 있는 일이다. 가정의 화목에 기여하면서 아이들은 자긍심·자신감·독립심·자부심·성취감을 느끼고 중요한 생활 능력을 터득하게 된다.

우리는 아이들에게 설거지를 하거나 쓰레기를 버리는 일을 시키고 절대 돈을 주지 않았다. 나는 매일 저녁 식사 준비를 하고 빨래를 하면서 아무 보수도 받지 않는다!

아이들에게 적절한 가사노동 시키기

아이들의 자신감은 주어진 일을 완수하면서 자라난다. 가정을 꾸려가는 일에 기여하면 가족이라는 '팀'의 중요한 일원으로 여기게 된다. 게다가 새로운 기술을 배우면서 얻은 자신감을 다른 일로 옮겨간다. 연령에 적합한 가사일을 시키려면 다음의 요령을 시도해보자.

♥ 아이가 흥미를 느끼는 일을 시킨다

우리 딸 로렌은 두 살 때 냅킨을 아주 좋아해서 저녁 식탁에 냅킨 올려놓는 일을 시켰다. 우리 병원에 오는 한 엄마는 이렇게 말했다. "세 살짜리 우리 아이가 진공 청소기를 붙들고 놓지 않으려고 하기에 청소를 시켜봤더니 계속 바쁘게 다니면서 제법 청소를 하더군요." 2~4세의 아이들에게는 자기 물건을 간수하도록 가르칠 수 있다. 옷은 옷걸이에 걸고 장난감은 선반에 올려놓게 하자.

♥ 아이들은 걸레질을 좋아한다

2세 아이는 스펀지로 세면대와 욕조 청소하는 법을 배울 수 있다. 3~4세 정도가 된 아이들은 흰옷과 색깔이 있는 옷으로 빨래를 분류하는 것을 좋아한다. 5세가 되면 설거지를 할 수 있다. 어떻게 하는지 방법을 정확하게 보여주고 설명해주자. 물론, 깨지기 쉬운 귀한 그릇은 어른이 해야 한다. 7~8세가 되면 일주일에 한 번쯤 요리나 상 차리는 것을 도와달라고 하자. 슈퍼마켓은 아이들에게 훌륭한 학습 장소다. 아이와 장을 보러 가서 음식 준비에 필요한 재료들을 고르게 하자. 아이들과 함께 요리를 하자. 아이들은 자신이 만든 음식을 더 잘 먹는다.

♥ 특별한 일을 정해준다

'특별'이라는 말은 효과가 있다. 아이들에게 일을 시키면서 '특별'이라는 말을 덧붙여보자. 아이들은 '특별한 일을 하는 나는 특별하다'라고 생각하는 듯하다. 우리 집에서는 질서를 어느 정도 유지하기 위한 '정리 시간'이 있다. 그 시간에 아이들에게 방을 하나씩 지정해주고 치우게 한다. 아이들은 누구나 재미없는 일은 하기 싫어한다. 하지만 현실에 적응하는 준비를 하게 하려면 어릴 때 놀이보다 일이 먼저라는 것을 배워야 한다.

♥ 도표를 만든다

가족회의에서 해야 할 일의 목록을 적어서 아이가 원하는 일을 선택하게 해보자. 원하면 아이들끼리 서로 돌아가면서 다른 일을 할 수 있게 하자. 5~10세의 아이들은 권리가 많으면 책임도 크다는 것을 이해한다.

♥ 가족 정원을 꾸민다

정원은 아이들에게 많은 즐거움을 줄 뿐 아니라 훌륭한 학습 장소가 된다. 아이들은 식물에 물을 주고 잡초를 뽑고 꽃과 야채를 재배하는 방법을 배운다.

♥ 나란히 함께 일한다

아이들과 함께 세차를 하고 쓸고 먼지를 터는 일을 함께 하자. 아이들은 일을 하면서 대의에 기여하고 있다고 느낀다. 언젠가 결혼해서 가정을 꾸려가려면 가족이 서로 돕는 법을 배워야 한다.

미리 생각하고 계획하도록 가르친다

아이들은 기다리는 것을 싫어한다. "지금 갖고 싶어요!"라고 외치면서 발을 동동 구른다. 하지만 훨씬 더 큰 수확을 거두기 위해서는 기다릴 줄 알아야 한다.

앞을 좀더 멀리 내다볼 줄 안다는 것은 인생에서 중요한 능력이다. 우리 인생에는 어떤 결과가 나타나기 전까지 엄청난 노력과 실행을 요구하는 일들이 많다. 학위를 받기 위해서는 대학에서 몇 년을 공부해야 하고, 자동차나 집을 사기 위해서는 저축을 해야 하고, 출세를 하려면 밑바닥에서부터 올라가야 한다. 따라서 좀더 멀리 바라보고 더 나은 미래를 위해 기다릴 줄 아는 인내심이 필요하다. 아이들에게 인내심을 길러줄 수 있는 몇 가지 간단한 방법을 소개하겠다.

아이가 독후감이나 다른 중요한 숙제를 받아오면 시작하기 전에 먼저 생각하는 법을 가르쳐주자. 아이와 함께 앉아서 숙제를 완성하기 위한 이런저런 계획을 세우고 언제까지 무엇이 필요한지 합리적인 시간표를 짜보자. 훌륭한 결과를 얻기 위해서는 계획과 사전 준비 과정이 필요하다. 계획을 세워서 시간표대로 진행하면 마지막 순간에 서두르지 않고 일을 성공적으로 끝낼 수 있다.

아이가 최신 유행하는 물건을 사고 싶어하면 무조건 반대하지 말고 자기 힘으로 그 물건을 살 수 있도록 돈을 벌고 저축하는 경제 계획을 세워보게 하자.

♥ 시간관리법을 배운다

어른들은 대부분 매일 해야 하는 일을 기억하기 위한 장치(컴퓨터 프로그램, 다이어리,

수첩 등)를 갖고 있다. 그러면서 아이들에게는 그런 도움 없이 가사, 학교 공부, 운동, 과외 활동에 관련된 모든 것을 기억하기를 바란다. 아이들이 해야 하는 일들은 복잡해 보이지 않지만 때로 잊어버릴 수도 있다. 계획을 기록해두도록 하면 좀더 시간관리를 잘할 것이다. 어떤 형식이든 기억 장치를 이용해서 시간을 관리하는 습관을 갖게 하자.

아이들이 어릴 때 우리는 그들의 방에 커다란 달력을 붙여주고 생일, 명절, 특별한 행사 등 중요한 행사를 빠짐없이 적어두게 했다. 그리고 커가면서 학교 숙제와 행사를 추가하도록 했다. 아이들은 그 달력을 보고 스스로 준비했다. 맏이가 대학에 들어가서 처음 산 학용품은 커다란 벽걸이 달력이었다.

♥ 권리에는 의무가 따른다

나이가 들면 책임도 커진다. 특히 십대 이전의 아이들에게 권리에는 의무가 따른다는 사실을 가르쳐야 한다. 만일 혼자 공원에 가도 좋다는 허락을 받으면 약속 시간까지 집에 돌아오도록 해야 한다. 만일 부모의 컴퓨터를 사용해도 좋다는 허락을 받으면 엄마와 아빠의 파일은 안전하게 남겨두어야 한다.

십대가 되면 혼자 다 알아서 해도 되는 것으로 착각하고 해이해지기 쉽다. 부모의 기대를 분명히 알려주자. 누구와 함께 어디에 가는지, 무엇을 하고 언제까지 집에 돌아올 것인지 보고를 하게 하자. 아이가 나중에 딴소리를 하지 못하게 하려면 종이에 분명하게 적어서 하나씩 보관하는 방법도 있다. 아이가 집에 한 시간 늦게 돌아와서 "자정까지 오면 되는 줄 알았다"라고 말할 때 필요할지도 모른다.

우리는 아이들이 책임 있게 행동하면 추가의 권한을 주는 것으로 보상을 했다. 만일 통금 시간을 잘 지키면 좀더 재량권을 주었다. 시간을 지키지 않으면 잘할 때까지 시간을 더 앞당겼다.

학설에 의하면 : 충동 조절을 잘하는 아이가 성공한다

스탠퍼드 대학에서 실시한 마시멜로 연구라고 불리는 충동에 관한 한 연구는 만족을 유보할 줄 아는 아이들이 나중에 좀더 성공한다는 것을 보여주었다. 네 살짜리 아이들에게 마시멜로를 주고 지금 하나를 먹든지 아니면 20분 후에 두 개를 먹든지 선택하게 했다. 어떤 아이들은 즉시 마시멜로 하나를 움켜잡았고, 또 어떤 아이들은 두 개를 받으려고 기다렸다. 그 두 그룹의 아이들을 고등학교 졸업 후에 추적해보았더니 네 살 때 충동을 유보할 수 있었던 아이들이 사회적으로나 학업적으로 좀더 성공한 것으로 나타났다.

♥ 생활력을 길러준다

아이들이 집을 떠날 때가 되면 자립할 수 있는 능력을 갖추어야 한다. 하지만 연습할 기회가 없으면 그런 능력을 배우지 못한다. 현명한 부모들은 인내심을 갖고 아이가 자립할 수 있는 능력을 가르친다.

우리 아이들은 요리 · 청소 · 세탁 · 장보기 등 모든 가사노동을 한다. 대학에 가거나 독립을 하기 위해서는 가정관리에 필요한 기술을 익혀야 한다.

부모는 오랜 세월을 두고 아이가 독립해서 살 수 있는 능력을 하나하나 가르쳐야 한다. 우리가 별 생각 없이 하고 있는 일도 아이들은 처음부터 배워야 한다. 자동차에 휘발유를 넣고, 전구를 갈아 끼우고, 두꺼비집의 퓨즈를 갈고, 막힌 배수구를 뚫고, 프린터에 새 잉크를 넣고, 카탈로그를 보고 주문을 하고, 배터리를 교체하거나, 타이어를 갈아 끼우는 등등 목록은 끝이 없다. 거의 매일 가르칠 것들이 있다.

우리는 아이들에게 우선 목표—그들이 배우고 싶은 것들—를 정하게 한 다음에 그 일을 집중적으로 가르친다. 아이들이 집을 떠날 때는 요리하고, 청소하고, 은행 잔고를 맞추고, 편지를 쓰고, 바느질을 하고, 간단한 수리를 하고, 정원을 가꾸고, 장을 보고, 세탁을 하는 등의 생활력을 갖추고 있어야 한다. 이런 것들은 그들이 세상에 나가기 전에 집에서 배워야 한다.

♥ 책임감의 본보기를 보인다

우리가 부모로서의 책임을 다할 때, 즉 자신의 일과 가족에게 헌신적일 때 아이들에게 중요한 메시지가 전달된다. 부모의 책임감 있는 생활 태도는 아이들에게 책임감을 길러주는 데 결정적인 영향을 미친다. 아이들은 금방 따라하기 때문에 부모는 그들에게 본보기를 보여주려고 노력해야 한다. 많은 부모들이 자기도 모르게 일과 가정에 대한 불만을 아이들 앞에서 이야기한다. 그런 부정적인 이야기를 자주 듣는 아이들은 어른이 되면 책임이 무겁고 힘들어진다는 생각을 갖게 된다. 반면에 부모의 역할에서 긍정적인 면에 초점을 맞추면 아이들도 책임을 생활의 일부로 자연스럽게 받아들인다.

우리는 가업을 이어가고 있는데, 아이들은 우리가 일하는 모습을 보면서 열심히 노력하면 그만큼 보상이 따라온다는 것을 배웠다. 우리는 아이들에게 인쇄소에서 제본, 청구서 작성, 편집, 조판까지 우리와 함께 일할 수 있는 기회를 주었다.

11장
도덕적인 아이로 키우기

우리 가족의 취미는 항해다. 아이들과 함께 배를 타고 파도를 가르며 항해하는 시간은 그들에게 여러 가지 가르침을 줄 수 있는 기회가 된다. 항해 기술은 우리 인생에 필요한 규칙에 비유할 수 있다. 우리는 바람이나 파도를 바꿀 수는 없지만 목적지를 정할 수는 있다. 그리고 목적지에 가기 위해서는 방향을 적절히 잡아야 하고 폭풍우를 만나면 정박을 하고 기다려야 한다. 이런 규칙들이 없으면 배는 바람과 파도에 실려 정처 없이 떠다닐 것이다. 운이 좋으면 어쩌다가 목적지까지 흘러갈 수도 있겠지만 그보다는 암초에 부딪치기 십상이다.

도덕심을 요구하는 내면의 규칙들은 배의 균형을 잡아주고 올바른 방향으로 움직이도록 이끌어준다. 이러한 규칙들을 지킨다면 어려운 시기를 무사히 넘기고 좀 더 행복해질 가능성이 높다. 배를 잘 조종하면 바람과 바다와 조화를 이루며 움직일 수 있는 것처럼, 우리 내면의 지침을 올바로 사용하면 우리 자신과의 조화를 이루게 된다. 올바른 선택을 하면 평생 순조로운 항해를 할 수 있다.

도덕적인 선택을 배우는 과정

파울라와 그녀의 남편 제프는 어떻게 하면 아이들이 부모 말을 잘 듣게 할 수 있는지 이야기하고 있었다. 그들의 세 아이는 항상 방을 어질러놓고 서로 싸우고 말다툼을 했다. 하지만 대체로 부모와 교사들의 기대에서 크게 벗어나지 않는 착한 아이들이었다.

제프는 그 이유가 그들이 행동을 잘못하면 무슨 일이 일어날지 알고 있기 때문이라고 주장했다. 벌을 받고 권리를 박탈당하는 것을 알기 때문이라는 것이다. 그 자신도 그래서 사춘기에 탈선하지 않았고 그들의 아이들도 그럴 것이라고 기대했다. 무엇보다 속도 제한을 지키고 정지 신호에서 차를 세우는 이유가 무엇인가? 딱지를 떼지 않으려는 것이 아닌가?

하지만 파울라는 자신이 받은 가정교육에 근거해서 다른 의견을 제시했다. 그녀는 아이들에게 거의 벌을 주지 않는 가정에서 자랐다. 부모가 아이들에게 무관심하거나 아이들이 원하는 대로 하도록 내버려둔 것은 아니었다. 파울라와 그녀의 자매들은 다른 많은 아이들이 하는 식으로 비행을 저지르거나 부모에게 반항하는 것은 꿈도 꾸지 않았다. 예를 들어, 서로에게 불친절하거나 책임을 회피하는 것처럼 행동을 잘못하면 보통 아버지가 그들을 타일렀다. 아버지의 이야기를 듣고 나면 아이들은 그의 기대에 어긋나지 않도록 행동하기로 마음먹었다. 파울라는 자신의 아이들도 그런 식으로 정직하고 책임감이 강하다고 생각했다.

제프는 그 말을 이해하기 어려웠지만 그들의 아이들이 규칙을 충실히 지키고, 숙제를 잘하고, 십대들이 빠지기 쉬운 문제를 일으키지 않는다는 것은 인정했다. 그들은 벌 받을 짓을 좀처럼 하지 않았고 판단을 잘못하면 항상 미안해하고 부모의 믿음을 회복하려고 노력했다. 또한 아이들이 커가면서 그들을 효과적으로 벌주기가 점점 어려워진다는 것도 인정했다. 파울라는 아이들이 크면 스스로 알아서 옳은 일을 할 것이라고 말했다.

도덕적인 사람들은 옳은 일을 행한다. 스스로 도덕적인 선택을 하는 아이는 이미 성공한 것이나 다름없다. 여기서 말하는 성공은 부나 지위나 권력과 같은 전통적인 의미가 아니다. 감정이입이나 동정심과 마찬가지로 아이 자신을 위해, 세상을 위해 필요한 능력을 말한다.

아이들은 어떻게 옳고 그름을 배울까? 그리고 무엇이 그들로 하여금 옳은 것을 선택하게 할까? 도덕적인 가치를 저절로 깨달을 수는 없다. 아이들은 부모, 친구, 학교, 교회, 놀이터, 토론과 현장의 교훈을 통해 도덕적인 가치관을 배운다. 도덕은 가르침을 듣고 본보기를 보면서 배우는 것이고, 도덕적인 아이는 말뿐 아니라 행동을 보면 알 수 있다.

위의 이야기에서 파울라와 제프는 아이들을 책임감이 강하고 도덕적인 어른으로 성장하도록 키우고 있다. 그들은 그 동안 아이들과 강한 연결을 형성해왔고 아이들은 그들을 믿는다. 이런 아이들은 옳은 일을 하면 기분이 좋아지고 잘못된 선택을 했다고 생각하면 불편하게 느낀다. 파울라가 어린 시절에 그랬던 것처럼 그녀의 아이들은 부모의 기대에 부응하려고 노력하고 있다.

도덕심과 가치관은 훌륭하게 자라기 위해 필요한 다른 자질들과 달리 배우는 것이 아니다. 감정이입은 양심적인 선택에서 중요한 부분이다. 올바른 선택을 하기 위해서는 다른 사람들을 배려할 줄 알아야 한다. 자긍심과 책임감 역시 도덕적 행동과 관계가 있다. 그리고 이 모든 것은 부모와의 관계에서 처음 배운다.

이 장에서는 아이들이 발달 단계에 따라 옳고 그른 것에 대해 어떻게 생각하는지 알아보겠다. 또한 옳은 것을 행하고자 하는 아이로 키우기 위한 방법을 알려줄 것이다.

도덕적인 아이들은 배려할 줄 안다

감정이입과 동정심은 도덕심의 바탕이다. 황금률(우리가 상대방에게 바라는 대로 그에게 베풀어라)은 감정이입에 기본을 두고 있다. 우리가 상대방에게 바라는 대로 그에게 베풀기 위해서는 먼저 우리의 행동이 상대방에게 어떤 영향을 주는지 생각할 수 있어야 한다. 그러자면 행동하기 전에 먼저 결과에 대해 생각하는 능력이 필요하다.

♥ 연결된 아이로 키우기

감정이입이란 다른 사람들과 자기 자신을 이해하는 것을 말한다. 연결된 아이는 보호자와의 상호 신뢰에 힘입어 행복감과 도덕심이 발달한다. 보호자가 자신의 요구에 반응하는 것에서 아이는 자신의 감정에 반응하고 내면의 목소리에 귀를 기울이는 법을 배운다. 또한 보호자가 하는 말을 믿고 반응하는 법을 배운다. 아이들은 부모의 행동과 덕목을 자기 것으로 만들어서 감수성이 풍부하고 신뢰할 줄 아는 사람이 된다. 부모를 믿는 아이는 부모가 정해주는 제한과 경계에 좀더 중요한 의미를 두게 된다.

어떤 아이들은 문제가 생기면 부모에게 거짓말을 하고, 어떤 아이들은 솔직하게 말한다. 그 차이는 단지 발달 단계와 아이의 기질에만 있는 것이 아니라 부모와 아이의 연결에 있다. 연결된 아이에게 거짓말을 하는 것은 믿음을 저버리는 것과 같다. 그래서 부모의 믿음을 저버리는 모험은 하지 않게 된다. 부모와 아이의 상호 믿음이 강하면 잘못을 저질렀을 때 그것을 인정한다. 물론 연결된 아이들도 거짓말을 할 수 있지만, 옳고 그름에 대한 이해가 분명해지면 부모의 기대에 어긋나는 비행을 저지르지 않게 된다.

아이들은 당장 선택을 해야 하는 상황과 마주하면 보통 가장 쉬운 길을 택한다. 그 결과 연결되지 않은 아이는 거짓말을 하기 쉽다. 보호자의 믿음과 배려를 기대할 수 없을 뿐 아니라 자신의 행동이 다른 사람들에게 어떤 영향을 주는지 관심이 없기 때문이다. 반면, 연결된 아이가 진실을 말하는 이유는 부모와의 신뢰관계가 무너지는 고통이 잘못을 인정하는 고통보다 더 참을 수 없기 때문이다. 따라서 신뢰를 받는 아이는 진실을 말하게 된다.

세심한 보살핌을 받지 못한 아이들은 자신의 행동이 다른 사람들에게 주는 피해에 대해 미안하다거나 후회하는 감정을 느끼지 못할 수 있다. 반면, 연결된 아이들은 자신의 행동이 다른 사람들에게 미치는 영향에 대해 걱정하고 나중에 후회하게 되리라는 것을 알기 때문에 잘못된 행동을 하지 않는다. 그들은 올바른 행동을 할 때 느끼는 좋은 기분을 선호한다. 때로 연결된 아이들도 길에서 벗어날 수 있지만 그런 좋은 기분을 알기 때문에 곧 제자리로 돌아온다.

도덕심과 가치관의 발달 과정

이 책에서 기술한 다른 특성들과 마찬가지로, 도덕 규범을 지키는 능력은 인지 능력 및 감수성과 함께 발달한다. 옳고 그름에 대한 세 살 아이의 생각은 열 살 아이의 생각과 다르다. 청소년들은 도덕관념이 더욱 정교해지지만 아직 완전히 성숙한 것은 아니다. 우리가 아이들에게 무엇을 기대하고 어떻게 도덕심을 가르쳐야 하는지에 대한 문제는 주어진 단계에서의 사고 능력에 따라 달라질 수 있다.

유아는 분리된 자의식이 없는 만큼 옳고 그름에 대한 개념이 없다. 오로지 안전하고 편안한 것과 무섭고 불편한 것이 무엇인지 알고 있을 뿐이다. '좋은' 것은 편하고 배가 부르고 평화로운 것을 의미한다. 유아기에 배우는 그러한 자의식과 믿음이 나중에 옳은 일을 할 수 있는 기본 바탕이 된다.

♥ 아이들은 부모가 시키는 대로 한다

연결된 아이는 부모가 말하는 것은 무조건 믿을 수 있다고 생각한다. 그리고 아이가 세상을 탐험하기 시작하면 부모는 아이에게 이것저것 가르치기 시작한다. 아빠가 때리는 것이 잘못이라고 말하면 그것은 나쁜 것이다. 엄마가 전깃줄을 만지지 말라고 하면 그것은 건드리면 안 되는 것이다. 아이는 자신이 할 수 있는 것과 하면 안 되는 것을 배운다. 하지만 아직 그러한 것들을 내면화하거나 분명히 기억하지 못한다. 아이는 끊임없이 엄마와 아빠에게 확인을 해야 하고 부모는 그들이 문제를 일으키는 것을 막기 위해 잠시도 눈을 뗄 수 없다. 깨지기 쉬운 물건들을 치우고 전기 콘센트에 뚜껑을 덮어서 사고를 예방해야 한다.

아이들은 때로는 기다려야 한다는 것도 배운다. 저녁 식사 전에는 과자를 먹을 수 없다. 엄마와 아빠는 슈퍼마켓에서 눈에 띄는 장난감을 모두 사주지 않는다. 부모와 아이가 연결되어 있으면 아이는 부모의 판단이 옳다고 믿는다. 아이들은 사랑하는 부모에게 복종하면서 권위를 존중하고 신뢰하는 법을 배운다. 삶에는 제한이 있다는 것을 배운다. 원하는 것을 모두 가질 수는 없는 법이다.

어릴 때 배우는 또 다른 중요한 도덕 수업은 다른 사람들에게도 욕구와 감정과 권리가 있다는 것이다. 아이들은 자기중심적이다. 세상이 모두 자신을 중심으로 돌아간다고 느낀다. 다른 사람들은 단지 그들과 관련해서 존재할 뿐이다. 하지만 점차 독립심이 길러지면서 다른 사람들의 감정을 이해할 준비가 된다. 이때가 이른바 이행기라고 부르는 시기로, 아이는 보호자에게 배운 것을 다른 사람들에게 적용하기 시작한다.

아이가 놀이터에서 놀다가 다른 아이를 미는 것을 보면, "캐티, 매리가 너를 그렇게 밀면 좋겠니?"라고 물어보자. 아이에게 이렇게 말하면서 동생을 보살펴주게 하자. "수지가 아파서 일어나고 싶지 않대. 네가 물을 갖다주겠니?" 이것은 엄마가 하는 말이고 자신도 항상 엄마와 아빠의 보살핌을 받기 때문에, 아이는 당연히 그렇게 해야 하는 것으로 안다. "때리지 말고 안아주자." "그 인형은 매리 거야." "빌리가 울고 있다. 가서 달래주자." 아이가 만일 수년에 걸쳐서 매일 듣는 이러한 도덕적인 교훈들 가운데 반만 자기 것으로 흡수한다고 해도 다른 사람들과 원만하게 지낼 수 있을 것이다.

♥ 아이들은 부모가 하는 대로 따라한다

3~6세의 아이들은 가르침을 내화하는 능력이 발전한다. 2세 아이에게는 고양이를

만날 때마다 "고양이를 쓰다듬어주자. 꼬리를 잡아당기면 안 된다"와 같은 말을 계속 반복해야 한다. 3세가 되면 한 번 경고한 것을 다음 번에 기억한다. 3~6세의 아이들은 보호자의 가치관을 자기 것으로 만든다. 부모에게 옳은 것은 아이에게 옳은 것이 된다. 그래서 현명한 부모는 '우리'라는 말로 도덕 교육을 시작한다. "우리 때리지 말고 안아주자." "우리 모두 의자에 앉자. 우린 의자 위에 올라서지 말자." "우리 고맙다고 말하자." 아이들은 '우리'에 속하고 싶어하므로 가족이나 교실의 규범에 따른다. 6세의 아이가 친구에게, "우리 집에서는 ……하게 하는데"라고 말하는 것을 들을 수 있다. 그러한 규범들은 아이의 일부가 되어서 행동을 감독하기 시작한다.

♥ "내가 이렇게 행동하면 그 결과는……"

어린아이들의 도덕관은 인과관계를 이해하는 능력이 생기면서 점차 확대된다. 그들은 다음과 같이 추론하기 시작한다. '찻길에서 자전거를 타면 일주일 동안 자전거를 못 타게 된다.' '때리면 벌을 받는다.' 연결된 아이들은 자신이 양심을 위반했다는 것을 상기시키는 결과를 좋아하지 않는다. 인과응보를 겪어보면 건강한 도덕심의 뿌리가 더욱 튼튼해진다. '옳은 일을 하면 기분이 좋고 잘못하면 기분이 나쁘다'라는 것을 확실하게 배우는 것이다. 도덕적이고 연결된 아이와 아무런 후회도 느끼지 못하고 '들키지 않는 한 뭐든지 할 수 있다'라고 생각하는 아이를 구분하는 것은 바로 이러한 내면의 후회와 죄책감이다.

양심은 신생아 때 싹이 트지만 옳고 그름에 대한 분명한 의식이 생기면서부터 아이의 행동을 감독하게 된다. 도덕심이 내면의 감정을 겉으로 드러내는 행동으로 연결되는 것이다. 양심은 생리적인 작용을 일으키기도 한다. 거짓말 탐지기의 원리를 생각해보자. 사람들은 거짓말을 할 때 생리적인 변화가 일어난다. 양심적인 아이는 어떤 행동이 옳은지 그른지 이해하는 능력을 갖고 있다. 권위자들이 그렇다고 말하거나 처벌이 두렵기 때문이 아니라, 스스로 그렇게 알고 몸과 마음으로 느끼기 때

피노키오 원리

나는 당시 여섯 살이었던 매튜에게 양심의 개념을 이렇게 설명했다.

"우리 안에는 두 가지 목소리가 있는데, 하나는 '옳은 행동'을 하라고 말하고 다른 하나는 '나쁜 행동'을 하라고 말한단다. 때로 '나쁜 행동'을 하라고 말하는 목소리를 따라가기가 더 쉽지. 그 목소리가 말하는 것이 더 재미있는 것처럼 생각될 수 있거든. 하지만 나쁜 행동을 하라는 목소리에 귀를 기울이고 그 말대로 하면 기분이 좋지 않을 거야. 대신 옳은 일을 하라고 말하는 목소리에 귀를 기울여라. 그렇게 하면 행복해질 거야."

매튜가 여섯 살 쯤 되었을 때 나는 그의 양심이 발전하기 시작하는 것을 알 수 있었다. 그는 거짓말을 하다가 나와 눈이 마주치자 우물쭈물했다. 내가 계속 쳐다보자 그는 마치 "아빠, 그건 사실이 아니에요"라고 말하듯이 미소를 짓기 시작했다(나도 같이 웃었다). 매튜의 표정에서 자신이 거짓말을 하면 우리의 상호 신뢰와 연결이 손상된다고 느끼는 것을 읽을 수 있었다.

문이다. 이러한 올바름에 대한 내면의 느낌은 유아기에 심어져서 성인이 될 때까지 스스로의 행동을 감독한다. 연결된 아이들은 자신에게 중요한 사람들의 가치관을 내화해서 양심에 따라 행동한다.

♥ 건전한 선택을 하는 사람들과 지내게 한다

이 모든 것이 아이의 일부가 되면 불건전한 선택을 했을 때 불편해진다. 일찌감치 내부의 지침이 확립되지 않은 아이는 뒤늦게 씨를 뿌리는 정원사처럼 불리할 수 있다. 나중에 배우는 가치관들이 뿌리를 내릴 수는 있지만 적절한 시기에 씨를 뿌린 것만큼 깊게 뿌리 내리지 못하기 때문이다.

호기심이 많고 외부의 영향을 받기 쉬운 성장기 아이들은 계속 주변을 둘러보면서 무엇이 정상이고 무엇이 진짜인지 알아보려고 한다. 처음 5~7세의 아이들에게는 도덕적인 본보기를 보여주는 것이 매우 중요하다. 이 시기에 아이는 주위에서 보고 듣는 것을 모두 '규범'으로 생각하거나 '옳다'고 여긴다. 만일 부모가 누군가를 때리는 모습을 봐도 그것이 부모가 하는 행동이기 때문에 무조건 옳다고 인식한다. 아이들은 주변 사람들의 행동을 모방할 가치가 있는 본보기로 머릿속에 저장한다. 내가 계속해서 처음 몇 년 동안이 중요하다고 강조하는 이유는 어린아이일수록 쉽게 영향을 받기 때문이다.

기회가 있을 때마다 훌륭한 성품이 얼마나 중요한지 강조하자. 예를 들어, 다음과 같은 광경을 보면 아이와 함께 훌륭한 성품에 대해 이야기해보자.

- "판매 직원이 우리 짐을 들어주겠다니 친절한 사람이구나. 남을 도와주는 것은 훌륭한 사람이라는 증거다."
- "저 청년은 버스에서 임신한 아주머니에게 자리를 양보했구나. 저런 친절한 행동은 중요하단다."
- "상대팀 선수가 와서 완봉승을 거둔 투수를 축하해주는 것을 봤니? 멋진 스포츠맨십이구나."

♥ 성품이 중요하다

사람들의 인도주의적 업적이나 작은 친절을 칭찬함으로써 우리가 가치를 두는 훌륭한 성품이 어떤 것인지 알려주자.

아이에게 성품이 중요하다는 메시지를 심어주어야 하는 또 다른 이유는 누구나 훌륭한 성품을 가진 사람이 될 수 있기 때문이다. 어떤 사람은 타고난 재능이나 물려받은 사업, 재산이나 행운 덕분에 유명해진다. 하지만 유명인사나 재계의 실력자가 된다고 해서 가치 있는 사람이 되는 것은 아니다. 무엇보다 중요한 것은 훌륭한 성품이며, 누구나 훌륭한 성품을 가진 사람이 될 수 있다.

♥ 도덕적 추론

7~10세의 아이들은 옳고 그른 것을 좀더 분명하게 구분할 수 있게 된다. 그들은 도덕적인 추론을 사용해서 어려운 상황에 어떻게 대처할 것인지를 결정한다. 이 능력이 발전하고 있는 아이들이 즐겨 주장하는 말은 "불공평해요!"이다. 공평함을 민감하게 의식하는 아이들은 규칙의 필요성을 이해하고 규칙을 만드는 일에 참여하기를 원한다. 아직은 부모의 지도가 필요하지만, 스스로 옳고 그름을 이해하기 시작한다. 사실 이 시기의 아이들은 부모나 교사, 코치 같은 사람들의 태도에 의심을 품을 수 있다. 아이들이 주체적으로 도덕에 대해 생각하기 시작하면 그들의 눈에 권위자들은 더 이상 완전무결한 존재로 보이지 않는다.

옳고 그름을 판단하는 능력이 성숙하는 이 시기는 다시 한번 아이들에게 가치관을 가르쳐줄 수 있는 기회다. 건전한 본보기를 보아온 아이들은 보통 이 단계에서

학설에 의하면 : 토론에 열려 있는 가정에서 자라는 아이들이 좀더 도덕적으로 성숙한다

쟁점이 되는 주제에 대해 열린 토론을 장려하는 가정에서 자란 사람들은 좀더 '도덕적으로 성숙한' 사고를 한다.

캘리포니아에서 1000명의 대학생을 대상으로 학생들의 도덕적 추론의 수준과 가정교육의 관계를 조사해본 결과, 도덕적 추론에서 높은 점수를 받은 학생들은 자유롭게 토론을 하는 가정에서 자란 것으로 나타났다. 또 다른 연구에 의하면, 아무런 요구도 하지 않고 지나치게 감싸주는 부모 밑에서 자란 아이들은 자기밖에 모르는 '응석받이'가 된다. 반대로 지나치게 강압적인 부모 밑에서 자란 아이들은 스스로 생각할 줄 모르는 줏대 없는 아이가 된다.

아이들에게 결정권을 주는 부모 밑에서 자란 아이들은 도덕적으로 생각할 줄 안다. 아이에게 자신을 설득할 기회를 주는 것이 지속적인 도덕심을 가르치는 최선의 방법인 듯하다.

좀더 분별력이 생긴다. 하지만 일찍이 아이에게 최고의 본보기를 보여주지 못했다면 지금이라도 도덕적인 판단을 내릴 수 있도록 적극적으로 가르쳐야 한다.

도덕 규범

도덕심이 발달하는 매 단계마다 아이들에게는 규범이 필요하다. '나는 어떻게 행동해야 하는가?' '나에 대한 기대는 무엇인가?' '우리 부모와 친구의 생각은 옳은 것인가?' 연결된 아이는 이러한 질문에 대한 대답을 찾아낸다. 그들은 부모의 규범에 확고하게 뿌리를 내리고 있다. '이것은 우리 집에서 우리가 믿고 행하는 것이다'라고 부모가 분명한 그림을 그려주었기 때문에 그들은 자신이 해야 하는 행동을 알고 잘못된 행동을 했을 때의 결과를 미리 볼 수 있다. 그들은 안전한 울타리 안에서 도덕적인 문제에 대해 심사숙고하고 올바른 답을 이끌어낸다.

하지만 연결되지 않은 아이는 무엇이 옳고 그른지, 무엇이 정상인지 잘 모른다. 그가 올바르게 행동해도 아무도 알아주거나 칭찬해주지 않는 반면에 잘못을 하면 부정적이긴 하지만 어쨌든 많은 관심을 받기 때문이다. 연결되지 않은 아이는 성마른 아이가 될 수 있다. 그가 이해하는 공정함이나 믿음과는 다른 취급을 받고 자랐기 때문이다. 그런 아이에게는 기쁘게 해주고 싶은 사람도 없고 지켜야 할 경계도 없다. 우리 병원에 연결되지 않은 10세 아이가 여러 번 온 적이 있는데, 그 아이를 볼 때마다 나는 '이 아이는 화가 잔뜩 나 있구나'라는 생각이 들었다.

♥ 도덕적 선택의 갈림길에서 방황하지 않는다

가정에서 도덕 규범을 배우지 못한 아이들은 갈림길에 섰을 때 흔들리기 쉽다. 가치관이 확립되지 않은 아이들은 또래의 압력에 쉽게 휩쓸린다. 그들은 조종키나 닻도 없이 바다를 떠다니는 배와 같다. 당장의 기분을 만족시키는 것을 따라간다. 반면에 연결된 아이는 그의 자아의 일부가 된 내면의 도덕 규범을 갖고 있다. 그 규범에 어굿나는 행동을 하면 불편해진다. 도덕적으로 연결된 아이는 도덕적인 선택을 한다. 행복해질 수 있는 가치관을 택하고 그렇지 못한 것은 피한다.

　도덕적으로 연결되지 않은 아이는 겉으로는 더 자유로워 보이지만 사실은 그렇지 않다. 도덕적으로 확고하지 않기 때문에 그를 이용하려는 사람들에게 쉽게 넘어가거나 진정한 행복과는 무관한 문화적 풍조에 빠지기 쉽다. 반면에 도덕적으로 확고한 아이들은 사실 더 자유롭다. 무엇이 옳고 그른지, 무엇이 인생에서 중요한지 탐색하느라 방황하지 않고 인생의 목표를 성취하는 일에 정진할 수 있기 때문이다. 그들은 자신이 어디로, 왜 가고 있는지를 알고 있으므로 방황하지 않는다.

♥ 아이의 도덕 규범에 미치는 영향을 모니터한다

아이들이 학교나 다른 활동에 좀더 시간을 보내기 시작하면 부모는 그들이 밖에 나가서 어떤 가치관을 배우고 있는지 관심을 가져야 한다. 아이들이 학교에 입학하면 서로 다른 가정교육을 받은 아이들과 함께 어울리게 된다. 보호자와 안정적인 애착이 이루어진 아이들은 학교에 가서 다른 아이들의 행동을 보면서 좀처럼 흔들리지 않는다. 그렇지 못한 아이들은 왜 다른 아이들이 자기처럼 행동하지 않는지, 왜 선생님이 아이들을 서로 다르게 대하는지 혼란스러워한다. 부모의 높은 기대와 끊임없는 감독을 받으면서 크는 아이들은 학교에 가서도 그러한 기대와 모순되지 않는 친구들과 어울린다.

　아이들에게 다양한 도덕 규범을 접하게 함으로써 좀더 관용적이 되는 법을 배우게 하는 것은 어떨까? 이론상으로는 합리적이고 옳은 이야기지만 현실적으로는 문제가 있다. 아이들이 다양한 가치 체계를 배우고 '열린 사고'를 할 수 있도록 도와줄 필요가 있는 것은 사실이다. 하지만 아이의 주관이 확립되기 전부터 너무 어린 나이에 다양한 가치관의 용광로 속에 던져지면 자칫 길에서 벗어날 수 있다.

　그렇다면 가족의 가지관과 다른 모든 외부의 영향과 가치관으로부터 아이를 보호해야 할까? 아이를 온실 속에서 키우는 것도 문제가 있다. 부모가 과보호를 하면 아이가 스스로 생각하는 힘을 기르지 못하게 되고 그 결과 모든 위험과 유혹에 빠지기 쉽다. 아니면 매우 완고해져서 다른 믿음을 가진 사람들을 무조건 비난하게 될 수도 있다.

양극 사이의 어딘가에 우리 아이들을 위한 길이 있다. 그것은 아이가 확고한 주관을 수립하도록 부모가 옆에서 도와주고 인도해주는 것이다. 관용을 가르치고 본보기를 보여주면서 아이가 자신의 가치관이 무엇인지 깨닫게 해주어야 한다. 결국 아이는 또래들과 다른 주변 사람들로부터 다양한 대안 가치를 받아들이되 부모의 가치관과 모순되지 않는 믿음 체계를 구성할 것이다.

♥ 매스컴을 모니터한다

매스컴이 아이들에게 주는 영향을 연구하는 사람들은 부정적인 이미지가 주는 영향이 긍정적인 이미지보다 더 오래 지속된다고 말한다. 아이들은 친절한 행동보다 폭력적인 장면을 더 쉽게 기억하고 따라한다. 성장기 아이들의 마음은 눈에 보이는 모든 광경, 즉 긍정적이거나 부정적인 모습을 저장하는 거대한 비디오 도서관과 같다. 만일 영화와 텔레비전에서 반복적으로 폭력, 성적인 학대, 욕설이 나오는 장면을 보게 되면 그러한 이미지가 아이 마음의 도서관에 커다란 공간을 차지하게 된다. 텔레비전에서 경찰 드라마를 좋아하는 열 살짜리 아이를 생각해보자. 그는 부모에게 말한다. "걱정 말아요, 아빠 엄마. 저런 건 봐도 아무렇지도 않아요." 정말 아무렇지도 않을까? 그럴 것이다. 그런 자극에 둔감해졌기 때문이다. 이 아이가 청년이 되었을 때를 상상해보자. 여자친구와 말다툼을 하면 자기도 모르게 욕설이 입에서 튀어나온다. 여자친구가 거절해도 계속 치근거릴 수도 있다. 왜냐하면 남자 영웅이 나오는 영화에서 여자들이 '싫다'고 말하는 것은 '좋다'는 뜻이라고 가르쳤기 때문이다. 그는 텔레비전에서 본 것과 비슷한 상황에 처하면 그대로 재연할 것이다.

부모가 매스컴의 영향을 세심하게 관리한 아이들은 폭력 장면을 보면 불편하게 느낀다. 가정에서 도덕 규범을 배운 아이는 잔인한 살인 장면을 보거나 욕설을 들으면 거부감이 생기는 것이다. 내면의 감지기가 작동하면서 아이는 기분이 나빠진다. 잘못된 것을 보고 불편하게 느끼는 것은 좋은 징조다. 그런 쓰레기를 보면 괴로워하는 것이 정상이다.

♥ 아이의 주변 인물들을 점검한다

아이가 보는 화면뿐 아니라 아이가 만나는 친구, 교사, 코치, 스카우트 단장, 보모, 성직자 등도 신중하게 선택할 필요가 있다. 친밀하고 신뢰가 필요한 관계일수록 부모가 좀더 관심을 갖고 주시해야 한다. 어떤 아이들은 특히 더 쉽게 영향을 받는다. 아이에 대해 잘 알고 있는 부모라면 누가 나쁜 영향을 주는지 감지할 수 있을 것이다.

♥ 아이 친구들을 알고 지낸다

아이의 도덕심이 어떻게 발전하고 있는지 아는 것 외에도 그의 친구들이 어떤 생각을 하고 있는지 아는 것도 중요하다. 친구들은 지속적으로 좋거나 나쁜 영향을 남긴다. 다른 아이들의 관심을 얻기 위해 무슨 짓이든 하는 아이들이 있다. 그런 아이들은 금지된 영화를 보자고 유혹하고, 틈만 나면 말썽을 부리고, 멀리해야 하는 부정적인 가치를 가르친다. '불량한 아이들'의 행동이 어떤 영향을 미치는지에 대해 이야기하자. "오늘 스튜어트의 행동에 대해 어떻게 생각하니?" 친구를 비난하는 식으로 이야기하지 말고 먼저 아이가 어떻게 생각하는지 알아보자. 아이의 도덕적인 입장에 대해 들어보자. 어떤 행동이 다른 사람들을 불쾌하게 만드는지에 대한 이야기로 시작해보자.

아이들이 어릴 때 가치관을 형성해주어야 한다고 강조하는 이유는 학교에 보내기 전에 도덕관을 형성해주어야 하기 때문이다. 그러면 밖에 나가서 또래들의 영향을 받는다고 해도 오랜 세월에 걸쳐 만들어진 내면의 지도를 참고할 수 있다. 가치관이란 크리스마스 장식처럼 마지막 순간에 장식을 하거나 유행하는 옷처럼 수시로 바꿀 수 있는 것이 아니다. 일단 아이들이 학교에 들어가면 엄청난 또래 압력을 받는다. 올바른 선택을 하도록 도와주는 내면의 지도를 갖고 있지 않은 아이는 또래 압력에 희생되기 쉽다. 또한 아이의 친구들을 골라줄 수는 없지만 우리의 도덕 기준에 맞는 아이들을 사귀도록 도와줄 수는 있다. 아이를 잘 아는 부모라면 누가 나쁜 영향을 주는지 가려낼 수 있을 것이다.

도덕적인 사고와 행동

아이들은 행동하기 전에 생각하는 법을 배워야 한다. 취학 전 아이들에게는 말로 가르치기보다 행동을 바로잡아주는 것이 효과적이다. 하지만 5~10세까지는 도덕적으로 생각하도록 가르칠 수 있다. 훔치는 것이 나쁘다는 것을 알게 될 뿐 아니라 자전거를 도둑 맞은 사람이 얼마나 속이 상할지 상상할 수 있다.

♥ 행동하기 전에 생각하는 훈련을 시킨다

아이들은 충동적이다. 그러나 어떤 아이들은 좀더 충동적이다. 누군가를 떠밀거나 때리고 싶은 마음이 들면 열까지 수를 세라고 가르치자. 행동하기 전에 그 행동의 결과를 상상해보게 하자. 상대방이 어떻게 느끼는지 상상해보게 하자. "누가 네 공을 훔쳐가면 너는 기분이 어떻겠니? 네가 손의 공을 빼앗으면 손의 기분이 어떻겠니?" "다섯까지 세라" "멈춰서 생각해봐!" "잠시 기다려봐" 같은 말로 자주 주의를 주면 그것이 버릇처럼 굳어지고 그런 사고방식에 젖게 된다. 이 아이가 10년이나 15년 후에 어느 술자리에 참석해서 그날 술을 마시지 않고 있다가 다른 사람들을 안전하게 집에 태워다주는 기사로 지명을 받는다고 하자. 그는 두 가지 원칙에 의해 그 임무를 수행할 것이다. 술을 마시면 운전을 하지 않는다는 규칙을 지킬 뿐 아니라 어리석은 행동에 의한 결과를 상상할 수 있기 때문이다. 그는 어릴 때 배운 대로 행동하기 전에 생각할 것이다.

♥ 도덕적인 결정을 내리는 과정을 들려준다

우리가 옳고 그름의 문제에 대해 생각하는 과정을 들려주자. 어느 날 나는 매튜와 슈퍼마켓에서 나오다가 계산원이 거스름돈을 많이 준 것을 알았다. 나는 매튜에게 어떻게 해야 할지 이야기했다. "계산원이 우리에게 거스름돈을 많이 주었구나. 이 돈은 우리 것이 아니니까 돌려주어야겠지." 매튜는 귀를 기울였고 잠시 생각하다가 고개를 끄덕였다.

이런 기회를 이용해서 아이가 잘못을 저지르면서 "하지만 사람들이 다 그렇게 하는걸" 하고 합리화하지 않도록 가르치자. 누군가 보거나 말거나, 알거나 모르거나 관계없이 옳은 일을 실천해야 한다는 것을 행동으로 보여주고 이야기해보자. "많은 사람이 거스름돈을 더 받아도 그냥 가는데, 그렇게 하는 것이 잘하는 것이라고 생각하니? 네 것이 아닌 돈을 가지면 어떤 기분이 들 것 같니?"

아이와 함께 좀더 복잡한 도덕적 결정을 내려보자. 어떤 대의를 위해 기금을 내는 이유가 무엇인지, 어떤 행동이 잘못이라고 생각하는 이유는 무엇인지, 어려운 상황에서도 도덕적인 선택을 해야 하는 이유는 무엇인지 이야기해보자. 어려운 문제에 부딪혔을 때('양로원에 할머니를 보내야 하는가?' '이웃집 부모가 주말에 집을 비웠을 때 그 집의 십대 자녀가 아이들을 불러들여 떠들썩한 파티를 열었다는 것을 이야기해야 하는가?') 우리가 어떤 결정을 내리는 이유를 설명해주자. 아이들, 특히 십대들에게는 어떤 상황에서도 옳은 선택을 하도록 가르쳐야 한다.

♥ 행동에 책임을 진다

아이에게 도덕적인 본보기를 보여주는 것은 부모가 완벽해져야 한다는 의미가 아니다. 누구나 가끔 실수를 한다. 아이들은 누구나 실수할 수 있다는 것을 알아야 한다. 사실 우리는 실수를 하면서 많은 것을 배운다. 부부 간에 서로 화를 내고 함부로 말하는 모습을 아이에게 보여주었다고 하자. 앉아서 심호흡을 하며 마음을 가라앉히고 나서 상대방에게 사과한 후에 아이와 이야기를 하자. 화를 낸 것에 대해 사과하고 그런 식으로 행동한 것은 잘못이었다고 말하자. 누구나 실수를 한다. 뭔가 잘못했을 때 스스로 책임을 지고 그것을 바로잡아야 한다는 것을 보여주자. 이 교훈은 부모를 완벽하게 생각하는 것보다 중요하다.

♥ 솔직해진다

아이들은 위선을 혐오한다. 따라서 부모가 언행일치를 보여주지 않으면 아이는 부모기 하는 말을 진지하게 받아들이지 않는다. 나는 과속 운전을 하다가 매튜에게 늘킨 적이 있었다. 그의 얼굴에 혼란스러운 표정이 나타났다. 항상 그에게 올바른 일을 하라고 가르친 아빠가 잘못을 저지른 것이다. 나는 황급히 속도를 늦추었다. "이런, 아빠가 법을 지키지 않았구나." 나는 "늦어서 하는 수 없었다"라는 말로 변명할 수 있었지만 매튜에게 법은 편리할 때만 지키면 된다는 메시지를 주고 싶지 않았다.

♥ 힘에 근거한 도덕을 피한다

어느 아빠가 아이에게 "만일 다시 도둑질을 하면 더 세게 때려줄 거야"라며 위협을 해서 옳고 그름을 가르치겠다고 소리쳤다. 이런 식으로 도덕심을 가르치면 아이가 내면의 도덕 규범을 따르기보다 성마르고 반항적이 되기 쉽다. 이 아이는 자신의 행동이 도덕적으로 옳은지 그른지를 생각하기보다는 잘못을 저지르고 들키지 않는 방법을 생각할 것이다. 또한 윗사람은 위협을 해서 아랫사람에게 자신의 가치관을 강요할 수 있다는 인상을 주게 된다. 이런 식으로는 스스로 올바른 판단을 내리고 실천하는 아이로 키울 수 없다.

♥ 도덕적인 시민이 되게 한다

가족은 사회의 축소판이고 그 속에서 아이들은 권위를 존중하고 도덕적인 시민이 되는 법을 배운다. 권위는 존중해도 무조건 다른 사람의 가치관을 받아들이게 해서는 안 된다. 우리는 아이들을 추종자가 아닌 도덕적인 지도자로 키워야 한다. 국민

들을 위해 최선을 다하지 않는 입법자들을 몰아내고 좀더 나은 지도자를 선출하기 위해 앞장서는 사람으로 키워야 한다. 가정에서 확실한 지도를 받으면서 성장하는 아이들은 부모의 가치관을 그들 자신의 것으로 흡수한다. 그리고 그러한 지도 체제를 바탕으로 시류에 휩쓸리지 않고 부당한 선택을 하는 사람들과 맞서서 뜻을 굽히지 않는 사람이 된다.

♥ 리더십을 길러준다

리더십 능력은 아이의 기질과 성격에 관계가 있지만, 부모의 육아법을 통해서도 아이를 추종자가 아닌 지도자로 키울 수 있다. 진정한 지도자들은 강한 신념을 갖고 있다. 그들은 겁쟁이가 아니다. 연결된 아이들은 자라서 정책과 약속을 수시로 바꾸는 현대의 일부 정치가들과는 달리 옳고 그름에 대한 신념을 지키는 사람이 된다. 그들의 감성이 잘못되었다고 생각하는 행동에 반대하지 않을 수 없게 만든다.

그렇다면 부모의 가치관에 굳건하게 기반을 둔 아이들은 가정에서 배운 것과 다른 사고방식을 절대 용납하지 않는다는 것인가? 연결된 아이들은 확고한 신념을 갖고 있으며 불의와 가치관이 결여된 것을 보면 매우 괴로워한다. 그래서 도덕적인 열정이 지나치면 편협한 사람이 될 수도 있다. 따라서 우리가 아이들에게 가르쳐야 하는 도덕적인 가치관에는 다른 사람의 의견을 받아들일 줄 아는 관용과 이해가 포함된다. 도덕적으로 생각하도록 배운 아이들은 다른 사람의 의견을 존중하는 한편 맹목적으로 따라가지 않으며 자신의 생각을 무작정 고집하지도 않는다.

'하지만 우리 아이는 지도자가 되기에는 수줍음을 탄다'라고 생각할지도 모른다. 그렇다면 조금만 도와주자. 성공하는 아이로 키우기 위한 다음의 방법을 참고하자.

- 집을 학교 친구들과 만나는 장소로 제공하자. 아이는 모임을 주관하면서 자신을 중요하게 느끼고 리더십을 보여줄 기회를 갖게 된다.
- 학생회에 참여하도록 격려하자.

- 종종 부모가 학교에서 자원봉사를 하면 아이도 좀더 적극적이 된다.
- 아이가 어떤 대의에 관심을 보이면 좀더 적극적으로 참여해보도록 격려하자. 아이들의 이상을 지지해주고 비웃거나 방해하지 말자.

12장
아이에게 용기를 주는 열 가지 방법

2001년 슈퍼볼에서 우승한 뉴욕 자이언츠의 코치인 짐 파슬은 경기 시즌이 시작될 때 이렇게 선언했다. "우리가 우승할 것이다. 틀림없이!"

우승 후보와는 거리가 멀고 이길 가능성이 희박했지만 그들은 정말 우승했다. 어떻게? 무엇이 평범한 팀을 위대한 팀으로 만들었을까? 코치는 선수들을 믿었고 선수들은 각자 자신을 믿었다. 아무도 그들이 우승팀이 되리라고는 예상하지 못했지만 그들은 결승전에서 미네소타 바이킹스를 상대로 41 대 0이라는 압승을 거두었다. 그것은 격려와 높은 기대가 이루어낸 결과였다.

격려는 아이들에게 잠재력을 최대한 발휘하는 데 필요한 자신감을 주는 것을 의미한다. '나는 할 수 있다!'라는 생각을 갖게 하고 용기를 준다. 격려는 칭찬보다 중요하다. 칭찬은 아이가 한 일을 인정해주는 것이지만 격려는 뭔가를 계속 배우고 시도하도록 하는 것이다. 마음만 먹으면 무엇이든 할 수 있다는 자신감으로 목표를 달성할 때까지 노력하겠다는 의지를 심어준다.

부모들은 보통 아이들을 응원하는 최고의 열성 팬이다. 축구 시합에 가서 환호하고, 야구 시합에서 안타를 치면 박수를 쳐주고, 밴드 음악회, 합창회, 연극, 낱말 맞추기 대회, 운동회, 수상식에 따라다닌다. 이렇게 아이의 공부, 예능, 운동을 지원하는 것은 중요하지만 그냥 구경만 하기보다 좀더 적극적으로 도와주자.

현명한 부모들은 아이들에게 높은 기대를 걸고 구체적이고 성의 있는 격려를 해준다. 다음은 그들로부터 아이들이 최선을 다하고, 배우고, 성장하도록 격려하는 방법에 대한 것들이다.

방법 하나 : 강한 신뢰관계를 형성한다

격려는 믿음과 함께 시작된다. 어떤 비판이나 칭찬을 들으면 누가 하는 말인지 생각해볼 필요가 있다. 믿을 만한 사람이 해주는 격려는 귀를 기울일 가치가 있다. 그래서 애착 양육으로 자란 아이에게는 강한 신뢰관계가 중요하다. 아이가 부모를 믿으면 부모가 하는 모든 말을 좀더 진지하게 받아들인다. 우리가 칭찬을 들을 때 어떻게 느끼는지 잠시 생각해보자. 믿을 만한 사람이 하는 격려의 말은 좀더 의미 있게 들린다. 아이들은 자신의 요구를 존중하고 돌봐주는 부모가 "넌 할 수 있다"라고 하는 말을 믿는다. 부모가 자신을 믿는다는 것을 알고 좀더 자신감을 갖게 된다.

방법 둘 : 실망시키는 말을 하지 않는다

〈목장 위의 집〉이라는 민요에 "절망적인 말을 들을 수 없는 곳……"이라는 가사가 나온다. 누가 우리의 희망을 꺾는 말을 하면 자존심이 상하고 기대를 낮추게 된다. 할 수 없다거나 부족하다는 말을 들으면 그것이 자기암시가 된다. 할 수 없다고 생각하면서 어떻게 할 수 있겠는가? 흔히 아이들을 실망시키는 말에는 어떤 것이 있는지 알아보자.

용기를 주는 말들

우리의 가정과 마음가짐을 다음과 같은 격려의 말로 가득 채우자.

- ♥ 너는 할 수 있어!
- ♥ 잘했구나!
- ♥ 그렇지!
- ♥ 바로 그거야!
- ♥ 대단하구나!
- ♥ 좋은 생각이다!
- ♥ 네가 할 수 있다는 걸 알고 있었어!
- ♥ 멋지다!
- ♥ 그 정도는 얼마든지 할 수 있어!
- ♥ 계속해라!
- ♥ 거의 다 했다!
- ♥ 네가 해낸 거야!

♥ 일반화하기

"너는 항상 엉망진창이야." "너는 방을 치우는 법이 없구나." 이런 혹평을 들은 아이는 이렇게 생각한다. '나는 기본적으로 무능하다.'

아이가 실수를 하면 이렇게 용기를 주는 말을 하자. "아무리 똑똑한 아이들도 어리석은 선택을 할 때가 있다" "너처럼 똑똑한 아이가 그런 어리석은 선택을 하는 것을 두고 볼 수 없다." 지금 일어난 문제에 대해서만 이야기하고 평상시에는 잘하고 있다고 격려해주면 아이는 다음 번에 좀더 잘해보겠다는 의욕이 생긴다.

♥ 비교하기

"왜 너는 언니처럼 A를 받지 못하니?" 이런 말을 들은 아이는 생각한다. '나는 언니처럼 잘하지 못해. 우리 부모님은 나를 언니만큼 사랑하지 않아.' 이렇게 아이의 기를 죽이면 자신은 정말 언니처럼 잘하지 못한다고 믿게 된다. 그보다 "네가 최선을 다했는데도 C를 받았다고 생각하니?"라고 하거나 "네가 최선을 다하기를 바란다. 성적보다 노력이 중요하다"라고 말하자.

♥ 들추어내기

"이번이 세 번째다." 이런 말을 들은 아이는 생각한다. '아빠는 계속 내가 잘못하는 것만 생각하는구나.' 또는 '엄마는 나를 구제불능으로 생각해.' 현 상황에 초점을 맞추고 아이를 쓸모없는 존재로 만드는 비난을 하지 않도록 조심하자. 나쁜 행동이 버릇이 될까 봐 걱정이 돼서 하는 말이라고 해도 과거의 잘못을 들추어내는 것은 보통 미래의 잘못을 예방하는 데 도움이 되지 않는다. 현재의 잘못과 그 원인에 대해 아이와 함께 대화하자. 아이가 좀더 잘할 수 있게 도와주려면 어떻게 해야 할지 생각해보자.

방법 셋 : 용기를 주는 쪽지를 쓴다

우리 집에서는 아이들에게 분발하게 하고 용기를 주기 위해 다음과 같은 작은 사랑의 쪽지를 여기저기 뿌려놓는다.

- 시험을 보는 날 아침에 쪽지에 '넌 할 수 있어!'라고 써서 화장실 거울에 붙여놓는다.
- 숙제를 끝낸 파일에 '잘했다!'라고 쓴 쪽지를 붙여놓는다.
- 아이에게 이메일로 격려의 글을 보낸다.
- 방청소를 끝내면 '잘했다!'라고 쪽지를 베개 위에 올려놓는다.
- 아이의 도시락에 웃는 얼굴 카드를 넣는다.

아이를 격려해주는 신체언어

아이를 격려해줄 때 항상 말이 필요하지는 않다. 신체언어를 사용하자. 아이가 타석에 오르거나 체조경기를 준비할 때 엄지손가락을 세워 보이자. 아이가 그린 그림을 감상하면서 눈을 크게 뜨고 '와우!' 하고 탄성을 지르자. 음악 발표회를 시작할 때 아이와 눈을 마주치고 미소를 지어 보이자. 아이가 다른 사람에게 친절을 베푸는 것을 보면 아이의 손을 꼭 잡아주자. 때로 행동이 말보다 더 많은 말을 한다.

- 전날 아이가 열심히 공부를 한 책에 '사랑한다'라고 쓴 카드를, 시험을 보기 전이라면 '너를 위해 기도할게'라고 쓴 카드를 끼워둔다.

방법 넷 : 지우기 게임

아이들에게는 무엇이 중요하고 어떻게 행동해야 하는지에 대해 끊임없이 주의를 줄 필요가 있다. 예를 들어, 형제끼리 서로 격려하는 것이 중요하다는 메시지를 주는 방법이 있다. 한 아이가 다른 아이를 놀리는 말을 들으면 나는 지우개로 지우는 손 짓을 하면서 '그만'이나 '지우기'라고 말한다. 그러면 나쁜 말은 용납되지 않는다는 메시지를 주게 된다. 그냥 넘어가거나 같이 농담하는 식으로 불분명한 태도를 보이면 안 된다. 아이들은 호시탐탐 가족의 원칙이 얼마나 확고한지 시험할 기회를 노린다. 단호한 입장을 취하자. 아이들은 또래들과 만나면 대부분 자연스럽게 색다른 언어를 사용한다. 하지만 가정에서는 좀더 나은 언어를 사용하도록 함으로써 그 영향을 상쇄할 필요가 있다.

방법 다섯 : '우리' 메시지를 준다

우리 집에서는 '우리'라는 말을 적절히 사용해서 효과를 보았다. 아이들에게 '우리'로 시작하는 말은 '나'나 '너'로 시작하는 말보다 훨씬 강하게 와닿는다. '우리'라는 말은 기대감과 가족의 규범을 전달할 수 있고 소속감을 느끼고 싶어하는 아이들의 본성을 자극한다. '우리'라고 말하면 어떤 행동이 선택이 아니라 당연히 해야 한다는 의미로 다가온다.

방법 여섯 : 기대감을 보여준다

아이들은 종종 부모의 기대에 따라 행동한다. 친절하다고 칭찬해주면 좀더 친절을 보여줄 기회를 찾는다. 반면에 야구에 소질이 없다는 말을 들으면 플라이볼을 칠 것이다. 아이들은 부모가 말로 표현하지 않아도 자신에게 어떤 기대를 걸고 있는지 알고 있다. 부모의 기대는 아이 자신에 대한 믿음의 일부가 된다. 부모가 높은 기대를 걸면 아이는 자신이 유능하고 재능이 있고 사랑받고 있다고 느낀다.

> 우리는 종종 '안목이 있다' '예리하다' '대단히 협조적이다' '매우 사려가 깊다'라는 말로 아이들을 칭찬한다. 아이들이 그렇게 되기를 바라는 마음의 표현이기도 하다.

♥ 목표를 높이 잡는다

부모의 기대는 매우 강력한 자극제다. 부모는 아이들에게 최선을 다하기를 기대한다는 것을 알게 하자. 최선을 다하는 것을 당연하게 여기도록 만들자. 최선을 다하는 것은 선택이 아닌 규범이다.

물론, 아이의 재능과 진로에 대해 현실적인 기대를 거는 것이 중요하다. 부모가 원하는 아이가 되는 것이 아니라 아이가 가진 능력을 최대한 발휘하도록 도와주어

학설에 의하면 : 아이들의 학교 성적은 기대하는 대로 따라간다

《교실의 피그말리온》이라는 책에서 정신의학자 로버트 로젠탈과 학교 교장인 레노라 제이콥슨은 유치원에서 5학년까지의 아이들을 대상으로 한 연구를 기술하고 있다. 그들은 아이들의 교사들에게 교실에서 '뛰어난 학습 능력'을 갖고 있는 학생들이 누구인지 말해주었다. 하지만 사실 그 '뛰어난' 학생들은 임의로 선정된 것이었다. 그럼에도 학기말 시험에서 교사들이 뛰어난 학습능력을 갖고 있다고 믿었던 학생들의 성적이 다른 아이들보다도 훨씬 올라갔다. 간단히 말해서 교사들의 기대를 받은 학생들은 자신에게 좀더 기대를 걸고 그 기대에 부응했다.

야 한다. 우리 아이들은 내가 일하는 모습을 보면서 많은 영향을 받았다. 그들은 내가 환자들이 건강을 회복했을 때 기뻐하는 모습을 보면서 자랐다. 나는 근무 시간이 지난 후에도 우리 집에 있는 작은 사무실에서 환자를 진찰했으므로 아이들은 내가 일하는 모습을 볼 수 있었다. 또한 그들을 데리고 회진을 하기도 하면서 즐겁게 일하는 것을 보여주었다. 그래서 우리 집 아이들은 의사가 되기 위해 피나는 노력을 해야 한다는 것을 알기 전에 의학이 주는 기쁨을 알게 되었다. 그리고 그들이 좀더 컸을 때 나는 무슨 일을 하든지, 즉 의사가 되거나 피아니스트가 되거나 인내가 요구되는 힘든 단계를 거쳐야 하며, 원하는 위치에 올라가려면 하고 싶지 않은 일도 해야 한다는 것을 알게 해주었다. 그리고 "밥, 넌 훌륭한 의사가 될 거다"하는 식으로 용기를 북돋워주었다.

♥ "잘해보거라"

내가 우리 집 아이들에게 준 격려의 메시지는 어떤 선택을 하거나 그 일을 잘하라는 것이었다. 슈퍼볼에서 네 번이나 우승한 버팔로 빌스의 코치였던 마브 레비는 하버드 대학을 나와 재계나 학계로 진출할 것이라고 모두 생각했다. 하지만 그는 미식축구 코치가 되기로 했다. 그가 코치가 되겠다고 말했을 때 그의 아버지는 뜻밖에 이렇게 격려해주었다. "잘해 보거라."

방법 일곱 : 부담 주지 않고 밀어주기

"내가 아이를 너무 밀어붙이는 걸까요?"라고 부모들이 종종 묻는다. 격려와 강요 사이에는 미묘한 차이가 있다. 격려는 아이의 타고난 재능에 기초해서 뭔가를 달성하겠다는 의지를 갖게 해주는 것이다. 하지만 아이가 하고 싶지 않은 어떤 일을 억지로 시키려고 할 때는 강요가 된다. 아이가 뭔가를 하고 싶지 않은 이유는 그 분야에 재능이 없기 때문일 수도 있다. 그런 것을 고려하지 않고 억지로 시키면 아이가 스트레스를 받게 되고 결국 역효과가 난다. 격려는 아이가 가진 믿음과 욕망을 확인시켜주는 자극이 되어야 한다.

부모의 바람은 아이가 하고 싶어하고 할 수 있는 것과 일치해야 한다. 하지만

용기를 주는 물고기 이야기

미셸 보바는 《부모들이 변화를 만든다》라는 책에서 다음과 같은 이야기를 들려준다.

한 어부가 어떤 사람이 집에서 기르던 금붕어가 싫증이 나서 호수에 버린 이야기를 해주었다. 당시 그 금붕어들은 7cm를 넘지 않았다. 그 어부는 금붕어가 어항의 크기에 영향을 받는다는 재미있는 원리를 설명했다. 작은 어항에 들어 있는 금붕어는 7~12cm 정도까지 자란다. 만일 좀더 큰 어항에 같은 금붕어를 넣으면 12~25cm까지 자란다. 작은 연못에 넣으면 거의 30cm까지 자란다. 호수에 던져진 그 금붕어들은 182cm까지 자랐다. 기회가 주어지자 그렇게 크게 자란 것이다.

아이들을 훌륭하게 키운 부모들은 아이들이 원하거나 말거나 관계없이 어떤 시기에 배워야 하는 것들이 있다고 말했다. 사실, 어릴 적에 공놀이를 하러 나가려고 하면 어머니가 피아노 연습을 하라고 시켰던 것을 기억하면서 어머니가 그때 좀더 밀어 붙였더라면 하고 아쉬워하는 사람들이 있다. 악기를 배우지 못한 것이 뒤늦게 후회가 되는 것이다. 세 아이를 훌륭하게 키운 어머니는 이렇게 말했다.

하루에 20분씩 피아노 연습을 한다고 해서 아이가 죽지는 않는다. 우리는 단지 아이들에게 우리 가족은 누구나 피아노를 배워야 하며 그것은 우리가 이를 닦는 것처럼 당연한 일이라고 가르쳤다. 그래서 아이들은 피아노 연습을 선택이 아니라 반드시 해야 하는 것으로 알았다. 지금 장성한 우리 아이들은 모두 악기를 연주한다.

방법 여덟 : 부모가 본보기를 보인다

할 수 있다고 생각하면 할 수 있고, 할 수 없다고 생각하면 할 수 없다.

— 헨리 포드

동기부여 연사들은 주장한다. "성공은 마음먹기에 달려 있다!" 새로운 도전을 마주하는 태도는 전염된다. 마음을 먹으면 할 수 있다는 것을 아이들에게 보여주자. 우리 아이들은 내가 원고 마감일에 대해 편집자들과 이야기할 때 이렇게 말하는 것을 여러 번 들었다. "그럼요, 그때까지는 끝낼 수 있습니다."

그들은 할 수 있다고 말하는 나의 어조에서 열정과 자신감을 느낀다. 그 다음에 몇 주에 걸쳐 내가 그 일에 매달리는 것을 보면서 아이들은 어떤 과제를 끝내기 위해서는 자신감과 함께 시간과 노력이 필요하다는 것을 배운다. 이러한 교훈은 그들이 학교와 다른 곳에서 어려운 도전에 부딪혔을 때 도움이 되었다.

부모님은 내가 뭐든지 할 수 있다고 믿고 적어도 최선을 다해야 한다고 격려해주셨다. 내게 너무 많은 것을 시키지는 않았지만 일찍부터 운동과 음악과 미술을 접하게 했다.(마시, 20세)

♥ 노력을 칭찬한다

우리가 아이들에게 줄 수 있는 가장 고무적인 메시지는 그들이 최선을 다하기를 기대한다는 것이다. 결과보다 노력을 중요시하자. 우리 사회는 등급, 스포츠 통계, 시험 점수 등에 집착하고 노력은 쉽사리 무시한다. 아이의 노력과 인내를 칭찬해주자.

인내는 성공하는 아이들의 중요한 특성이다. 인내심은 재능이나 IQ보다 중요하다. 신체적으로나 지능적으로 뒤처지는 사람이라도 인내심이 있으면 정상에 오를 수 있다. 또한 노력은 결과가 중요시되는 사회에서 훌륭한 평형 장치다. 재능이 부족해도 노력하는 사람은, 재능은 있지만 노력이 부족한 사람보다 더 성공할 수 있다.

노력으로 성공한 사람의 전형적인 인물로 윈스턴 처칠이 있다. 요즘 기준으로 보면 그는 주의력 결핍 장애를 갖고 있었고 계속 낙제를 했다. 하지만 그는 세계적인 지도자가 되었다. 어떻게? '절대 포기하지 않는다'라는 좌우명으로 잘 알려진 끈기 덕분이었다. 처칠에게 인내력은 가장 중요한 성공 요인이었다.

집중력이 부족했던 것으로 알려진 또 다른 인물인 토머스 에디슨은 아마 현대에 살았다면 '과잉 행동 장애'라는 진단을 받았을 것이다. 하지만 그는 결국 위대한 발명가가 되었고 그의 발명품들은 인류의 생활을 그야말로 밝게 비춰주었다. 처칠과 마찬가지로, 그리고 "천재성이란 1퍼센트의 영감과 99퍼센트의 땀이다"라는 유명한 말처럼 그가 성공할 수 있었던 열쇠는 노력이었다.

성공담

다음은 불리한 조건과 역경을 극복하고 성공한 사람들에 관한 이야기다. 그들은 목표를 달성할 수 있다고 믿고 노력했다.

- ♥ 마이클 조던은 한때 고등학교 농구팀에서 탈락된 적이 있었다.
- ♥ 월트 디즈니는 아이디어가 없다는 이유로 신문사에서 해고된 적이 있었다. 그는 몇 차례 파산을 했고 "미키 마우스는 가능성이 없으니 집어치우지"라는 충고를 들었다.
- ♥ 토머스 에디슨과 윈스턴 처칠은 낙제생이었다.
- ♥ 아인슈타인은 세 살이 될 때까지 말을 하지 못했고 아홉 살에도 글을 읽지 못했다. 그는 고등학교에서 공부를 못해서 대학 입학시험에 떨어졌다.
- ♥ 에이브러햄 링컨은 장교에서 사병으로 강등되었다.
- ♥ 베토벤은 음악 교사에게 작곡가로 성공할 가능성이 없다는 말을 들었다.

♥ 아이를 지금 모습 그대로 사랑한다

아이들을 격려하고 높은 기대를 거는 것은 좋지만, 사람의 가치는 무엇을 얼마나 잘하느냐에 달려 있지 않다는 것을 알게 하는 것이 중요하다. 부모의 기대에 부응해서 사랑과 인정을 받는 것은 어려운 일이며 대부분의 아이들이 저항을 느낀다. 비현실적인 부모의 기대에 맞추려는 노력은 실패할 수밖에 없고 그로 인해 영원히 자신감을 잃어버릴 수도 있다. 부모는 말과 행동으로 아이들이 무엇을 얼마나 잘하는지에 관계없이 그들을 있는 그대로 사랑한다는 것을 알게 해야 한다. 그리고 그들이 능력껏 최선을 다해주기를 바란다는 것도 알려주자.

방법 아홉 : 실수에서 배운다

우리 모두 베이브 루스가 한 시즌에서 나온 홈런의 대부분을 치는 기록을 달성했다는 것을 알고 있다. 하지만 같은 해에 그가 삼진 아웃 기록도 갱신했다는 것을 알고 있는가? 노력하고, 두각을 나타내고, 도전하는 사람들은 그만큼 실수를 많이 하기 마련이다. 아이들에게 누구나 실수를 할 수 있다고 가르치자. 중요한 것은 실수에서 배움으로써 같은 실수를 반복하지 않는 것이다.

우리는 아이들에게 사람은 완벽할 수 없으며 누구나 실수를 할 수 있다고 가르쳐야 한다. 하지만 동시에 잘못된 판단으로 인한 결과에 책임을 지도록 가르쳐야 한다. 사실, 우리 부부는 아이들을 키우면서 실수 없는 인생은 불가능할 뿐 아니라 불건전하다는 것을 배웠다.

우리 여섯 번째 아이 매튜는 뭔가를 완벽하게 해내지 못하면 몹시 자책했다. 자신의 실수를 용납하지 않는 우리 부부의 성향을 그가 많이 닮은 것 같았다. 완벽주의는 우리 부부나 매튜에게 도움이 되지 않았다. 그래서 우리가 먼저 느긋해지기로 마음을 먹고 매튜에게 실수를 인정하는 법을 가르쳤다. 지금 우리 가족 중에 누가 실수를 하면 우리는 이렇게 말한다. "이 일을 통해 배울 점은 무엇일까?"

아이들은 누구나 실수를 한다. 부모가 할 수 있는 일은 그런 경험을 중요한 학습 기회로 바꾸어주는 것이다. 일부 부모들은 아이가 실수했을 때 우선 감정적인 반응을 보이기 때문에 실수가 무서운 것이라는 메시지를 준다. "어떻게 그런 섣부른

아이들이 말하기를

우리 부모님은 위험한 일이 아니라면 개입하지 않고 실수를 통해 배우게 하신다.(매디슨, 17세)

짓을 하니?" "도대체 왜 그러는 거니?"라고 야단을 쳐서 실수를 개인적인 결함으로 만들기도 한다. 그보다는 아이가 다른 모든 유능한 사람들과 마찬가지로 가끔 실수를 할 수 있다는 사실에 초점을 맞추자. 다음 번에 아이가 실수를 하면 이렇게 말하자. "성공한 거나 다름없어" "괜찮아, 다시 해보자" "그럴 수도 있지."

♥ 실수를 만회하는 본보기를 보인다

실수를 인정하는 법을 배우게 하는 한 가지 방법은 부모가 스스로 실수를 인정하고 나서 책임지고 잘못을 고치는 본보기를 보여주는 것이다. 느긋한 모습을 보여주자. 주스를 흘리면 혼내지 말고 이렇게 말하자. "오늘 내가 우리 집 칠칠이 상을 받겠구나."

실수에 관대한 태도를 보이는 것이 좋다. 우리 부부는 아이들과 이런 약속을 했다. "실수했을때 솔직하게 얘기하면, 아무리 큰 실수라도 화를 내지 않겠다고 약속하겠다. 단, 네가 무엇을 깨달았는지, 실수를 어떻게 바로잡을 것인지 이야기해야 한다."

엘리자베스 이야기: 바네사가 세 살이었을 때 주스를 따르려고 하다가 바닥에 엎질렀다. 겁에 질린 눈으로 쳐다보는 아이에게 내가 말했다. "이런, 걸레를 가져와야겠구나." 아이는 엎질러진 것을 닦고 나서 나에게 대신 주스를 따라달라고 했다. 나는 "네가 할 수 있어" 하고 용기를 주며 다시 해보라고 말했다. 아이는 다시 주스를 거의 다 바닥에 흘렸다. 나는 아이를 도와서 흘린 것을 닦고 이번에는 아이가 주스병을 단단히 잡을 수 있도록 도와주고 무사히 컵에 하나 가득 주스를 따르게 했다. 아이의 환한 표정이 이렇게 말하고 있었다. "내가 해냈어요!"

우리 부부는 아이들에게 문제점보다 해결책에 초점을 맞추게 하려고 노력했다. 이것은 비즈니스에서 성공하는 핵심적인 능력이다. 문제를 기회로 바꾸는 법을 배우면 실패를 딛고 다시 일어설 수 있다. 사실 어떤 문제를 기회로 바꾸는 것은 성공하는 기업인들의 가장 분명한 특징이다.

방법 열 : 긍정적인 태도를 가르친다

함께 있으면 즐거운 사람들이 있다. 그 한 가지 이유는 그들의 태도에 있다. 내가 우리 아내 마사에게 반한 이유는 그녀의 태도 때문이었다. 그녀의 긍정적인 태도는 함께 있는 사람들을 편안하게 해주었다. 나는 그녀와 함께 있는 것이 좋았고 언제나 함께 있고 싶었다. 태도는 전염성이 강하기 때문에 인생과 사람들에 대한 마사의 태도는 나의 태도를 바꾸어놓았다.

긍정적인 태도는 상대방도 긍정적으로 반응하게 만든다. 태도는 현실적이고 구체적인 영향을 준다. 연구에 의하면 낙천적인 사람들이 비관적인 사람들보다 더 행복하고 건강하게 오래 산다고 한다. 다음은 부모가 자녀들을 긍정적인 사람으로 키우는 간단한 방법들이다.

♥밝은 표정을 짓는다

아이들은 부모를 거울로 삼는다. 그들은 부모를 보면서 느끼고 반응한다. 만일 부모가 명랑한 태도를 보이면 아이들은 세상을 긍정적이고 희망적으로 인식한다. 걱정이 있거나 스트레스를 받을 때도 아이들을 미소와 긍정적인 태도로 맞이하자. 아이들과 즐거운 대화를 나누다 보면 문제점을 객관적으로 바라보게 되고 희망을 가질 수 있다. 부모가 얼굴을 찌푸리고 있으면 아이들은 아무 잘못을 하지 않았어도 불안해지고 겁을 먹는다.

♥밝은 면을 본다

아이들에게 어떤 상황에서도 밝은 면을 보게 해주자. 아이가 "엄마, 우리가 경기에서 졌어요"라고 말하면 "그래, 안타깝게 지긴 했지만 네가 속한 팀은 점점 잘하고 있어. 그리고 네가 첫 골을 넣었잖니"라고 대꾸해주자. 공원에 놀러가기로 했는데 비가 온다면 "비가 와서 오늘 공원에 못 가겠다. 대신 도서관에 가자. 비 오는 날에 가기 좋은 곳이지!"라고 다른 대안을 제시해보자.

♥ 긍정적으로 생각한다

나는 종종 우리 아이들에게 이렇게 상기시킨다. "모든 일이 우리 마음대로 되지는 않지만 우리 자신의 반응은 조절할 수 있단다." 실제로 반응 조절은 그때그때도, 장기적으로도 할 수 있다. 나는 아이들의 사고방식이 경험에 의해 긍정적이거나 부정적으로 프로그램된다고 믿는다(학계에서도 확인되기 시작했다). "그는 긍정적인 사람이야"나 "그는 항상 부정적인 것 같아"라는 말은 어떤 심리 상태뿐 아니라 사고방식을 표현하는 것이다. 아이가 어떤 실수나 불운에 대해 고민하는 것을 보면 그런 사고방식에서 벗어나게 도와주자. 슬프거나 수치스러운 감정을 인정하고 나서 새로운 방식으로 생각을 해보도록 유도하자. 만일 농구팀에서 탈락했거나 기록이 저조하다고 고민하면 축구팀이나 다음 시즌을 생각해보게 하자. 아니면 농구 연습을 하지 않게 되면 다른 활동을 할 수 있는 시간이 많아진다는 것을 상기시키자.

♥ 기분전환을 한다

아이에게 부정적인 감정을 긍정적으로 바꾸는 방법에 대해 생각해보게 하자. 부모 자신이 본보기를 보여주자. 기분이 우울할 때(아이들은 부모의 기분을 금방 알아차린다) 감정 스위치를 부정에서 긍정으로 바꾸자. 예를 들어, "그냥 이런 기분으로 지내면 안 되겠다. 기분전환으로 뭘 하면 좋을까?" "겉옷을 걸치고 밖에 나가서 놀자" "날씨도 좋은데 밖에 나가서 달구경할까?" "맛있는 걸 요리해서 먹으면 언제나 기분이 좋아지지. 우리 쿠키를 만들자!" 하는 말로 몇 가지 선택을 생각해보자.

샌드위치 방법으로 비판하고 칭찬하기

아이들의 잘못을 지적해주어야 할 때가 있다. 하지만 아이들은 비판에 매우 예민하게 반응하는 시기가 있다. 그럴 때는 칭찬과 비판을 섞어서 이야기해보자.
"트레버, 너는 똑똑한 아이다. 네가 잘할 수 있다는 것을 우리 모두 알고 너도 알아. 그리고 너는 게으르지 않아. 너는 받아쓰기에서 계속 10점 맞을 아이가 아니야. 넌 더 잘할 수 있어. 10점 맞아서 속상하지? 다음 학기에 성적이 올라가면 훨씬 기분이 좋아질 거야."
건설적인 비판을 칭찬과 섞어서 하는 것은 어른들에게 이야기할 때도 효과적인 전략이다. 듣는 사람이 비판에 대해 좀더 마음을 열게 되고 비난보다는 격려로 받아들인다.

♥ 전화위복의 기회로 삼는다

에디슨은 어둠을 전구를 발견하는 기회로 보았다. 우리 아이들이 어떤 문제와 부딪혔을 때마다 그것을 기회로 바꾸거나 교훈으로 삼도록 해주자. 예를 들어, 이런 경우를 생각해보자.

- 문제 8세 아이가 친한 친구가 자신에게 화를 냈다고 슬퍼한다.
- 기회 친구와 다시 연결하는 방법을 찾아보게 하자. "너와 그 친구는 둘 다 스케이트를 잘 타지? 토요일에 우리랑 스케이트장에 가자고 해보자."

우리 부부는 아이들이 무슨 고민을 하는 것을 볼 때마다 이렇게 말한다. "속상해하지 말고 해결책을 찾아보자."

♥ 좋은 감정을 주변에 퍼뜨린다

어느 날 우리 집에 머리끝에서 발끝까지 우울해 보이는 손님이 찾아왔다. 그 손님이 떠난 후에 우리는 아이들에게 그런 사람과 함께 있으면 어떤 기분이 드는지 물었다.

아이들은 덩달아서 기분이 우울하다고 말했다. 그래서 나는 우리의 태도가 주위 사람들 모두에게 영향을 줄 수 있다는 사실을 지적했다. 또한 어려운 상황에서도 긍정적인 태도를 보이면 주위 사람들의 기분을 좋게 해줄 수 있다고 말했다.

우리는 아이들에게 껍데기 속에 모래알을 갖고 있는 작은 굴에 대한 우화를 들려주곤 했다. 굴은 그 작은 모래알이 짜증스러웠지만 아무리 해도 그것을 밖으로 내보낼 수 없었다. 그래서 그는 자신에게 말했다. "이것을 없애버릴 수 없다면 내가 적응을 해야겠다." 몇 년이 흘렀고 그를 괴롭히던 작은 모래알은 점점 자라서 아름다운 진주가 되었다.

나는 소년 야구단의 어느 코치에게 매년 가장 훌륭한 선수를 선발하는 성공 비결을 물었더니 그가 말했다. "나는 선수들의 태도를 봅니다."

13장
친절과 예절 가르치기

"그 아이는 정말 친절해!" "함께 있으면 정말 기분이 좋아!" 부모들은 자녀들이 이런 말을 듣게 되기를 바란다. 이런 특성은 어디서 오는 것일까? 쾌활한 성격은 유전자에 뿌리를 두고 있지만 친절과 예절은 가정에서 배우는 것이다. 16세 아이에게 도로 규칙을 가르쳐주지도 않고 운전을 하게 할 것인가? 예절·성품·친절은 인생이라는 도로를 운전하는 규칙들이다. 아이들에게 이런 규칙들을 가르치면 그들 자신뿐 아니라 그 도로에서 함께 달리는 사람들까지 안전하고 즐거운 여행을 하게 된다. 부모는 아이들에게 예절이 몸에 배도록 도와주어야 한다. 친절하고 사려 깊고 예의 바른 아이들은 언제 어디서나 사람들의 사랑을 받는다.

어느 날 어느 학교 교정에서 걷고 있는데 여덟 살짜리 소녀가 뒷걸음질을 치다가 우연히 내 발을 밟았다. 아이는 깜짝 놀라 뒤를 돌아보며 말했다. "미안합니다." 아이는 걱정스러운 표정으로 내 눈을 바라보았다. 내가 감동한 것은 무엇보다 그 아이의 예의 바른 태도가 순간적인 반응이었다는 것이다. 그 아이는 거의 반사적으로 어린 시절에 수백 번의 반복을 통해 습관화된 행동을 재연해 보였다. 예절이 몸에 배어서 생각할 필요도 없이 즉시 행동으로 나타난 것이다.

친절과 예절을 가르치는 열 가지 방법

우리 아들은 사람들에게 예의 바르다고 칭찬을 듣는다. 그의 훌륭한 태도는 훌륭한 사람이 되겠다는 마음가짐에서 오는 것이라고 생각한다. 그는 사람들이 자신의 훌륭한 행동을 칭찬하는 것을 알고 항상 예의 바르게 행동한다.

♥ 예절을 일찍 가르친다

언제부터? 아기를 임신한 순간부터 태아에게 사람들이 서로에게 어떻게 대해야 하는지 가르치자. 손을 자유자재로 움직일 수 있게 된 아기가 엄마의 머리채를 잡아당기면 소리치지 말고 아이의 작은 주먹을 펴면서 조용히 말하자. "그러면 안 된다." 아기는 말을 이해하기 오래 전부터 부모의 태도를 보면서 예절을 배운다.

처음부터 나는 말이나 행동을 부드럽게 하면서 아기들과 의사소통하는 방식에 신경을 썼다.

훌륭한 예절의 뿌리는 다른 사람들을 존중하는 것이고, 존중의 뿌리는 감수성이다. 애착 양육의 핵심은 아이의 요구에 세심하게 반응하는 것이다. 감수성은 전염된다. 언제나 다정다감한 보살핌을 받는 아이는 다른 사람들의 감정을 배려할 줄 안다. 두 살 된 아이도 "고맙습니다"라는 말을 배운다. 단어의 정확한 의미는 몰라도 그렇게 해야 한다는 것을 안다. 아이들은 반복해서 듣는 단어나 표현을 중요하게 생각하고 좀더 빨리 배운다. 아이에게서 뭔가를 건네받을 때 "고맙습니다"라고 말하자. 아기는 엄마와 아빠가 웃는 얼굴로 자주 사용하는 그 말을 중요하게 생각할 것이다. 그래서 그런 말들을 따라하게 되고 뜻은 몰라도 사용가치는 이해할 것이다.

아이들이 세 살 정도가 되면 완전히 자기중심적 존재에서 벗어나 주위 사람들을 배려하는 단계로 들어간다. 동생에게서 장난감을 빼앗으면 동생이 운다는 것을 이해한다. 인과관계를 이해하기 시작하므로 동생을 화나게 만든 것에 대한 책임을 느낀다. 재미있는 표정과 소리를 내면 아기가 웃는 것을 보면서 자신이 아기를 즐겁게 해줄 수 있다는 것을 알고 좀더 자주 친절한 행동을 한다.

♥예절의 본보기를 보인다

아이가 2~4세 정도일 때 예절의 본보기를 보여주는 것이 가장 효과적이다. 그 시기에는 듣는 대로 따라한다. "고맙습니다" "천만에요" "실례합니다"라는 말을 자주 들려주자. 다른 어른들에게 하는 것처럼 아이들에게도 예의를 지키자. 특히 어린 나이에는 보는 대로 배우므로 예의 바른 부모를 둔 아이는 예의 바른 아이가 된다.

한번은 택시를 탔는데 운전사가 매우 예의가 바르게 말하는 것을 느꼈다. 나는

칭찬 주고받기

사회적으로 성공하는 비결 중 하나는 칭찬을 주고받는 기술을 터득하는 것이다. 진솔한 칭찬을 하면 주는 사람이나 받는 사람 모두 기분이 좋아진다. 아이들에게 본보기를 보이자. "와, 너 오늘 멋지게 보인다!" "새로 한 머리 모양이 근사한데!"라고 칭찬을 하거나 제시간에 숙제를 끝냈을 때 등을 다독여주는 것도 좋다.

열등감이 있는 아이들은 자연스럽게 칭찬을 주고받지 못한다. 그들은 칭찬을 받기에는 부족하다고 느끼고 입을 다물어버린다. 이런 경우에는 약간의 연출이 필요할지도 모른다. 오스틴의 형은 방금 과학 숙제를 끝냈다. 오스틴에게 귀띔을 해주자. "형에게 가서 과학 숙제가 아주 근사해 보인다고 말해줘라." 아이에게서 "와, 엄마, 그 새 옷을 입으니까 멋져요!"라는 뜻밖의 칭찬을 들었을 때, "그렇게 말해주니 고맙다"라고 대꾸하며 그 칭찬을 감사하게 받아들이자. 아이는 자신이 한 말에 엄마가 얼마나 기뻐하는지 보면서 스스로 자랑스럽게 느낀다.

그에게 어디서 그런 말씨를 배웠느냐고 물었더니 그가 이렇게 대답했다. "우리 부모님이 두 분 모두 교사였습니다."

　아이들에게 귀감을 보이자. 이웃집 개가 밖으로 뛰쳐나온다. "또 말썽이군" 하고 불평을 하는가, 아니면 그 개를 잡아서 집에 데려다주는가? 계산대에서 앞에 서 있는 노인이 카트에서 식료품을 꺼내느라 시간을 지체한다. 꾸물거린다고 불평을 하는가, 아니면 도움이 필요한지 물어보는가? 끼어들기를 하는 운전자가 있으면 참을성 있게 앞으로 보내주는가, 아니면 서둘러 앞으로 나가는가? 아이들이 보고 있다!

♥ 강요하지 않는다

아무리 좋은 말이라도 억지로 시키지 말자. "자, 날 따라서 하면 상을 주지." 그러면 아이는 그 말이 무슨 뜻인지 이해하기도 전에 싫증을 낸다. 예절은 강요에 의해서가 아니라 스스로 좋아서 하는 것이 되어야 한다. 아이 스스로 예의를 지키는 것을 중요하게 생각해야 한다.

　우리 아들이 한 무리의 소년들과 농구를 하고 있을 때 한 꼬마가 아장아장 코트 안으로 걸어 들어갔다. 우리 아이는 그 꼬마에게 공을 주고 한번 던지게 해준 다음에 코트 밖으로 내보냈다. 그는 그 꼬마의 마음을 배려한 것이다.

♥ 기대한다

부모의 기대는 아이들을 움직이는 강력한 원동력이다. 부모가 훌륭한 예절을 기대하는 가정에서 자란 아이들은 예의 바르게 행동한다. 어느 날 우리는 한 가족이 호텔로 들어서는 것을 보았다. 아버지는 다섯 살과 일곱 살짜리 두 아들을 바라보고 말했다. "이보게들, 아줌마를 위해 문을 잡아드려야지." 아이들은 그의 말대로 했다. 아이들이 정말 예의가 바르다고 내가 말했더니 그 아버지가 대답했다. "당연히 그래야죠."

♥ 식탁 예절을 가르친다

아이가 18세가 되기까지는 거의 2만 번의 식사를 할 것이다. 식탁은 우리가 아이들에게 대화 방법을 포함해서 모든 종류의 교훈을 가르치는 장소로 안성맞춤이다. 아이들은 식탁에서 가족들과 대화를 하면서 다른 집에 손님으로 갔을 때 어떻게 행동해야 하는지 배운다. 사람들을 쳐다보면서 우물쭈물하거나 얼버무리지 말고 분명하고 완전한 문장으로 대답하라고 가르치자. 부모가 식사 시간에 주고받는 대화의 본보기를 보이자. 말을 해야 할 때가 있고 귀를 기울이고 들어야 할 때가 있다. 아이들은 어른들만큼 식사 시간에 오래 앉아 있지 못하므로 먼저 음식을 다 먹고 불편해지기 시작하면 "그만 일어나도 될까요?" 하고 양해를 구하도록 가르치자.

♥ 감사 카드를 보낸다

친필로 쓴 감사 편지는 받는 사람에게 이런 의미를 담고 있다. '당신은 내게 중요한 사람입니다.' 선물이나 친절이나 특별한 호의를 받으면 감사 편지를 보내게 하자. 그런 예의는 일찍부터 습관처럼 몸에 배게 하는 것이 좋다.

　나는 손으로 쓰는 감사 편지가 구식이라고 생각하지 않지만, 인터넷으로 이메일이나 인스턴트 메시지를 주고받는 우리 아이들은 새로운 에티켓을 배워야 할 것이다. 21세기 부모들은 아이들에게 사이버 공간에서 만날 때 필요한 '네티켓'을 가르쳐야 한다.

♥ 전화 예절을 가르친다

아이들이 전화 받는 것을 좋아하는 점을 이용해서 무슨 말을 어떻게 해야 하는지 가르치자. 내가 전화를 걸었을 때 아이들이 전화를 받아서 "여보세요, 저는 카일입니다. 네, 계세요. 잠시만 기다리세요"라든지 "지금 안 계시는데요. 말씀 전해드릴까요?"라고 대답하면 기분이 좋아진다.

♥ 듣는 법을 가르친다

귀를 기울여 듣는 것은 아이들이 배워야 할 중요한 사교술이다. 상대방의 말을 가로 막지 말고 적절하게 기다렸다가 자신의 의견을 말하고, 상대방을 처다보면서 주목 하도록 가르치자. 우리 자신이 귀를 기울이는 본보기를 보여주자. 아이가 대화를 하러 찾아오면 텔레비전을 끄고 시선을 맞춘 다음 관심을 가지고 귀를 기울이자.

♥ 일깨우기 방법을 사용한다

가정에서 부모가 예의 바른 태도와 공손한 말씨의 모범을 보이자. 아이가 학교에 들어가서 다른 아이들과 어울리다 보면 바람직하지 못한 행동을 배울 수 있다. "우리 이렇게 말해보자" 하고 부모가 자주 연습을 시킬 필요가 있다. 나무라지 말고 일깨워주자. '우리'를 강조하면 자연스럽게 잘못을 고쳐줄 수 있다. "우리는 그런 식으로 말하고 행동하지 않는다" "우리가 기대하는 것은……" "우리 가족은……"이라는 말도 역시 효과가 있다. '우리'로 시작하는 말은 가족의 규범을 강화하고 훌륭한 예절을 일종의 가훈으로 여기도록 하는 효과가 있다. 아이들에게는 소속감이 중요하다. 가족에 대한 소속감을 또래들에 대한 소속감보다 우선시하도록 가르쳐야 한다.

중요한 사교 행사에 앞서 아이들에게 일깨워야 할 때가 있다. 예를 들어, 아이가 생일 파티에 친구들을 초대한다면 미리 주의를 주자. "친구들이 올 때마다 반갑게 맞이하고 '와줘서 고맙다'라는 말을 잊지 마라." "선물을 준 사람에게 감사 표시를 해라." 아이들은 마음은 있어도 어떻게 행동하고 무슨 말을 해야 할지 모른다. 여러 가지 사회적 상황에 어울리는 말들을 연습해보게 하자. 상대방의 주의를 집중시켜야 하거나 양해를 구할 때, 상대방이 하는 이야기를 못 들었을 때, 생리 현상에 의한 소리를 냈을 때 사용하는 여러 가지 표현을 가르치자. 이런 말들을 집에서 충분히 연습하면 부모의 감독에서 벗어나 있을 때도 어떻게 말하고 행동해야 하는지 기억할 것이다.

♥예절을 지켜야 하는 이유를 설명한다

예절이 중요한 이유를 가르치면 아이들이 좀더 자발적으로 예절을 지킨다. 레티샤 볼드리지는 "훌륭한 예절은 실제로 훌륭한 인간관계나 다름없다"라고 《예의 바르고 인정 많은 아이로 키우기》라는 책에서 말했다.

그녀는 예절이란 다른 사람들에게 베푸는 선행이라고 표현한다. 다른 사람들을 친절하게 대하면 스스로 기분이 좋아진다는 것을 알게 해주자. "네가 청소를 도와줘서 한나가 고마워하니까 기분이 좋지?"

아이들은 악수를 하면서 "축하합니다" 혹은 "애도를 표합니다"라고 말하는 것의 중요성을 완전히 이해하지 못할 수 있다. 그러한 제스처가 사람들을 연결해주고 친절한 말이나 포옹이 많은 것을 의미한다는 것을 가르쳐주자.

친절과 예절의 중요성을 이해하는 아이의 태도에서는 겉치레가 아닌 배려와 감정이입이 느껴진다. 남을 배려할 줄 아는 사람은 예의를 지킨다. 연결된 아이들이 예의가 바른 이유는 예의가 감수성과 감정이입의 연장이기 때문이다.

사과하는 법 가르치기

"미안합니다!" "제 잘못입니다!" "실례합니다!" 사과는 우리가 저지른 일에 대한 책임을 인정하고 관계를 회복하는 일이다. 사과와 용서는 손상된 인간관계를 치유해준다. 아이들에게 언제 어떻게 사과해야 하는지 가르쳐주자.

♥어릴 때부터 사과하는 법을 가르친다

아이에게 자신이 다치게 한 사람을 안아주고 용서를 빌도록 가르치자. 가정에서 아픔을 달래주고 포옹해주는 모습을 보여주자. 사과하고 포옹하면서 용서를 빌도록 가르치자.

♥ 부모가 본보기를 보인다

우리 자신이 실수한 것을 인정하자. "소리를 쳐서 미안하다. 너한테 그러면 안 되는데…… 하루 종일 힘들게 보냈지만 그래도 너한테 화풀이하면 안 되지." 우리 부부는 이런 말을 아이들에게 자주 했다. 부모가 사과를 할 때 아이들은 누구나 실수를할 수 있으며 실수에 대한 책임을 져야 한다는 것을 배운다. 마음에서 우러난 사과를 받는 아이들은 스스로 사과하는 법을 배운다. 아이의 눈을 들여다보고 어깨를 다독여주고 진심으로 사과하자. 아이는 부모를 보면서 미안하다는 말을 어떻게 해야 하는지 배운다.

♥ 용서하고 화해한다

사과를 하는 것뿐만 아니라 사과를 받아들일 줄 아는 것도 중요하다. 용서하기는 치유 과정의 마무리 단계다. 사과를 받는 사람이 용서하면 원상회복이 된다. 사과를 받으면 "널 용서할게"라든지 "괜찮아"라고 말하게 가르치자. 악수나 포옹을 하거나 어깨를 다정하게 다독여주면 용서의 메시지가 좀더 분명하게 전달된다.

사과를 어떤 식으로 받아주어야 하는지 본보기를 보이자. 아이들은 억울하게 당했다고 생각하면 사과를 받아주려고 하지 않는다. 우리가 그들에게 상대방을 용서해주고 관계를 회복하는 법을 가르쳐야 한다. 알렉산더 포프의 유명한 말이 있다. "잘못은 인지상정이요 용서는 신의 본성이다." 덧붙이자면, "용서하는 것은 친절을 베푸는 것이다." 아이들은 가슴에 원망을 품지 않는 법을 배워야 한다. 용서를 하면 새로 태어난 기분을 느낄 수 있다.

어느 날, 나는 화가 나서 우리 아이를 '말썽쟁이!'라고 불렀다. 그렇게 말하고 나니 가슴이 아팠다(정말 말썽을 부렸지만). 나는 아이를 안아주고 미안하다고 말했지만 여전히 꺼림칙했다. 그때 우리 아이가 어울리지 않게 진지한 목소리로, "괜찮아요, 아빠"라고 말했다. 그 말을 듣고 나는 적이 안심이 되면서 아이들도 실수했을 때 부모의 용서를 받으면 어떤 기분일지 이해할 수 있었다.

사과하고 용서하는 것은 특히 형제들 사이에서 중요하다. 형제끼리 싸웠을 때 화해하고 다시 좋은 감정을 갖고 시작하도록 부모가 옆에서 도와줄 필요가 있다.

친절의 보상

아이들이 친절한 행동을 할 때마다 칭찬을 기대하게 해서는 안 된다. 무엇보다 친절하고 예의 바른 행동을 하는 것은 당연한 일이며, 어떤 보상을 바라고 하는 것이 되면 안 된다. 하지만 긍정적인 반응을 보여주고 대견하다고 말해주는 것은 나쁘지 않다. "네가 자랑스럽다"라는 말을 망설일 필요는 없다.

다섯 살짜리 우리 아들은 친절하기로 유명하다. 종종 학급 친구들의 물건을 들어주거나 정리하는 것을 도와준다. 점심 시간에 하나 남은 쿠키를 친구에게 주기도 했다. 어느 날 그는 나와 함께 친절한 행동에 대해 이야기를 하다가 이렇게 말했다. "그런 일을 하면 눈물이 나오려고 해요."

14장
올바른 성의식 일깨우기

행복하고 성공적인 인생을 살기 위해서는 성과 자신의 성별에 대한 건전한 사고방식이 필요하다. 이 책에서 우리는 성공을 대체로 인간관계에 비추어서 정의했는데, 대부분의 사람들에게 가장 중요한 인간관계는 배우자와의 관계다. 우리가 갖고 있는 성에 대한 의식은 자아관의 큰 부분을 차지한다. 우리는 남자나 여자로서 긍정적으로 느낄 수 있어야만 전반적으로 긍정적인 자아관을 형성할 수 있다.

아이들을 훌륭하게 키우는 부모들은 자녀들에게 성과 성별에 대해 어떻게 가르칠까? 학교에서 아이들에게 어떤 식으로 성에 대해 가르친다고 해도 우선 가정이 본보기가 되어야 한다. 아이들을 가르치기 위해서는 이론뿐 아니라 현실로 보여주어야 한다. 가장 중요한 교훈은 성에 대한 지식이 아니라 우리가 현실에서 아이들에게 보여주는 태도다. 자녀와 함께 성에 관해 이야기하려면 다소 불편하고 어색하기도 하지만 솔직하게 사실대로 이야기하는 것이 좋다. 하지만 아이들은 그런 지식을 책이나 학교 보건 수업에서 얻을 수 있다. 부모로서 해야 할 중요한 역할 중 하나는 우리가 남자와 여자로서 어떤 모습으로 살아가야 하는지를 보여주는 것이다.

초기 성교육

다른 능력들과 마찬가지로 성에 대한 의식도 신생아 때부터 생겨난다. 아이는 부모가 사랑의 손길로 전달하는 메시지에서 신체적 자아에 대해 배운다. 아기의 작은 몸을 보살피고 보듬어주는 부모의 손길은 아기에게 접촉이 좋은 것이며 다른 사람들과 가까이 있으면 편안하고 위로가 된다는 메시지를 주게 된다. 부모는 아기의 등을 쓰다듬고, 안아주고, 젖을 먹이고, 눈을 들여다보면서 작은 아기가 이해할 수 있는 언어로 사랑에 대해 이야기한다.

♥ 성은 주고받는 접촉이다

아기들은 사람들이 신체적인 접촉을 통해 사랑을 표현하며 사랑하는 사람끼리의 접촉을 자연스러운 것으로 배우게 된다. 아기들은 사람과의 접촉에서 위로를 받는다. 조산아들은 엄마가 품에 안고 있으면 숨을 더 편안하게 쉬고, 심장박동이 안정되며, 잠을 더 잘 잔다는 연구 결과가 있다. 아기는 젖을 먹고 엄마의 가슴에 뺨을 대고 잠이 들거나 아빠의 가슴에 편안하게 안겨서 신체접촉을 즐기는 법을 배운다. 애착 양육은 아기들에게 접촉을 편안하게 느끼게 해주는 초기 성교육이다.

♥ 성은 감수성이다

아기들이 배우는 또 다른 성교육은 감수성이다. 부모의 세심한 보살핌을 받는 아기들은 감수성이 발달한다. 자신의 감정과 다른 사람들의 감정을 이해할 수 있다. 그 결과 좀더 원만한 인간관계를 갖게 된다. 자신의 요구와 영역을 솔직하게 표현하고 다른 사람들의 요구와 영역을 존중한다. 사실, 연애는 종종 '상호 감정이입'이라고 표현되기도 한다.

♥ 성은 믿음이다

영아기에 시작되는 건전한 성의식은 믿음에서 싹튼다. 연결된 아이들은 부모에게 신뢰를 배우고 그 신뢰를 다른 인간관계에 적용한다. 믿음은 애정관계에서 필수적인 조건이며, 행복한 인생을 위해서는 믿을 수 있는 사람이 누구인지를 판단할 수 있어야 한다. 어릴 때 끊임없이 부모의 보살핌을 받으면 십대가 되어서 인간관계와 성행위에 대한 부모의 조언을 듣고 따른다. 아이들을 신뢰하고 그들의 요구에 반응하는 부모 밑에서 자라는 아이들은 스스로 자신을 믿는다. 그들은 또래의 압력에 휩쓸리지 않고 사랑과 친밀감을 원할 때 섹스만으로 해결하지 않는다.

♥ 성의식은 호기심에서 시작된다

아이들은 이미 유아기에 자신의 몸을 탐색하기 시작한다. 몸의 기능에 대해 알아보는 것도 성의식의 일부다. 그러면서 아이들은 남자나 여자로서 편안하게 느끼는 법을 배우기 시작한다. 아이들은 자신의 몸이 팔다리, 배, 발가락, 턱, 발목, 성기로 이루어진 것을 알게 된다. 2~5세의 아이들은 남자와 여자가 다르고, 아빠와 엄마가 다르며, 남자 형제와 여자 형제가 다른 점을 발견한다. 엄마는 젖가슴과 모유를 가진 사람이고 아빠는 위안과 즐거움을 주는 사람이라고 느낀다. 엄마의 가슴을 쓰다듬어보고 아빠의 턱수염을 문질러본다.

이처럼 성교육의 많은 부분이 아이가 학교에 들어가기 전에 진행된다. 아이들은 같은 성의 부모를 구분하는 것으로 시작해서 서서히 다른 사람의 몸에 호기심을 갖는다. 남녀의 차이보다 더 흥미로운 것이 있을까? 이 시기의 아이들은 때로 침대나 욕조에서 서로의 몸을 탐색한다. 이런 행동은 순수한 호기심에서 비롯되지만 부모가 어떻게 반응하느냐에 따라 아이들의 성의식에 지속적인 영향을 줄 수 있다.

아이가 친구와 옷을 벗고 '의사 놀이'를 하고 있을 때 애착 양육을 하는 연결되고 분별력 있는 부모들은 어떻게 할까? 화를 내거나 수치심을 주는 말은 하지 않는다. "더럽다" "나쁘다" "부끄럽다"와 같은 말은 하지 않는다. 다른 아이들의 성기가 어떻게 생겼는지 알고 싶어하는 아이들의 입장이 되어보자.

이런 상황에 자연스럽게 대처하자. 남녀의 차이에 대해 이야기하고 사적인 신체 부위에 대해 가르치는 기회로 삼을 수도 있다.

♥ 성은 프라이버시가 요구된다

아이에게 우리가 수영복을 입었을 때 가려지는 부분은 남들에게 보이거나 만지게 해서는 안 된다고 설명하자. 또한 아이들이 몸에 호기심을 느끼는 것은 정상이지만 다른 사람들의 사적인 신체 부위를 들여다보거나 만지면 안 된다고 가르치자. 이것은 어릴 때부터 배워야 하는 중요한 교훈이다. 아이들에게 이러한 경계를 이해시키는 것은 또래들과의 관계에서뿐만 아니라 치한으로부터 자신을 방어하도록 하기 위해서도 필요하다.

이 문제와 관련해서 유아기에 신뢰관계를 수립하고 계속 유지하는 것이 매우 중요하게 작용한다. 많은 아이가 종종 아는 사람들에게서 성적 학대나 성폭행을 당한다. 부모를 신뢰하는 아이들은 엄마와 아빠에게 이런 문제를 비밀로 하면 안 된다는 것을 금방 이해한다. 누가 아이의 사적인 신체 부위를 만지면 부모에게 말해야 한다고 가르치자. 엄마나 아빠와 신상 문제에 대해 편안하고 안전하게 대화할 수 있다면 아이들이 자신을 해치려는 사람들을 좀더 적절히 방어할 수 있다.

부모의 조언 : 아이가 마음놓고 이야기할 수 있게 하라!

아이들은 종종 성적인 문제, 특히 누군가 자신의 몸을 만진 사실을 이야기하면 부모가 어떤 반응을 보일지 두려워서 입을 다물어버릴 수 있다. 우리 부부는 아이들에게 아무리 나쁜 상황이라고 해도 솔직하게 털어놓으면 절대 화를 내지 않겠다고 미리 안심을 시켰다.

가정에서 규칙을 지키게 하는 것은 아이들에게 신체의 프라이버시에 대해 가르치는 한 가지 방법이다. 가정마다 서로 다른 규칙을 갖고 있고, 그러한 경계는 아이들의 나이에 따라 달라진다. 아이에게 다른 가족의 침실이나 욕실에 들어갈 때 노크를 하라고 가르치면 누군가의 사적인 장소에 들어가기 전에 허락을 구해야 한다는 것을 알게 된다. 아이가 뭔가에 열중해 있을 때는 "내가 안아봐도 되겠니?" 하고 물어본 후에 포옹을 하자. 억지로 친구나 친지에게 뽀뽀를 하라고 강요하지 말자. 아이가 그만두라고 하는데도 계속 간질이거나 장난을 걸지 말자.

다른 사람의 몸에 함부로 손을 대면 안 된다고 가르치자. 만일 엄마가 하루 종일 바쁘게 일하고 나서 저녁에 소파에 앉아 잠시 쉬고 싶을 때는 아이에게 그런 기분을 존중해달라고 요구하자. 서너 살 된 아이들은 엄마가 잠시 쉬고 나면 함께 놀아줄 준비가 된다는 것을 이해한다.

♥아기는 어떻게 생기나요?

어떻게 엄마의 뱃속에 아기가 생기는지, 아빠가 어떤 역할을 하는지에 대해 아이에게 언제쯤 이야기하는 것이 좋을까? 아이를 보고 판단하자. 아이들에게 시간이나 중력, 지구의 자전에 대한 이해력이 생기기를 기다리는 것처럼 현명한 부모는 이 문제에 대해서도 서두르지 않는다. 기회를 엿보자. "콜린의 엄마 뱃속에서 아기가 자라고 있는 것을 아니? 아기가 자라는 장소를 자궁이라고 부른단다." 아이들은 보통 짧은 대답을 좋아한다. 아이가 커가면서 좀더 자세하게 질문을 할 것이다.

아이가 십대가 되어서 우리를 믿고 성과 성에 대한 지식을 물어오게 하려면 어릴 때부터 자연스럽게 대화를 나눌 수 있어야 한다. 아이의 눈으로 보고 아이가 무엇을 알고 싶어하고 무엇을 알려줄 필요가 있는지 생각해보자. 9~10세가 되면, 특히 소녀들은 사춘기의 신체 변화에 대해 알아야 한다. 에이즈나 동성애에 관한 이야기를 듣고 질문을 하면 아이가 알아들을 수 있는 말로 설명해주자. 성문제에 대한 이야기는 '나쁜' 것이 아니라는 생각을 갖게 해주자. 아이가 부모를 믿고 필요한 도움을 구하게 하려면 언제라도 성에 대해 솔직하게 토론에 임하는 자세가 필요하다.

성별에 관한 올바른 의식 심어주기

남성적이고 여성적인 것에 대한 사고방식은 지난 반세기 동안 상당히 개선되었다. 그럼에도 불구하고 어린이 소비자들을 상대로 하는 광고주들은 여전히 성별에 관한 고정관념을 부추기고 있다. 그에 반해 부모들과 교사들은 여자도 변호사나 소방관이 될 수 있고 남자도 다정다감하고 남을 배려할 줄 알아야 한다고 말한다. 이런 세상에서 아이들은 어떤 종류의 남성, 어떤 종류의 여성이 되어야 하는지 혼란을 느낄 수밖에 없다.

1960~70년대부터 사회과학자들과 여성운동가들은 남녀의 차이는 길들여지는 것이라고 주장하기 시작했다. 당시에는 남자들은 거칠고 용감하며 여자들은 부드럽고 상냥해야 하는 것으로 알고 있었고, 아이들은 부모와 교사, 매스컴과 다른 주변 사람들의 기대에 부응하면서 성장했다. 그 결과 여자들은 종종 양육, 간호, 가사 등을 제외한 거의 모든 부분에서 남자들보다 능력이 뒤지는 것으로 여겨졌다. 그리고 남자들은 용감해야 하고 절대 슬퍼하거나 울면 안 된다고 생각했다.

하지만 이제 세상은 변해서 여자들도 남자들과 똑같이 학교에서 운동을 하고 경영자와 의사가 된다. 부모들은 딸들에게 주관이 분명하고 독립적인 사람이 되라고 가르친다. 남자들 역시 변해서 다정다감하고 감정적인 면을 드러내고 바깥일만큼 가정을 중요하게 생각하게 되었다. 하지만 현실에서 여성들은 여전히 직장에서 승진 상한선에 부딪히거나 외과 의사보다는 소아과 의사가 되기 쉽고, 남자 직원들에게 출산 휴가를 주는 회사는 드물다. 여자들은 지나치게 마르고 아름다운 모델들이 나오는 광고에 자극을 받아서 외모와 몸매 관리에 집착한다. 남자들은 전보다 더 남성성을 힘으로 정의하고 분노를 제외한 다른 감정을 억누른다.

최근에는 두뇌 활동에 대한 연구를 통해 남녀의 차이를 밝히려는 시도가 이루

아버지를 위한 딸의 조언

어느 날 내가 초보 아빠들을 상대로 하는 연설 준비를 하고 있을 때 스물두 살이
된 딸 헤이든에게 딸을 키우는 것에 대해 남자들에게 어떤 이야기를 해주면 좋을
지 물었다. 헤이든은 이렇게 조언을 했다. "사위로 삼고 싶을 만한 남자처럼 행동
하라고 그러세요."

어지고 있다. 그 결과를 보면 여자는 종종 친교와 감수성을 필요로 하는 일에 좀더
적응을 잘하는 것으로 나타났다. 남자들은 수학적 능력과 공간 지각력이 발달하고
보통 좀더 활동적이고 공격적이다.

남성적이거나 여성적으로 되는 과정에는 분명 선천적·후천적 영향이 모두 작
용한다. 하지만 같은 여성이나 남성이라고 해도 여러 면에서 차이가 있다. 남자들도
여자들만큼 가사를 잘할 수 있다. 여자들도 정교한 구조물을 만들거나 운동을 잘할
수 있다. 부모는 아이들의 개인적인 흥미를 인정해주고 잠재력을 충분히 발휘할 수
있도록 도와주어야 한다. 딸이 운동을 하겠다고 하면 격려를 해주자. 아들이 하키나
농구보다 그림을 좋아하면 그림 도구를 사주고 배울 기회를 갖게 해주자. 무엇보다,
아이들이 어떤 감정을 표현하거나 어떤 포부를 이야기할 때 긍정적인 반응을 보여
주자. 딸이 학생회 회장에 출마하겠다거나 보통 남자들이 하는 일로 알려진 직업을
택하겠다고 말할 때 비웃거나 무시하지 말자. 아들이 분노와 승리감뿐 아니라 실망
감과 상실감을 표현할 수 있도록 해주자.

♥ 결혼생활의 본보기를 보인다

부모는 아이들이 성의 역할에 대해 배우는 최초의 정보통이다. 부모가 배우자와 아
이들을 대하는 방식은 남녀의 역할에 대한 본보기가 된다. 따라서 아이들에게 엄마

와 아빠 각각에게서 똑같이 배울 점이 있다는 생각을 갖게 해주는 것이 중요하다. 아이들은 양쪽 부모에게서 인간관계·운동·진로·학업에 관한 정보를 구한다. 따라서 엄마와 아빠가 서로를 존중하며 각자 특별한 능력을 갖고 있다는 것을 보여줄 필요가 있다.

아이들은 엄마와 아빠의 관계를 보면서 어른들이 서로를 어떻게 배려하는지 배운다. 엄마와 아빠가 서로 안아주고 키스하는 모습은 얼마든지 보여줄 수 있다. 무엇보다 중요한 것은 부부가 서로 이해와 친절로 대하는 것이다.

에린이 여덟 살이었을 때 엄마에게 버릇없이 구는 것을 내가 목격했다. 나는 에린을 한쪽으로 데려가서 말했다. "에린, 내가 사랑하는 여자에게 그런 식으로 하면 안 된다." 덕분에 나는 아내에게 점수를 땄고 10년이 지난 지금도 에린은 아직 그 교훈을 기억하고 있다. 부모가 아이들 앞에서 배우자를 무시하는 모습을 보여주면 안 된다. 그런 행동을 하면 아이들에게 성의 역할에 대한 잘못된 사고방식을 심어줄 수 있을 뿐 아니라, 다른 사람에게 불평하고 비난하고 욕을 해도 된다는 것을 보여주는 셈이 된다. 아이들이 밖에 나가서 다른 사람들을 함부로 대하기를 원하지 않는다면 부부끼리도 말조심을 해야 한다.

우리는 지금 누군가의 예비 배우자를 키우고 있다는 것을 기억하자. 우리의 결혼생활은 아이들의 결혼생활의 본보기가 될 것이다. 완벽한 결혼은 없지만 아이들이 부모의 관계를 보면서 중요한 가치, 즉 상호 존중, 협력, 함께 하는 즐거움, 배우자와 부모의 역할에서 느끼는 행복과 만족감을 배우게 하자.

우리 시어머니는 종종 자신이 아들(나의 남편)에게 "너와 결혼할 여자가 불쌍하구나"라는 말을 했다고 한다. 그럴 수밖에 없었을 것이다. 그녀는 아들을 위해 모든 것을 해주면서 아무것도 가르치지 않았기 때문이다. 나는 우리 아들들이 신부감을 데려오면 그들에게 "정말 훌륭한 신랑을 만난 거다!"라고 축하해줄 것이다. 나는 우리 아들들을 다정다감하고 협조적인 남편감으로 키웠다.

15장
매스컴과 첨단기술 다루는 법

요즘 아이들은 부모와 함께 하는 시간보다 화면 앞에서 보내는 시간이 더 많다. 그렇다면 어느 쪽의 영향력이 더 클까? 텔레비전·영화·비디오 게임 등이 아이들의 성공에 기여하는지 방해가 되는지는 부모와 교사가 그 영향을 얼마나 적절하게 모니터하느냐에 달려 있다. 우리가 우려하는 점들과 매스컴의 영향을 모니터하는 방법에 대해 알아보겠다.

텔레비전 시청을 줄여야 하는 이유

모르는 사람에게 우리 아이들을 맡겨도 될까? 우리가 기대하는 가치관과 위배되는 행동을 선동하는 다른 아이들과 어울리게 해도 될까? 텔레비전 시청을 모니터하지 않으면 바로 그런 식으로 아이들을 방치하는 것과 다름없다.

♥ 통계에 의하면

미국의 시청률 조사에 의하면, 아이들은 평균 일주일에 21~23시간, 하루 약 2~3시간 텔레비전을 본다고 한다. 또 다른 조사를 보면 텔레비전 시청에 컴퓨터, 비디오 게임, 영화까지 합치면 아이들은 화면 앞에서 전일 근무를 하는 것과 같은 시간인 주당 40시간을 보낸다고 한다. 아이들이 고등학교를 졸업할 때까지 교실에서 1만 1000시간을 보낸다면, 텔레비전·비디오·영화·비디오 게임·인터넷 앞에서 보내는 시간은 2만 시간에 이른다.

♥ 이 조사에 대해 숙고해보면

2000년 1월호 《소아과 의학 자료집》에서 스탠퍼드 대학의 연구자들은 아이들의 텔레비전 시청과 비디오 게임 시간을 줄이면 공격적인 행동이 줄어든다고 보고했다. 한 학교의 3, 4학년 아이들에게 텔레비전 시청과 비디오 시청을 줄이게 하고 또 다른 학교의 3, 4학년 아이들은 평소대로 지내게 했다. 7개월 후에 두 그룹을 비교해보았더니 텔레비전과 비디오 시청을 줄인 학생들은 운동장에서 다른 아이들에게 덜 공격적인 것으로 나타났다.

  2000년 7월에 미국 소아과 학회를 비롯한 여러 단체의 지도자들이 워싱턴 D.C.의 공중보건 책임자들과 만나서 어린이들에게 미치는 대중매체의 영향에 관한 30년간의 연구를 검토했다. 그들은 폭력적인 오락물이 아이들의 사고방식·가치관·행동을 공격적으로 만들 수 있다는 결론을 내렸다. 매스컴의 폭력적인 프로그램에 노출된 아이들은 폭력적이 되고 폭력을 분쟁 해결 방법으로 인식하기 쉽다. 또 다른 결과는 우리의 가장 큰 관심사이기도 한데, 아이들이 대중매체의 폭력 장면을 보면서 현실 세계의 폭력에 정서적으로 무감각해진다는 것이다. 연구자들은 아이들이 16세가 될 때까지 화면에서 4만여 건의 살인 장면과 20만여 건의 폭력 행위를 목격한다고 추정한다. 아이들의 성장 발달에 점점 더 영향을 미치는 첨단기술에 대한 우려 때문에 미국 소아과 학회에서는 의사들에게 학생들의 정기 검진에 '미디어 병력'

을 추가할 것을 권한다.

학업 성적이 좋은 아이들은 화면 앞에서 보내는 시간이 훨씬 적다는 보고도 있었다. 대중매체가 자라는 아이들의 정서적이고 신체적인 건강에 미치는 잠재적인 해악에 대해 좀더 자세히 알아보자.

♥ 현실 세계에 대한 왜곡된 인상을 전달한다

우리 아이들이 훌륭하게 성장하도록 도와주는 한 가지 방법은 무엇이 정상이고 무엇이 중요한지 제대로 된 인식을 심어주는 것이다. 하지만 화면은 그 반대다. 텔레비전은 비정상적인 것들을 조명한다. 텔레비전을 지나치게 많이 보는 아이들은 현실을 왜곡되게 이해할 수 있다. 그들은 이 세상을 실제보다 더 추하고 험악한 장소로 생각하게 된다. 8세 이하의 아이들은 환상과 현실을 구별하는 판단력이 부족하다. 특히 텔레비전에서 본 가공의 이야기를 현실로 생각한다.

뉴스와 '실화'까지 포함해서 많은 텔레비전 프로그램들은 세상은 폭력적이고 추악한 장소라는 인상을 준다. 이런 시각을 갖게 되면 행복하고 낙천적인 성격이 될 수 없다. 아이들이 정서적으로 건강하게 자라기 위해서는 세상은 대체로 평화로우며, 끊임없는 자극과 물질적인 만족이 행복해지는 요건은 아니라고 생각할 수 있어야 한다. 아이들을 화면 앞에 붙잡아두는 액션 드라마와 가족관계를 희화화한 시트콤에서 보여주는 가치관은 이러한 믿음과 상반된다.

텔레비전에서 선전하는 빠른 자동차, 맥주 예찬론자들, 날씬한 사람들이 설탕과 기름진 음식을 먹는 광경은 모두 무엇이 훌륭하고 '멋진' 것인지에 대한 판단을 흔들어놓을 위험이 있다. 또한 텔레비전 드라마는 남녀관계의 그릇된 모델을 제시한다. 아버지들은 무능하고 소심하며, 어머니들은 아이들에게 무심한 것처럼 그려진다.

♥ 몸과 마음의 건강을 해친다

다섯 살 아이가 텔레비전을 멍하니 보고 있는 모습을 생각해보자. 아이의 두뇌는 텔레비전에서 보여주는 것을 무조건 수동적으로 받아들인다. 안과 의사들은 텔레비전 시청이 건강한 시각 발달에 지장을 줄 수 있다고 걱정한다. 텔레비전 화면은 이차원이므로 지나치게 오래 보면 삼차원적 시각이 발달할 기회가 부족해진다. 안과 의사들은 과다한 텔레비전 시청이 적절한 안구 운동의 발달을 제한할 수 있다고 말한다. 텔레비전을 시청하는 동안에는 눈을 한곳에 오랫동안 고정시키는데, 이것은 책을 읽을 때 왼쪽에서 오른쪽으로 눈을 움직여야 하는 원리와 맞지 않는다. 따라서 텔레비전 시청이 시각 체계의 정상적인 '배선'에 방해가 될 수 있다.

시각만 문제가 되는 것이 아니라 청각도 마찬가지다. 텔레비전은 청각보다 시각을 주로 사용하는 매체다. 대부분의 텔레비전 프로그램은 그 내용을 이해하기 위해 열심히 귀를 기울일 필요가 없다. 언어 병리학자들은 특히 텔레비전 시청이 말을 배우는 아이들에게 주는 영향을 우려한다. 매우 중요한 의사소통 도구 중 하나는 상대방의 말에 귀를 기울이고 머릿속에 그 이미지를 떠올리는 능력이다. 아이들이 텔레비전 이미지의 폭격을 받으면 그런 능력이 손상된다.

♥ 비만을 촉진한다

연구에 따르면 청소년 비만이 텔레비전 시청 시간과 직접적으로 관계가 있는 것으로 밝혀졌다. 텔레비전 시청은 삼중으로 비만의 원인이 될 수 있다. 첫째, 텔레비전을 보고 앉아 있으면 신진대사가 저하되면서 칼로리가 소모되지 않는다. 둘째, 사람들은 텔레비전을 볼 때 보통 아무 생각 없이 군것질을 하면서 불필요한 칼로리를 섭취한다. 텔레비전을 보고 있으면 식욕을 조절하는 신체 신호를 무시하게 된다. 그래서 자기도 모르는 사이에 감자칩 한 통을 먹어치운다. 셋째, 텔레비전 광고는 음식에 대한 불건전한 메시지를 전달한다. 어린이 프로그램 중간에 방영하는 식품 광고의 대부분은, 영양가는 낮고 설탕과 지방이 높은 정크 푸드다. 그런 광고들은 톡톡히 재미를 본다. 그래서 광고주가 돈을 쓰는 것이다. 이런 식품 광고를 보는 아이들은 정크 푸드를 더 많이 찾는다.

다음은 우리 집에서 텔레비전과 비만의 연결고리를 끊기 위해서 사용한 방법이다. 우리는 텔레비전 앞에 운동 기구(미니 트램펄린, 실내 자전거, 줄넘기)를 갖다놓고 아이들이 텔레비전을 보면서 운동을 하게 한다. 그리고 텔레비전을 보면서 생과일과 야채 외에는 군것질을 하지 못하게 한다. 마지막으로, 정크 푸드 광고를 보면 왜 그런 음식이 '건강 식품'이 아닌지 가르쳐주는 기회로 삼는다.

♥ 수면 장애의 원인이 된다

조사에 의하면 늦게까지 텔레비전을 보는 아이들이 수면 장애에 시달리고 다음날 학습 능률이 떨어지는 것으로 나타났다. 폭력적인 프로그램은 수면 장애를 불러올 수도 있다. 나는 우리 병원에 오는 아이들이 종종 무서운 텔레비전 프로그램 때문에 악몽을 꾸는 것을 알고 있다.

♥ 집중력이 떨어진다

집중력이 부족한 아이들이 점점 많아지고 있다. 책을 읽고 공부하고 귀를 기울이기 위해서는 집중력이 요구되는 것과 반대로, 화면은 오랜 집중력을 필요로 하지 않는다. 텔레비전을 보고 있는 사람의 뇌파를 연구해본 결과, 두뇌 활동이 베타파(기민함과 주의력을 촉진하는 뇌파)에서 알파파로 바뀌는 것으로 나타났다. 알파파는 지루하거나 졸린 사람에게서 볼 수 있는 두뇌 활동이다. 주의력 결핍 장애를 가진 아이들을 도와주는 연구 분야에는 아이들의 두뇌파를 텔레비전을 볼 때와 정반대의 방식으로 초점을 맞추도록 도와주는 신경반응 요법이 있다. 화면을 너무 많이 보는 것과 집중력 장애가 정말 관련이 있을까? 우리는 관련이 있다고 믿는다.

♥ 불건전한 성의식을 조장한다

연구에 의하면 텔레비전 시청자들이 1년에 1만 4천 건의 부적절한 성에 관한 메시지를 보고 있다고 한다. 텔레비전에 나오는 인물들, 줄거리, 의상에 이르기까지 종종 부모들이 원하는 것과는 다른 성의식을 아이들에게 심어줄 수 있다.

♥ 폭력에 무감각해진다

여덟 아이의 아버지이며 30년간 소아과 의사로 일해온 나는 전자 매체가 아이들을 무감각하게 만드는 것이 가장 걱정스럽다. 감수성과 감정이입은 건강한 인간관계와 성공의 열쇠라는 것을 기억하자. 만화는 아이들을 폭력에 무감각하게 만든다. 비디오 게임도 마찬가지다. 장난감 광고는 성별에 관한 잘못된 고정관념으로 가득 차 있다. 어른들을 겨냥한 시트콤들은 남녀가 서로를 알기 위해서는 함께 침대로 뛰어들어야 한다고 말한다.

어느 날 나는 오락실 옆을 지나가다가 들어가서 구경을 하기로 했다. 초등학생

불건전한 영향

이 책을 통해 우리는 아이들을 훌륭하게 키우기 위해 부모가 본보기를 보여줄 것을 강조했다. 안타깝게도 심리적으로 아이들은 부정적인 행동(예를 들어, 분노와 폭력)을 모방하기가 더 쉬우며, 연구와 경험에 의하면 아이들이 좋은 예보다 나쁜 예를 기억하는 경향이 있는 것을 알 수 있다. 긍정적인 행동(예를 들어, 유머와 친절)은 창의성이 좀더 요구되기 때문에 모방하기가 어렵다.

아이가 텔레비전에서 살인 장면을 '단지 몇 번' 보았거나 폭력적인 영화를 '단지 몇 번' 보았다고 해서 무슨 큰일이 일어나겠느냐고 안심해서는 안 된다. 아이 마음을 건전한 본보기들로 가득 채워서 불건전한 본보기가 비집고 들어갈 자리가 없도록 해야 한다.

두 명이 스노우보더가 언덕을 내려오는 비디오 게임을 하고 있었다. 얼핏 보기에는 무해한 것 같았는데, 잠시 후에 스노우보더들은 서로에게 주먹을 휘두르기 시작했다. 도대체 무슨 스포츠맨십이 그런지. 다음 장면에서는 칼싸움과 총싸움을 했다. 이것이 아이들이 재미로 할 만한 것인가? 다음과 같은 시험을 해보자. 다음 번에 아이가 텔레비전에서 폭력적인 프로를 보고 있거나 비디오 게임을 하고 있으면 이렇게 물어보자. "저런 걸 보면 불편하지 않니?" 만일 아니라고 말하면 위험 신호로 생각해야 한다. 치고 박고 총을 쏘고 하는 것이 아무렇지도 않다면 폭력에 무감각해져서 아무 느낌도 없다는 의미다.

이런 식으로 아이들이 폭력에 무감각해지는 과정은 개구리를 물에 넣고 끓이는 우화로 설명할 수 있다. 만일 개구리를 끓는 물에 넣으면 곧바로 튀어나오지만 미지근한 물에 넣고 천천히 데우면 튀어나오지 않는다. 개구리는 점진적인 변화에 적응하면서 도망할 생각을 하지 못한다. 아이들이 폭력에 무감각해지면 정확히 이런 일이 일어난다. 무슨 일이 일어나고 있는지 깨달을 때는 이미 늦은 것이다.

텔레비전과 취학 전 아동

아이들의 눈과 마음은 환상과 현실을 구별하지 못한다. 부모와 보호자들은 특히 초등학생들에게 미치는 매스컴의 영향에 특별히 주의를 기울여야 한다.

♥ 만화영화도 폭력적이다

2~5세의 취학 전 아이들은 하루 평균 1.5시간을 텔레비전이나 비디오를 보면서 보낸다. 그들에겐 종종 총을 쏘거나 칼을 휘두르거나 다른 폭력적인 장면이 나오는 드라마를 보면서 함께 이야기할 보호자가 없다. 혼자서 이해해야 한다. 만화영화에서도 끔찍한 장면들을 볼 수 있다. 현실적으로 모든 만화는 부모의 지도가 필요한 등급에 속한다.

♥ 2세 이하의 아이들에게는 텔레비전을 금지한다?

1999년 미국 소아과 학회는 2세 이하의 아이들에게 텔레비전을 보게 하면 안 된다는 성명을 발표해서 논란을 불러일으킨 적이 있다. 그 이유는 아이들이 종종 불건전한 메시지를 감독하고 해석하고 걸러주는 보호자 없이 '전자 베이비시터' 앞에 앉아 있기 때문이다. 또한 텔레비전 시청이 너무 수동적이며, 아이들이 좀더 유익하고 건전한 활동을 즐기지 않는 것에 대해 걱정했다. 위대한 미국 건축가 프랭크 로이드 라이트는 어릴 때 블록을 갖고 놀던 것이 큰 도움이 되었다고 말한 바 있다. 아이들은 단추를 누르는 것보다는 찰흙놀이에서 더 많이 배운다.

♥ 무기력하게 만든다

아이들은 휴식이 필요하지만 비디오 앞에서 꼼짝도 안 하는 것보다는 좀더 나은 방법들이 있다. 사실 빠르게 변하는 텔레비전 화면의 이미지들은 휴식을 주기보다는 아이들을 긴장시킨다. 비폭력적인 코미디는 아이들과 어른이 함께 보면 휴식이 될 수 있지만 유아들에게 텔레비전은 일반적으로 너무 빠르게 움직인다. 부모가 품에 안고 자장가를 들려주며 흔들의자에 앉아 있는 것이 가장 좋은 휴식이다.

어떻게 텔레비전 시청을 모니터할 것인가

그렇다면 아이들에게 텔레비전이나 인터넷이나 비디오 게임을 모두 금지해야 한다는 말인가? 그렇지는 않지만 아이들이 텔레비전을 가려서 보도록 가르치고 무엇을 얼마나 보는지 모니터할 필요는 있다. 여기 텔레비전을 무해하고 때로는 건전한 영향을 줄 수 있는 가전제품으로 만드는 몇 가지 방법이 있다.

♥ 안 된다고 딱 잘라 말한다

우리 입장을 확고히 지켜야 할 때가 있다. 아이들이 현실과 텔레비전의 환상을 구분한다고 주장해도 그 선은 그들이 생각하는 것처럼 분명하지가 않다. 만일 아이가 "아빠, 그런 건 아무렇지도 않아요"라고 말하면 "어떻게 아무렇지도 않다는 거니?" 혹은 "그것이 문제다"라고 대구하자. 매튜가 여덟 살 때 우리가 권장하는 가치관을 손상시키는 만화영화를 보고 있기에 내가 물었다. "매튜, 저런 걸 보면 네 마음이 오염이 된다. '오염'이 무슨 뜻인지 아니?" 그가 대답했다. "나쁜 것이 들어오는 거죠." 매튜는 내 말 뜻을 이해했다. 만일 아이가 우리가 가르치고자 하는 가치관을 위협하는 것을 보고 있다면 단호한 입장을 취하자. 그런 프로그램은 못 보게 하자. "나는 너를 사랑하고 네가 커서 훌륭한 사람이 되기를 바라기 때문에 이런 것을 보면서 마음을 오염시키게 내버려둘 수 없구나"라고 말하자. 아이들은 무슨 말인지 이해하고 따를 것이다. 이 경우에도 "우리 가족은……"이라는 말로 시작하면 도움이 된다.

♥ 건전한 오락을 찾는다

옛날에는 건전한 가족 오락이 있었다. 하지만 액션 영화 속의 특수 효과, 스턴트, 헐리우드의 블록버스터에 길든 요즘 아이들은 우리가 한때 '건전하다고' 생각했던 놀이들을 지루하게 여긴다. 현실에서의 안전한 일탈이라고 선전하는 프로그램들은 사실 아이들을 흥분시켜서 평화보다는 혼란을 줄 수 있다. 폭력적이고 특수 효과로 충전된 영화와 비디오에 중독된 아이들은 재프로그램이 필요하다. 주말 밤에 〈레이디와 트램프〉〈샬롯의 거미줄〉과 같은 고전적인 비디오를 빌려 보자. 가족이 모여 앉아서 큰 소리로 책을 읽자. 로버트 루이스 스티븐슨의 모험소설이나 해리 포터 시리즈에는 액션 장면이 많이 나오기는 해도 독자나 듣는 사람이 머릿속으로 상상을 하게 해준다.

♥ 검열

만일 아이가 부적절해 보이는 텔레비전 프로그램이나 비디오를 보겠다고 고집을 부리면 의심스러운 프로그램을 검열하는 것이 가족의 방침이라고 말하자. 보통 처음

10분 정도만 보면 아이들에게 적절한 프로그램인지 아닌지 알 수 있다. 영화·비디오·음악 관련 웹사이트에 실린 비평을 참고할 수도 있다.

♥ 아이와 함께 보면서 대화한다

만일 어떤 영화나 프로그램을 먼저 볼 수 없다면 아이와 함께 보자. 우리가 보기에 거슬리는 것은 아이에게도 거슬린다고(거슬려야 한다고) 생각하면 된다. 아이와 함께 보면서 어떤 내용인지, 어떤 문제가 있는지 이야기해보자. 부모가 느끼는 것을 기준으로 삼아서 가족이 볼 수 있는 프로그램을 선택하자. 이 인물들을 우리 아이가 닮기를 원하는지 생각해보고 만일 그렇지 않다면 텔레비전을 *끄거나* 적어도 아이와 함께 보면서 토론을 하자.

♥ 이웃의 텔레비전을 점검한다

우리 아이들이 집에서 보는 것은 어느 정도 관리할 수 있지만 그들이 친구 집에 가서 보는 것을 감시하기는 좀더 어렵다. 부모들끼리 상의해서 아이들에게 보여줄 프로그램을 정하자. 부모가 아이들을 대리 보호자에게 맡기고 나갈 때는 가족의 텔레비전 규칙을 지키게 하자. 나가기 전에 아이들이 있는 자리에서 어떤 텔레비전 프로그램이나 비디오를 보여줄지 이야기하자.

♥ 아이 방에서 텔레비전을 추방한다

아이 침실에 텔레비전을 들여놓는 것은 화를 자청하는 것이나 다름없다. 텔레비전이 우리 눈에 보이지 않는 곳에 있으면 통제할 수 없다. 만일 아이가 방에 텔레비전이 있는 친구 집에서 밤을 보낸다면 그 친구의 부모와 미리 어떤 프로그램을 얼마나 보여줄지 상의하자.

나는 2세 이하의 아이들에게 텔레비전이 적절하지 않다는 미국 소아과 학회의 의견에 동의하지만 부모가 텔레비전을 함께 보면서 즐길 수 있는 방법이 있다고 생각한다. 아이들을 위한 프로그램을 보면서 서로의 생각을 함께 나누자. 아이와 함께 익살맞은 인물들의 흉내를 내보자. 그러면 텔레비전이 전자 베이비시터가 아닌 가족의 오락이 될 수 있다. 특히 아이가 태어나서 처음 2년 동안에는 보호자와의 직접적인 상호작용이 가장 필요하다.

텔레비전의 수동적인 오락은 아이들의 성장 발달을 저해할 수 있다. 하지만 하루 반 시간 정도 가족 프로그램을 보는 것은 아이들과 함께 즐기는 방법이 될 수 있다.

♥ 텔레비전도 잠을 자야 한다

텔레비전을 전자 수면제로 이용하지 않도록 하자. 아무리 건전한 만화영화나 프로그램도 악몽을 꾸게 하는 이미지를 담고 있다. 하지만 부모가 몹시 피곤할 때 아이들이 비디오를 보다가 잠이 들면 한숨 돌릴 수가 있다. 나는 아직도 매튜가 세 살일 때 〈레이디와 트램프〉를 보다가 잠들던 모습을 기억한다. 하지만 항상 이런 식으로 아이들을 재우는 것은 좋지 않다. 아이들에게 "텔레비전도 잠을 자야 한다"라고 말하고 대신 이야기 책을 읽어주자.

♥ 버릇을 일찍 들인다

'어느 정도가 텔레비전을 많이 보는 것인가?'라고 궁금해할지도 모르겠다. 텔레비전 중독을 치료하는 것보다 예방하기가 더 쉽다고는 하지만 아이들은 금방 텔레비전에 시들해진다. 일반적인 지침은 다음과 같다.

- 태어나서 2년까지 : 하루 15분
- 2세에서 5세까지 : 하루 30분
- 5세 이상 : 하루에 한 시간만 보거나 교육적인 프로그램을 녹화해두었다가 주말이나 휴일에 본다.

때로 부모들은 텔레비전 시청 시간을 제한하기보다 무조건 보지 말라고 말하기 쉽다. 부모가 전자 괴물을 통제할 수 있다는 것을 기억하자. 플러그는 언제라도 뽑을 수 있다.

♥함께 움직인다

아이들의 텔레비전 시청 시간을 줄이는 가장 효과적인 방법은 다른 할 일을 주는 것이다. 친구들을 불러서 놀게 하자. 방과후나 여름 방학에 아이들을 데리고 매일 한 시간 이상 공원에 가서 놀자. 밖에서 농구를 하거나 자전거를 타거나 뭔가를 만들거나 요리를 하거나 책을 보거나 컴퓨터로 양방향 게임을 하자. 방과후에 운동과 음악을 배우게 하자. 가족이 함께 나들이를 가자. 어떤 아이들은 혼자서도 잘 놀지만 만일 아이가 소파에서 텔레비전만 본다면 부모가 시간과 에너지를 투자해서 함께 움직여야 한다.

♥텔레비전도 교육적일 수 있다

물론, 텔레비전에도 긍정적인 면이 있다. 다큐멘터리와 그 밖의 교육적 프로그램들은 집에 앉아서 세상을 구경할 수 있게 해준다. 아프리카의 야생에서 뛰어다니는 기린들, 그랜드 캐니언의 절경, 뉴스와 스포츠 생중계 등등 흥미로운 교육 프로그램을 보면서 가족이 다양한 주제를 놓고 토론할 수 있고 아이들은 좀더 배우고 싶은 마음이 생기게 된다. 정치적 논쟁이나 선거 운동에 대해 아이들과 함께 토론해보자. 그들의 의견을 들어보고 우리 의견을 들려주자. 종종 선정성과 폭력성이 짙은 심야 시간대의 뉴스는 피하는 것이 좋겠지만 다른 뉴스 프로그램은 학습 기회가 될 수 있다. 아이들과 시사문제를 토론해보면 그들의 도덕관과 세상에 대한 이해 정도를 엿볼 수 있다. 그리고 우리가 권장하는 가치관을 강화하는 기회가 될 수 있다.

다른 육아 방법과 마찬가지로 텔레비전 시청에 대한 결정은 균형 잡힌 접근이 요구된다. 교육적인 프로그램을 적절히 시청하면 세상을 보는 시야가 넓어질 수 있다. 부모가 저녁 준비를 하거나 피곤한 몸을 쉬는 동안 텔레비전을 전자 베이비시터로 사용하는 것은 어쩔 수 없는 현실이기도 하다. 영화 관람은 건전한 가족의 오락이 될 수 있다. 하지만 아이가 무엇을 얼마나 보는지 감독해야 한다. 아이의 특성과 감성을 감안해서 건전한 아동용 비디오를 골라주자. 가족이 함께 건전한 텔레비전 프로그램을 즐기고 다른 활동도 함께 하자.

집에도, 교실에도, 내 손에도 컴퓨터!

첨단기술이 우리 가정을 점령하고 있다. 하지만 컴퓨터 교육은 성공 도구의 명단에서 하위에 있다. 이렇게 말하면 어떤 부모는 놀라고 어떤 부모는 동의하지 않을지도 모른다. 하지만 우리가 계속 강조하듯이 인생의 성공과 행복을 결정하는 것은 인간관계이며 기술이 아니다. 컴퓨터는 언제라도 비교적 쉽게 배울 수 있지만 반드시 어릴 때 터득해야 하는 좀더 중요한 능력들이 있다. 책을 읽고, 생각하고, 다른 사람들을 이해하고, 동정심을 느끼는 능력 말이다. 그런데 아이들이 사람보다 기계를 더 편하게 느끼면서 자란다면 분명 문제가 있다.

그나마 좋은 소식은 컴퓨터가 모든 부문에서 작업 능률을 크게 향상시켜준다는 것이다. 백과사전이 단 한 장의 시디롬으로 압축되고 숙제하기가 수월해졌다. 또 쓰기와 고쳐 쓰기가 간편해지고, 학기말 보고서를 좀더 근사하게 꾸밀 수 있다. 이메일은 돈을 들이지 않고 전 세계인들을 연결한다. 아이들은 물론 어른들도 컴퓨터로 오락을 즐길 수 있다. 하지만 컴퓨터가 아이들에게 유익한 성공 도구가 되게 하려면 부모의 관심이 필요하다.

우리가 만나본 교육자들은 첨단기술을 너무 일찍 가르치고 너무 많이 사용하면 아이의 학습 능력 발달에 지장을 줄 수 있다고 걱정한다. 다음은 그들과 뜻을 함께 하는 의견들을 요약한 것이다.

♥ 두뇌 발달에 지장을 줄 수 있다

일부 교육 전문가들은 아이들이 컴퓨터를 너무 일찍부터 너무 많이 사용하면 언어 능력과 사회적 능력에 걸림돌이 될 수 있을 뿐 아니라 신경 계통의 정상적 발달을 저해할 수 있다고 말한다. 전자 학습을 받는 아이들은 청각 지능보다 시각 지능이 더 많이 발달하게 된다. 이들은 성장기 아이들의 두뇌 발달에는 컴퓨터 학습이 적절하지 않다고 생각한다.

♥ 두 가지 견해

교육자들 사이에는 서로 대립된 견해가 있는 듯하다. 첨단기술을 찬성하는 사람들과 반대하는 사람들이 있다. 찬성론자들은 학교와 가정에서 컴퓨터를 일찍부터 많이 사용할수록 '현실 세계'로 나아갈 준비를 할 수 있다고 주장한다. 세상은 점점 더 기술에 의해 지배되고 있으므로 아이가 컴퓨터를 일찍 배우고 익숙해질수록 유리하다는 것이다.

반대론자들은 첨단기술이 주는 즉각적인 만족과 멀티미디어 중독이 아이들을 '비현실적'으로 만든다고 주장한다. 다른 아이들과 어울리면서 현실 경험을 하기보다는 가상 세계에서 움직이기 때문이다. 따라서 가정과 학교에서 아이들의 성장 발달에 따라 적절하게 컴퓨터를 사용해야 한다고 경고한다. 그들은 아이들을 사람이 아닌 기계와 연결된 무감각한 기술의 노예로 훈련시키고 있는 것에 대해 우려한다. 최적의 두뇌 발달을 위해서는 모든 감각을 사용할 필요가 있으므로 아이들은 먼저 뛰고 춤추고 블록 쌓기와 술래잡기를 하고 노래하고 달리고 함께 어울리는 단계를 거칠 필요가 있다.

제인 힐리 박사는 《연결 부족 : 컴퓨터가 아이들의 사고에 미치는 영향과 대책》이라는 저서에서 컴퓨터 반대론의 입장을 피력하고 있다. "요즘 아이들은 방만한 실험의 대상이 되고 있다. 다채로운 멀티미디어 세상 속에서 배회하는 '학습' 방법은 아이들을 정신적으로 혼란스럽고 미숙하게 만든다. 안이하고 하찮은 즐거움을 주면서 바보로 만드는 것이다." 하지만 컴퓨터 찬성론자들은 아이들을 미래의 현실에 대비하게 하는 데에 좀더 비중을 둔다. 반대론자들은 이러한 시류에 제동을 걸면서 아이들을 아이답게 키우자고 말한다.

♥ 에듀테인먼트 대 교육

교육 전문가들은 아이들을 가르친다는 명목으로 주로 오락을 제공하는 소프트웨어를 말하는 '에듀테인먼트'에 우려를 표시하고 있다. 아이들이 그래픽과 특수 효과에 지나치게 의존하면 논리적인 사고를 이해하는 데 문제가 생긴다는 것이다. 그 때문에 단순히 사실을 설명하고 가르치는 교사들은 컴퓨터의 경쟁 상대가 되지 못한다. 컴퓨터는 아이들에게 비현실적인 즉각적 만족감을 준다. 열심히 공부하고 생각해서 문제를 해결하게 하는 대신 손쉽게 정보를 제공한다. 끊임없이 움직이는 천연색 화면으로 자료를 제공받는 학생들은 점점 더 교과서와 교사를 지루해할 것이다. 교사들은 아이들을 가르치기보다는 컴퓨터와 경쟁하면서 '즐거움'을 주어야 하는 처지가 되었다.

이러한 경향이 문제가 되는 이유는 첨단기술의 오락성이 우리가 현실에서 어떤 문제를 해결하려면 노력이 필요하다는 사실을 덮어버릴 수 있기 때문이다. 따라서 가정과 학교에서 컴퓨터를 일찍 사용할 때의 장단점을 기억할 필요가 있다. 컴퓨터는 정보를 신속하게 제공해주고, 흥미로운 시각적·청각적 특수효과로 아이들의 주의를 사로잡을 수 있다. 하지만 아이들이 모든 학습을 재미와 동일시해서 노력하기 싫어하게 될 수도 있다.

♥ 산만한 아이를 더욱 산만하게 만든다

교사들은 산만하고 폭력적인 아이들이 점점 더 증상이 심해지고 있다고 걱정한다. 손가락으로 클릭만 하면 끊임없이 움직이는 그래픽 화면은 주의력이 부족한 아이들에게 듣기보다 훨씬 재미있게 느껴진다. 게다가 총을 쏘고 부수고 폭발하게 할 수 있다. 아이들이 머릿속으로 상상하지 않아도 컴퓨터가 대신해준다. 컴퓨터 찬성론자들은 청각 학습보다 시각 학습이 학습에 문제가 있는 아이들에게 도움이 될 수 있다고 말한다. 반면에 반대론자들은 과잉 행동과 주의력 결핍 아동들의 특징인 즉각적 만족을 추구하는 충동을 부추길 수 있다고 경고한다.

♥ 읽기 능력이 떨어진다

교육 전문가들은 아이들이 책으로 읽기와 화면으로 보기 중에 어떤 방법으로 배우는 것이 더 효과적인지에 대해 왈가왈부한다. 연구 조사를 해보면 책으로 읽기가 우세한 것으로 나타난다. 학생들에게 어떤 정보를 화면에서 보게 했더니 책으로 같은 정보를 읽었을 때보다 기억력과 이해력이 떨어졌다. 교육가들은 컴퓨터에 익숙해진 아이들이 책읽기를 지루하게 느끼는 것을 염려한다.

이와 관련해서, 일정한 형식을 갖춘 책을 읽는 것과는 달리 이것저것 클릭을 하는 인터넷 서핑은 아이들에게 두서없이 사고하게 만든다는 이야기도 있다. 반면 첨단기술 찬성론자들은 멀티미디어가 끊임없이 변하는 장면과 소리로 아이들의 주의를 좀더 오래 붙잡을 수 있다고 주장하면서 종종 양방향이라는 용어를 강조한다. 그들은 보여주고 말하는 매체를 이용하는 것이 단순히 설명을 듣거나 읽는 것보다 학습 효과가 높다고 주장한다. 하지만 실제로는 어떤 이야기를 듣거나 책으로 읽을 때보다 비디오로 볼 때 아이들의 이해력이 떨어지는 것으로 나타났다.

♥ 빠른 것보다 늦는 편이 낫다

아이의 성장하는 두뇌와 인격은 사람들의 반응과 접촉을 필요로 한다. 4~7세의 아이들(컴퓨터 회사에서 겨냥하는 주 고객층)은 상상하고 탐구하고 배우고 말하는 연습을 하고, 충동을 조절하고, 행동하기 전에 생각하고, 자신과 다른 사람들의 감정을 이해하고, 화해하는 법을 배워야 한다. 정서 발달의 기회를 다른 곳에 빼앗기지 않도록 해야 한다. 9~12세 사이의 아이들(컴퓨터 회사의 또 다른 주 고객층)은 더 높은 차원의 도덕적 추론이 발달하기 시작한다. 가치관을 탐색하고 도덕적 문제로 고민하고 사회적 양심과 능력이 발달한다. 폭력적이고 즉흥적인 컴퓨터 게임으로 시간을 보내면서 이러한 발전의 기회를 놓치게 해서는 안 된다.

이 단계를 거치는 아이들은 기계보다는 사람들과 연결하는 법을 배워야 한다. 방에서 기계와 함께 고립되어 있으면 반사회적인 성향이 될 수 있다. 현명한 부모들과 교육자들은 아이들이 컴퓨터와 비디오 게임에 지나치게 노출되기 전에 사람들과 어울리게 해야 한다고 말한다. 무엇보다 사람들과 어울리고 공부에 재미를 붙이도록 해야 한다. 그 다음에 케이크 위에 장식을 하듯 컴퓨터를 배우게 해주자. 힐리 박사는 한마디로 요약해서 이렇게 말한다. "너무 지나치지 않게, 너무 이르지 않게, 너무 비인간적이 되지 않도록 해야 한다."

♥ 시간을 낭비한다

마지막으로 걱정해야 하는 것은 아이들이 사회성과 운동력 발달에 사용해야 하는 귀한 시간을 컴퓨터 게임과 비디오 게임에 낭비할 수 있다는 것이다. 이러한 게임들은 즉각적인 보상으로 아이들을 만족시키면서 게임을 계속하게 만든다. 게다가 '다음 단계로 올라가기 위해서는' 무언가를 폭발하게 하거나 죽여야 한다.

부모들과 교사들이 할 수 있는 일

앞에서 이야기했듯이, 교양을 갖추고 사회적으로 원만한 사람이 되기 위해서 아이들은 배움에 대한 사랑, 문제 해결 능력, 사회성, 감정이입과 대인관계, 컴퓨터 능력까지 배워야 한다. 아이들이 탐구적이고 건설적으로 컴퓨터를 이용하도록 하기 위해 부모가 할 수 있는 역할에 대해 생각해보자.

♥ 서두르지 않는다

아이가 사회성을 배울 수 있는 기회를 희생하면서까지 컴퓨터를 가르치려고 조바심을 내지 말자. 첨단기술 산업은 아이들과 부모들에게 컴퓨터 교육이 성공으로 가는 지름길이라는 암시를 준다. 하지만 아이들이 인생에서 성공할 수 있는 열쇠는 기계가 아닌 사람들과의 관계라는 것을 염두에 두어야 한다. 더욱 빠르고 효율적인 컴퓨터칩이 개발될 때마다 컴퓨터를 업그레이드해주는 것보다 다른 사람들과 의미 있는 관계를 갖게 하는 것이 훨씬 중요하다.

"컴퓨터 사용법을 일찍 가르치지 않으면 아이가 학교에 가서 뒤처지지 않을까요?" 연구를 해본 결과 컴퓨터를 일찍 시작하지 않으면 학교에 가서 불리하다는 생각은 잘못된 것으로 드러났다. 10세에 컴퓨터를 시작해도 5세에 시작한 아이들만큼 잘할 수 있다. 초기의 컴퓨터 학습이 나중까지 연결된다는 과학적 증거는 없다. 하지만 어린 시절의 언어와 사회적 능력은 평생 영향을 미친다는 과학적 증거가 있다. 교육자들은 컴퓨터가 학교와 비즈니스 세계에서 유용한 도구라고 믿지만, 너무 일찍 너무 오래 사용하면 집중력과 상상력이 떨어질 수 있다고 지적한다.

♥ 화면 앞에서 보내는 시간을 제한한다

텔레비전을 제한하는 것과 마찬가지로 균형을 잡는 것이 중요하다. 아이가 컴퓨터 화면 앞에서 보내는 시간을 제한해서 중독되지 않도록 하자. 만일 아이 방에 컴퓨터를 놓아준다면 어떻게 사용하고 있는지 감독하는 것이 좋다. 아이와 함께 컴퓨터를 양방향으로 사용하고 함께 탐색에 참여하자. 유아용 소프트웨어를 구입하는 것을 보류하고 대신 아기를 안고 다니자.

♥ 기계 조작보다 사고력이 우선이다

1학년 아이 둘이 가족 그림을 그리는 숙제를 하고 있다고 하자. 컴퓨터 도사인 한 아이는 하드디스크에서 오려붙이기를 끌어다가 기술적으로 완벽한 그림을 조립한다.

또 다른 아이는 빈 종이에 그림을 그리기 시작한다. 그는 머릿속에 자신이 그리려는 이미지를 떠올리고 종이 위에 옮긴다. 두 가지 방법 모두 학습적 가치가 있지만 빈 종이에 크레용으로 그림을 그리려면 더 많은 두뇌 연결이 필요하다.

♥ 왜 기다려야 하는가?

문제는 컴퓨터를 배워야 하는지 말아야 하는지가 아니다. 컴퓨터를 언제 시작해서 얼마나 사용하는지가 문제다. 점차 많은 교육자들이 아이들에게 먼저 '구식' 교육 —스승과 제자의 상호작용과 학생간의 상호작용—을 시키고 컴퓨터는 7~10세에 배우게 하는 것이 좋다고 생각한다. 결론은 컴퓨터가 청각보다 시각을 주로 사용하게 만들기 때문에 7세 이전에는 적절하지 않을 수 있다는 것이다. 우리는 아이들이 물건보다 사람과 연결하고 기술의 노예가 되기보다 주인이 되도록 가르쳐야 한다.

비디오 폭력

경고 : 비디오 게임은 아이들의 정서 건강을 해칠 수 있다.

담배갑에 쓰인 경고와 마찬가지로, 이것은 충분히 근거가 있는 이야기다. 텔레비전은 아이들의 정서에 여러 가지로 해롭고 비만과 공격성을 부추긴다는 비난을 받고 있다. 하지만 다른 전자제품들이 텔레비전보다 아이들에게 더 유해할 수 있다.

♥ 걱정스러운 통계

비디오 게임은 텔레비전 다음으로 오락산업을 주도하고 있다. 아이들 가운데 절반이 방에 비디오 게임기나 컴퓨터를 갖고 있다. 아이들의 텔레비전 시청과 비디오 게임에 대한 부모들의 태도를 비교해본 한 조사에 의하면 텔레비전 시청에 비해 비디오 게임에 대해서는 절반 정도만 규제하며 게임의 종류도 제한하지 않는 것으로 나타났다. 인기가 높은 비디오 게임의 80퍼센트는 공격성과 폭력이 주된 내용을 이루며, 그 중 20퍼센트는 폭력과 공격에 희생되는 상대가 여성이다. 조사에 의하면 미국 소년들 네 명 중 한 명이 지극히 폭력적인 비디오 게임을 하고 있다. 또한 폭력적인 게임의 판매가 늘고 있다. 미국 어린이들은 평균적으로 18세까지 화면에서 20만 건의 폭력 장면과 4만 건의 살인 장면을 보게 된다.

♥ 걱정스러운 연구 결과

많은 연구들이 비디오 게임의 폭력성 수준과 그것을 시청하는 아이들의 공격성 정도에 분명한 상관관계가 있다는 것을 보여주었다. 아칸소 주립대학의 심리학자인 데이비드 그로스만은 《아이들에게 살육을 가르치지 마라》라는 책에서 살인 의지는 본성이 아니지만 폭력에 반복적으로 노출되고 무감각해지는 것을 통해 배울 수 있다고 지적한다. 그는 군인들에게 살인을 가르치는 방법에는 총을 쏘는 것이 조건 반사가 되도록 훈련시키는 것이 있다고 말한다. 해병대에서는 폭력적인 비디오 게임을 이용해서 신병들에게 죽이는 법을 가르치고 살인 행위가 자연스럽게 느껴질 때까지 반복적으로 연습을 시킨다고 한다. 분명 이러한 신기술은 군인과 경찰보다 아이들이 사용할 때 훨씬 더 위험해진다. 그로스만은 폭력적인 비디오 게임을 '살인 모의 장치'라고 부른다.

비디오 게임을 감독하지 않으면 아이들에게 어떤 피해를 줄지 생각해보자.

♥ 아이들을 폭력적으로 만든다

폭력성은 선천적이 아니라 길들여지는 것이다. 폭력적인 비디오 게임을 하는 아이들은 폭력을 재미나 '정상적인 생활'의 일부로 여기게 된다. 우리는 군인들을 훈련시키는 것이 아니라 아이들을 키우고 있다. 폭력적인 비디오를 감독하지 않은 결과는 아이들을 군인으로 훈련시키는 것과 같다. 이런 현상을 심리학과 생리학에서는 '작위적 조건화'라고 부른다. 자극-반응 훈련을 시켜서 어떤 긴장 상황이 일어나면 아무 생각 없이 행동하게 만드는 것이다. 이런 식으로 조종사들이 비행 시뮬레이터로 조종 훈련을 하고 미국 군대에서 군인들이 전투 훈련을 한다.

비디오 게임에 중독되면 자극을 받았을 때 언제라도 총을 쏘거나 때리는 조건 반사를 일으키지 않을까? 누가 자기 여자친구에게 치근거리는 것을 보면 방아쇠를 당기는 '즉흥적인 재연'을 하게 되지는 않을까? 한창 영향을 받기 쉬운 성장기의 아이들이 이러한 무시무시한 신기술에 중독되면 현실에서 문제가 생겼을 때 반사적으로 그런 폭력적인 장면들을 재연하지 않을지 걱정스럽다.

♥ 발달에 부적합하다

아이들은 본능적으로 어른들의 행동을 흉내 내며 폭력적인 장면일수록 쉽게 머릿속에 저장한다. 그리고 아직 환상과 현실을 완전히 구분하지 못하므로 비디오 게임을 하면서 그 행위의 옳고 그름에 대한 도덕적인 분별력이 부족하다. 폭력적인 화면은 영향을 받기 쉬운 아이들에게 그릇된 메시지를 심어준다.

즉흥적인 재연

성장기 아이들의 두뇌는 마치 커다란 비디오 도서관과 같다. 아이들은 눈에 보이는 것을 모두 머릿속에 저장해두었다가 나중에 끄집어낸다. 만일 아이들이 반복적으로 폭력적이고 선정적인 그래픽 장면을 보게 되면 그런 내용들이 도서관 선반의 많은 공간을 차지한다. 그래서 나중에 비슷한 상황에 맞닥뜨렸을 때, 예를 들어 학교 친구나 여자친구와 충돌이 생기면 즉시 비디오 도서관에 저장해두었던 비슷한 장면을 재연해서 폭력을 휘두를지도 모른다. 순간적으로 광포해져서 끔찍한 범죄를 저지르는 범인들은 이미 잠재의식에 프로그램이 된 것을 반사적으로 재연하는 것일 수도 있다.

♥ 생리적으로 불안정한 상태가 된다

폭력적인 비디오 게임을 할 때 분비되는 '흥분 호르몬'은 악몽 · 두통 · 복통 · 식욕부진 · 피로와 같은 증상을 유발한다. 폭력적인 장면을 보고 있을 때 일어나는 생리적인 반응에 대한 연구에서 폭력적인 비디오 게임이 심장혈관계를 압박해서 혈압이 빨라지고 호흡이 가빠지는 생리적 반응을 일으키며 스트레스 호르몬인 아드레날린의 분비를 촉진한다는 사실이 밝혀졌다. 1998년의 한 연구는 비디오 게임을 하고 있는 아이들은 흥분 호르몬이라고도 불리는 두뇌 신경 전달물질인 도파민의 분비가 는다는 것을 알아냈다.

♥ 텔레비전보다 위험하다

텔레비전은 폭력을 화면을 통해 수동적으로 보게 되지만 비디오 게임은 상호작용을 하게 된다. 단추를 누르거나 마우스를 클릭해서 총을 쏘고 죽이고 부순다. 많이 죽일수록 점수가 올라간다. 오락실은 더욱 위험하다. 부모의 감독이 없는 데다 조이스틱은 총이나 다름없이 목표를 겨냥해서 쏠 수 있게 만들어져 있다. 텔레비전의 일부 폭력적 프로그램은 적어도 대부분 권선징악으로 끝나지만 비디오 게임에서는 악인이 종종 이기거나 적어도 '높은 점수'를 받는다. 사실 텔레비전보다 비디오 게임에서 폭력적인 캐릭터가 훨씬 더 영웅시된다.

♥ 습관성이 된다

아이들 중에 60퍼센트 이상은 처음 비디오 게임을 시작할 때 마음먹은 것보다 더 오래 한다고 말한다. 일단 게임에 빠져들면 덫에 걸려서 끝없이 계속하고 싶어지기 때문이다. 그런 게임들은 세상을 통제하고 싶어하는 아이들의 심리를 만족시켜준다. 폭력적인 비디오 게임은 마약이나 마찬가지다. 아이가 어느 수준의 폭력에 도달해서 지루해지면, 즉 심리학적으로 습관성이라고 알려진 단계에 이르면 다시 전에 느꼈던 흥분을 갈구하면서 점점 더 많은 '마약'을 필요로 한다.

♥ 자긍심이 떨어진다

가장 걱정스러운 사실은 열등감과 욕구 불만이 있는 아이들이 비디오 게임에 더 끌리기 쉽다는 사실이다. 제인 힐리 박사는 《위험한 마음》이라는 책에서 폭력적인 비디오 게임을 찾는 소년들은 학교에서나 대인관계에서 열등감을 느끼는 아이들이 많다고 한다. 또 다른 연구에 의하면 소녀들도 비디오 게임이나 컴퓨터 게임을 하는 시간이 많을수록 자긍심이 떨어지는 것으로 드러났다.

♥ 그릇된 역할 모델을 제공한다

역할수행게임(RPG)에서는 아이들이 폭력적인 캐릭터의 역할을 선택할 수 있다. 그러한 캐릭터의 역할은 특히 현실에 만족하지 못하는 아이들에게 매력적으로 느껴진다. 폭력적인 캐릭터가 멋지고 훌륭한 것처럼 생각된다. 또한 비디오 게임을 하는 동안에는 즉각적인 만족을 얻고 자신이 맡은 역할을 능숙하게 처리할 수 있다. 하지만 현실 세계에서는 그렇지 않다. 종종 기다려야 하고 항상 즐거울 수만은 없다.

♥ 세상은 무섭다는 인식을 심어준다

자라는 아이들은 세상을 친절하고 안전한 곳으로 느낄 수 있어야 한다. 폭력적인 게임은 아이들이 현실 세계를 폭력적이고 두려운 곳으로 인식하게 만든다. 매스컴 연구자들은 아이들이 세상을 폭력적이고 위험한 곳으로 알고 성장하는 것에 우려를 표시한다.

많은 소아과 의사가 화면에서 보는 폭력을 흡연이나 암과 같은 등급의 공중보건의 문제로 분류한다. 사실 미국 소아과 학회는 의사들에게 학생들의 정기 검진에서 '미디어 병력'을 기록하라고 조언한다. 예를 들어 그래픽의 발달로 어떤 게임은 캐릭터들의 몸에 사람들(싫어하는 아이들이나 교사들과 같은)의 얼굴 사진을 '합성'해서 머리통을 날려버릴 수 있게 만들어져 있다.

♥부모들의 대책

아이들이 술이나 마약에 빠지지 않도록 예방 조치를 하듯이 폭력적인 비디오 게임에 노출되지 않도록 감독하자. 다음과 같은 방법을 시도해보자.

- **딱 잘라서 안 된다고 말하자** 금지 사항을 목록으로 만든다. 침실에서 텔레비전을 보거나 비디오 게임을 하지 말 것, 폭력적인 비디오 게임을 하지 말 것, 감독을 하지 않는 오락실 출입 금지 등등.
- **덜 폭력적인 활동을 제공한다** 운동, 예능 수업, 사회 활동으로 바쁘면 비디오 게임을 덜하게 된다. 아이의 특별한 재능을 발견해서 키워주자. 화면 앞에서 벗어나 자신감을 키울 기회를 주자.
- **화면을 모니터한다** 텔레비전 프로그램이나 영화를 검열하는 것처럼 아이와 함께 비디오 게임을 보면서 폭력적인 장면에 대해 토론하고 비디오 폭력이 해로운 이유를 설명해주자. 우리 병원에 오는 한 엄마는 아들에게 "나는 네가 커서 얼간이가 되도록 그냥 두고 볼 수 없다"라고 말했더니 아이가 동감하더라고 말했다. 게임이 어떤 느낌을 주는지 이야기해보자. 무엇보다 아이가 무감각해지지 않도록 하자. 만일 그런 장면이 아무렇지도 않다고 말하면 "그러면 문제가 있다"라고 말하자.
- **비디오 게임을 사주지 말고 빌려준다** 비디오 게임을 사주기 전에 빌려서 먼저 검열을 해보자. 게임 전체를 미리 확인해보자. 비디오 게임은 폭력 수위가 끝으로 갈수록 점점 강해진다. 게임을 보면서 아이와 대화를 나누어본다.
- **시간을 정한다** 예를 들면, 아이가 화면 앞에서 보내는 시간을 한 시간으로 정해주고 그 시간을 지키게 한다.
- **등급을 신중하게 평가한다** 등급만 믿고 경계를 늦추면 안 된다. 등급이 참고가 될 수는 있지만 전체 이용가로 표시된 게임도 확인해볼 필요가 있다. 등급 판정가들이 무해하다고 생각하는 폭력 등급도 우리 가정에서는 적절하지 않을

수 있다.

- 그룹 게임을 장려한다 여러 명이 함께 참여하는 게임을 하게 해서 적어도 사회성을 배우게 하자. 물론 덜 폭력적인 게임을 골라주어야 한다.

가정에서 폭력적인 비디오 게임을 허락하는 것은 일종의 아동학대가 될 수 있다. 사실 그것은 시각적인 학대나 다름없다. 아이들이 폭력적인 비디오 게임에 중독되지 않도록 하려면 폭력성에 무감각해지는 것을 막아야 한다. 최선의 대비책은 애착 양육이다. 첨단기술이 우리 가정을 점령하고 있다. 비디오 게임은 이미 우리 곁에 있고, 기술 경쟁은 막을 수 없다. 우리가 할 수 있는 일은 과속 방지턱과 휴게소를 만들어서 속도를 늦추어주는 것이다. 첨단기술에는 우리가 받아들여야 하는 희망적인 면이 있는가 하면 경계해야 하는 어두운 면도 있다.

역자 후기

아동발달 심리학에서 말하는 애착이란 개념은 1969년 영국의 정신과 의사 존 보울비(John Bowlby)의 이론이 발표된 이래 지속적인 관심과 연구의 대상이 되어왔다. 애착 이론(attachment theory)은 오스트리아 학자 콘래드 로렌츠(Konrad Lorentz)의 동물행동학에 뿌리를 두고 있다. 로렌츠는 인공 부화로 갓 태어난 새끼 오리들이 태어나는 순간에 처음 본 움직이는 대상, 즉 사람인 자신을 마치 어미 오리처럼 졸졸 따라다니는 것을 관찰했다. 그는 이런 생후 초기에 나타나는 본능적인 행동을 각인이라고 불렀다. 보울비는 인간의 유아에게서도 이런 비슷한 경향이 있음을 보고 애착 이론을 내놓게 되었다.

아이들의 경우, 초기에 형성된 보호자와의 상호작용이 그 이후에 계속해서 사회성과 지능과 행동 발달에 걸친 모든 부문에 중요한 영향을 미친다. 아이들은 최초의 보호자를 통해 세상과 소통하는 법을 배우기 시작한다. 보호자의 세심한 보살핌을 받으면서 남을 배려하는 법을 배우고 정서적으로 안정된 아이들은 자신감과 자긍심이 발달하고 타인을 신뢰하게 되며, 따라서 자기 자신에게 만족하고 대인관계가 원만해진다. 아이가 부모와 안정적인 애착을 형성하면 나중에 엄마를 떠나기가 쉬워진다. 부모라는 튼튼한 정서적 기반이 있으므로 계속해서 부모와 가까이 붙어 있어야 할 필요가 없어지게 되는 것이다. 그 결과 더 새로운 세상을 탐색할 수 있는 자유가 생기게 되어, 새로운 행동을 시도하고 새로운 방식으로 문제에 도전하며, 낯선 것에 훨씬 더 긍정적인 태도를 갖게 된다.

부모라면 누구나 자녀에게 줄 수 있는 소중한 재산이 있는데 그것은 바로 사랑이다. 부모의 사랑이 주는 정서적 안정은 아이들이 평생에 걸쳐서 행복한 인생을 사는 밑거름이 된다. 이 책의 필자인 시어스 박사는 소아과 의사이자 요즘 세상에서는 보기 드물게 여덟 명의 자녀를 키운 아버지로서 자신의 경험을 통해 애착 형성의 중요성을 역설하고 올바른 양육법이 무엇인지 가르쳐준다.

사실 이 땅의 우리 어머니들과 할머니들은 아이를 항상 업고 다니고, 젖을 먹이고, 함께 데리고 자면서 잠시도 품에서 내려놓지 않았다. 이러한 부모와 자녀 사이의 상호반응은 대수롭지 않게 보일 수도 있지만, 아이에게 외부 세계와 미래에 대한 확신을 주고 자발적인 동기 유발과 자신감을 강화하는 역할을 한다. 하지만 부모의 사랑을 충분히 받으면서도 의존적인 응석받이가 되지 않고 독립적인 사람이 되게 하려면 통제와 훈육이 필요할 것이다.

아이들은 어느 날 갑자기 훌쩍 커버리는 것 같다. 언제부턴가 부모가 하는 말은 귓등으로 듣는 것 같고 부모의 간섭을 피해서 혼자 있거나 친구와 어울리는 것을 좋아한다. 그런 변화에 부모들은 당황한다. 아이가 끊임없이 관심을 요구하여 힘들고 짜증스러울 때도 있었지만, 막상 아이가 부모를 더 이상 필요로 하지 않는 것처럼 보이면 한편으로 서운하고 불안한 마음이 든다. 그 동안 우리 아이는 세상에 나가서 혼자 앞가림을 할 수 있을 만큼 성숙한 판단력과 올바른 가치관을 갖추었을까? 남을 배려할 줄 알고, 책임감이 강하며, 도덕심과 자제력을 갖춘 사람으로 성장해서 행복하고 성공적인 인생을 살 수 있을까?

부모의 헌신적인 노력이 필요한 애착 양육이 당장에는 고달프고 힘들 수도 있지만 아이가 커갈수록 점점 쉬워진다고 필자는 말한다. 기초공사를 튼튼히 하고 건물을 짓는 것처럼 부모에게 안정 애착이 된 아이들은 좀더 안심하고 바깥 세상에 내보낼 수 있기 때문이다. 물론 부모에게 받은 재산을 어떻게 관리하는지는 아이 자신에게 달려 있지만, 그러는 동안 사랑은 분명 부모가 줄 수 있는 가장 소중한 재산임이 틀림없다.

2004년 5월
노혜숙

여덟 아이를 훌륭하게 키운 시어스 부부의 육아법

성공하는 아이, 친구 같은 부모가 만든다

한국어판 ⓒ 친구미디어, 2003

초판 1쇄 인쇄일 2004년 6월 10일
초판 1쇄 발행일 2004년 6월 15일

글쓴이 | 윌리엄 시어스 · 마사 시어스 · 엘리자베스 팬틀리
옮긴이 | 노혜숙
펴낸이 | 조영혜

제작 | 정락윤
편집 | 문해순 김정민 성기훈 한계영
디자인 | 김지연
마케팅 | 최승호
관리 | 임현정 이종미
펴낸곳 | 도서출판 친구미디어

북디자인 | 고문화
전산편집 | 디자인시
인쇄 | 대원인쇄
제본 | 경문제책
라미네이팅 | 영민사
종이 | 한서지업사

등록 | 제 8-199호 1997년 1월 29일
주소 | (413-756) 경기도 파주시 교하읍 문발리 파주출판도시 532-5
전화 | 영업 (031)955-3000 편집 (031)955-3005
전송 | (031)955-3009
홈페이지 | www.friendmd.com
전자우편 | master@friendmd.com

ISBN 89-90514-08-8   23590

* 책값은 뒤표지에 있습니다.
* 잘못 만들어진 책은 바꿔 드립니다.